Fachwissen

Augenfleckbuntbarsche - die Gattung *Heros*

eine Einführung in die

Biologie, Haltung & Zucht

von

Peter Dittrich

Sungaya-Verlag, 2017
ISBN 978-3-943592-17-7

Fachwissen Augenfleckbuntbarsche
von Peter DITTRICH

DIE DEUTSCHE BIBLIOTHEK - CIP-Einheitsaufnahme
Ein Titelsatz für diese Publikation ist bei DER DEUTSCHEN BIBLIOTHEK erhältlich.
ISBN 978-3-943592-17-7

Lektorat Dr. Oliver ZOMPRO
Layout Sungaya-Verlag
Satz Sungaya-Verlag
Druck und Bindung Sungaya-Verlag

Sungaya-Verlag
Dr. Oliver ZOMPRO
Berlin
Internet - http://Sungaya-Verlag.de Kontakt - grundwissen@sungaya-verlag.de

Bildnachweise
Titelbild: Peter DITTRICH (*Heros* sp. aus Französisch Guyana)
Umschlagphotos: Fische: Peter DITTRICH. Biotop: Oliver ZOMPRO

Heros severus Heckel, 1840

[NHMW]

[UW]

Inhalt

Anhang

Vorwort & Dank

Meine erste Begegnung mit einem Vertreter der Gattung *Heros* hatte ich in einem ziemlich engen und dunklen Aquarienkeller meines Bekannten Eckhard SEILER (Munster). In einem Aquarium in der obersten Reihe seiner Anlage schwammen zwei wunderschöne *Heros notatus*, damals wurden diese Fische allerdings noch als ‚*Cichlasoma severum*' bezeichnet, was mich zu diesem Zeitpunkt aber nicht wirklich interessierte. Ich stand wie angenagelt vor diesem Aquarium.

Seit diesem Tag sind die Augenfleckbuntbarsche der Gattung *Heros* meine große Leidenschaft. So ziemlich jedes Mal fragte ich meinen Bekannten, ob er mir diese schönen Fische nicht verkaufen wolle. Zu jener Zeit hatte ich zuhause ‚nur' ein Aquarium mit 200 Liter Inhalt, mit einem Sammelsurium aus den gängigen Aquarienfischen. Mein Bekannter wäre schon bereit gewesen, mir die Augenfleckbuntbarsche zu überlassen, wäre mein Aquarium in seinen Augen nicht zu klein gewesen. Das Problem mit dem zu kleinen Aquarium löste ich im Handumdrehen, indem ich mir ein Aquarium mit einem Fassungsvermögen von 600 Litern anfertigen ließ. Als es endlich nach acht oder zwölf Wochen geliefert wurde war ich überglücklich und richtete es sofort nach den Vorgaben meines Bekannten ein. Nach weiteren vier Wochen ‚Einfahrphase' bezogen die *Heros notatus* ihr neues Domizil. Sie können mir glauben wenn ich sage, daß ich so ziemlich jede freie Minute vor meinem Aquarium verbrachte, um diese Fische zu beobachten.

Als ich mich dazu entschloß dieses Buch zu schreiben ging ich noch davon aus, nur einen kleinen Ratgeber für Aquarianer zu schreiben, um Ihnen einige Tips zur Pflege und Zucht dieser als Augenfleckbuntbarsche bekannten Buntbarsche zu geben. Allerdings wurde schon bei den ersten Vorbesprechungen mit meinem Verleger und wissenschaftlichen Berater klar, daß dieses Buch wahrscheinlich mehr werden würde als ein ‚kleines Buch'. Ich beschäftige mich nun seit etwa 20 Jahren mit den Augenfleckbuntbarschen und habe eine ganze Reihe Artikel in Fachmagazinen wie den DCG-Informationen zu diesem Thema veröffentlicht. Ich vertrete in diesem Buch lediglich meine eigenen Ansichten. Allerdings habe ich mir von Anfang an vorgenommen, die vorhandene Literatur zum Thema so gut wie möglich zu berücksichtigen und wenn es mir wichtig erscheinen sollte auch zu kommentieren. So werden in diesem Buch längst vergessene Publikationen zitiert. Mir war und ist es wichtig auch Autoren zu erwähnen, die meiner Meinung nach damals wirklich Neues oder auch Wissenswertes zu sagen hatten! Möglicherweise werden einige Autoren nicht meiner Meinung sein, beispielsweise was meine Aussagen zu bestimmten Arten dieser Gattung betrifft.

So finden Sie in diesem Buch zum Beispiel eine ganze Reihe Zeichnungen von Jaques BURKHARDT, der als Expeditionszeichner von Louis AGASSIZ während der Thayer-Expedition alle Zeichnungen anfertigte, die nie zuvor in einem Buch gezeigt wurden. Bisher hat niemand versucht, die gezeichneten Fische bekannten Arten zuzuordnen, es ist natürlich durchaus möglich, daß ich mit meinem Versuch dieses zu tun nicht immer richtig liege. Aber eines steht fest, im Gegensatz zum schwedischen Ichtyologen Sven O. KULLANDER, der davon ausgeht, daß alle gezeichneten Fische einer Art angehören, sehe ich in diesen Zeichnungen eine ganze Reihe verschiedener Arten!

Auf den folgenden Seiten möchte ich Ihnen von meinen Erfahrungen mit der Haltung und Zucht von Augenfleckbuntbarschen der Gattung *Heros* berichten. Erfahren Sie dabei etwas über die natürlichen Lebensräume dieser Cichliden, über ihr Verbreitungsgebiet, und natürlich über die vielen Arten und Lokalformen. Ich werde mich, so weit es mein Verständnis zuläßt, an den aktuellen wissenschaftlichen Stand halten, allerdings werde ich auch meine eigenen Theorien und Zweifel vortragen.
Ich wünsche Ihnen viel Spaß mit diesem Buch und hoffe Ihnen bei der Pflege und Zucht dieser Buntbarsche zu helfen. Bitte entschuldigen Sie dabei die manchmal nicht allzu brillante Bildqualität, leider bin ich kein Photograph, sondern nur ein Laie, der seine Digitalkamera gerade so eben eingeschaltet bekommt. Aufgrund dieser Tatsache stammen viele der hier gezeigten Photos von anderen Bildautoren, bei denen ich mich gleich an dieser Stelle recht herzlich für die Bereitstellung ihrer Fotos bedanken möchte!

Vorweg möchte und muß ich mich bei einigen Leuten bedanken, die mir sehr geholfen haben dieses Projekt zu realisieren. Angefangen bei meinem langjährigen Freund Lutz KRAHNEFELD, der zwar nicht unmittelbar an der Arbeit an diesem Buch beteiligt war, mich aber erst dazu ermutigte, mich intensiver mit der Materie der Buntbarsche zu beschäftigen, und ganz speziell den Augenfleckbuntbarschen.

Dieses Buch wäre nicht ohne die Unterstützung weiterer Personen zustande gekommen, und so geht mein Dank insbesondere an Dr. Jörg ALBERING, Dennis BALGÜL, Norman BEHR, Felix FRANKE, Jens GOTTWALD, Dr. Stefan HETZ, Dr. Dieter HOHL, Andreas JEKEL, Roland RIETSCH, Dr. Kai RÖDIGER, Horst SCHWEINOCH, Zuzana MUSILOVA, Rainer STAWIKOWSKI (der mir ein sehr seltenes Manuskript besorgen konnte), Uwe WERNER, Fred WOLF, Marc Gregor MOHR, Daniel Konn-VETTERLEIN und nicht zuletzt an Maria KOVALENKO & Alexey KONYASHKIN; (Мария Коваленко & Алексей Кониашкин, Вольшое спасибо!). Michael RUDOLPHI sponsorte die Bilder von Alfred Russel WALLACE aus dem Museum of Natural History in London.

Ein besonderes Dankeschön gebührt auch meinem Freund Roland RIETSCH, der mir nicht nur Bildmaterial zur Verfügung stellte, sondern mich auch mit selbst importierten Augenfleckbuntbarschen versorgt hat.

Ein ganz besonderer Dank geht an Dr. Jörg ALBERING für die fachliche Unterstützung. Ein herzliches Dankeschön für die Unterstützung bei der Recherchearbeit gebührt Frau Martina RISSBERGER und Herrn Hans-Ulrich RAAKE aus der Bibliothek des Museum für Naturkunde Berlin, Herr Ernst MIKSCHI vom Naturhistorischen Museum Wien und Mrs. Dana FISHER der Ernst Mayr Library, Havard University, Cambridge, Thank you very much!

Ich möchte mich auch bei meinem Freund Holger SEIFERT (Bernau bei Berlin) für die Erstellung der Diagramme bedanken, und bei Dr. Guido KIRSTEN (Köln) für die mathematische Unterstützung.

Ganz herzlich möchte ich mich bei Gabriela THIELE bedanken, einerseits dafür, das sie mir die Räume für mein Hobby zur Verfügung stellt und sich andererseits liebevoll um meine Pfleglinge kümmert wenn ich nicht kann!
Ich hoffe ich habe niemanden vergessen!

Widmung

Ich habe lange darüber nachgedacht, wem ich dieses Buch widmen sollte oder ob ich es überhaupt jemanden widmen sollte. Ich bin zu dem Schluß gekommen, daß ich dieses Buch den vielen Aquarianern widme, die sich auf teils gefährliche Expeditionen zu den Lebensräumen unserer Pfleglinge wagten und wagen und uns damit unser Hobby erst möglich machen. Diese Menschen sorgen dafür, daß neue und unbekannte Arten und Formen in unsere Aquarien gelangen. Diese Leute sind es auch die dafür sorgen, daß etliche Arten, deren natürliche Lebensräume durch massive Eingriffe bedroht sind oder teilweise bereits vernichtet wurden, in unsere Aquarien gelangen.

Diese Menschen sorgen dafür, daß bedrohte Arten zumindest in der Aquaristik überleben. Dadurch besteht die Chance sie zu erhalten, um sie eventuell eines Tages wieder auswildern zu können.

Ich widme dieses Buch allen Männer und Frauen, die sich in den großen Vereinen wie dem VDA oder der DCG für die Erhaltung unseres Hobbys kämpfen und sich vehement dagegen wehren und engagieren, daß die Haltung von Exoten - dazu zählen insbesondere unsere meist tropischen Fische - durch die Politik nicht kriminalisiert wird. Und zu guter Letzt widme ich dieses Buch auch mir selbst, vielleicht nimmt ja ein Aquarianer in 100 Jahren mein Buch zur Hand und versucht zu ergründen, wie denn damals Aquaristik betrieben wurde, oder wie eine Gattung systematisch eingeordnet wurde, ganz genau so wie ich es mit der Literatur von zwei Jahrhunderten tat.

Sehr geehrte Leserin, sehr geehrter Leser,
vielen Dank, daß Sie sich für dieses Buch entschieden haben, um etwas über die Augenfleckbuntbarsche zu erfahren!
Erfahren Sie mehr über die Gattung *Heros*, lernen Sie etwas über die aquaristische Geschichte dieser Buntbarsche, über ihre

Lebensräume, über die Fortpflanzung und natürlich für Sie als Aquarianer über den wichtigsten Aspekt, die Pflege und Haltungsbedingungen im Aquarium. Sie lernen die einzelnen Arten kennen und einige wissenschaftlich noch unbearbeitete Formen. Natürlich erfahren Sie auch etwas über die Systematik dieser Gattung der Buntbarsche, welches sind die nächsten Verwandten, welche Gemeinsamkeiten und welche Unterschiede gibt es zu anderen Gattungen?

Ich hoffe, daß dieses Buch Ihnen die Pflege der Augenfleckbuntbarsche ein wenig erleichtern wird und Ihnen den einen oder anderen Hinweis zur erfolgreichen Vermehrung dieser wunderschönen Buntbarsche geben kann.

Ich wünsche Ihnen viel Spaß beim Lesen!

Berlin, im September 2016

Historie der Gattung *Heros*

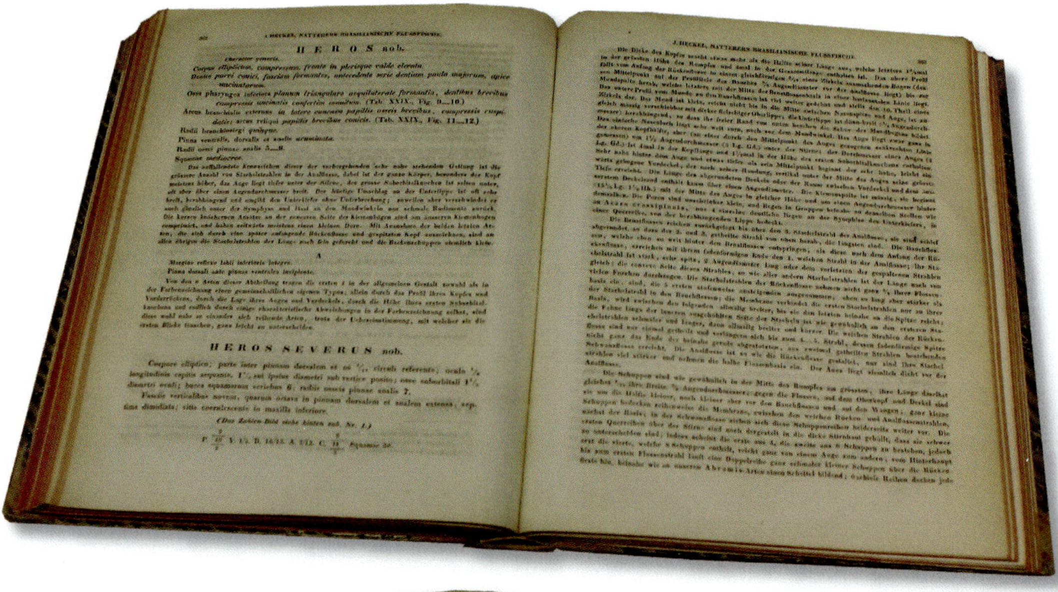

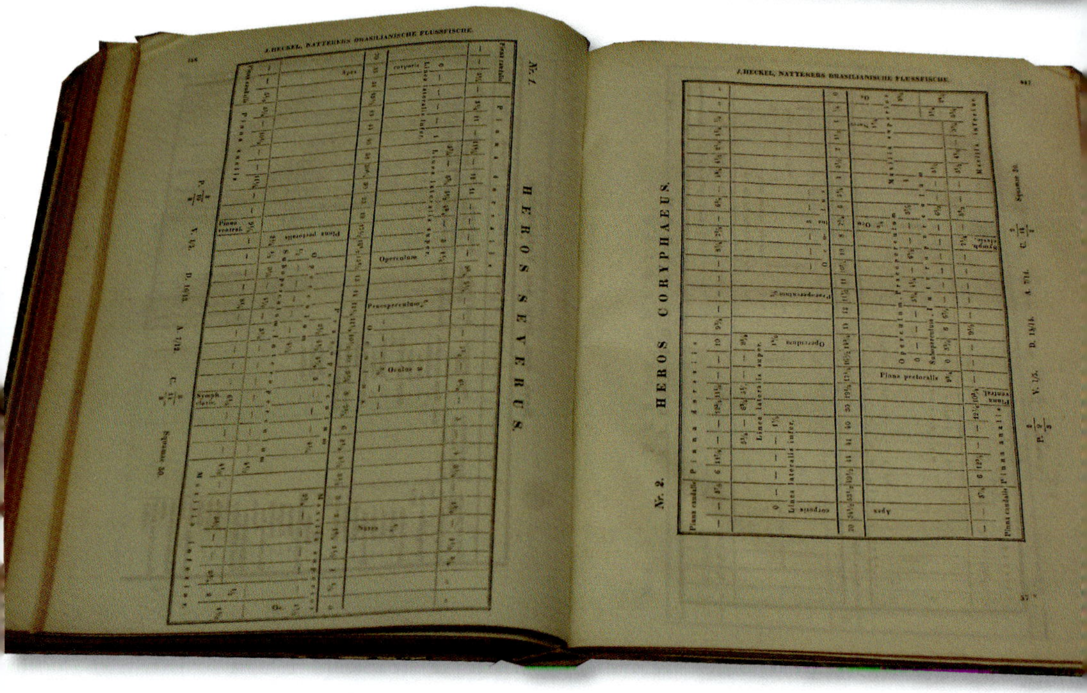

1758 Der schwedische Systematiker Carolus Linnaeus, besser bekannt als Carl von Linné, führt die binäre Nomenklatur ein.

1839 Der Zoologe William John Swainson stellt die Gattung *Cichlasoma* auf. Typus-Art ist *Labrus bimaculatus* Linnaeus, 1758.

1840 ist das Geburtsjahr der Gattung *Heros*. Johann Jakob Heckel stellt die Gattung auf, designiert aber keine Typus-Art.
Allerdings beschreibt er die Arten in einer für die damalige Zeit außergewöhnlichen Genauigkeit. Er normiert die Messungen und führt die Anzahl der Flossenstrahlen und anderer relevanter Meßwerte in ganzseitigen Tabellen auf. Weiterhin bildete er die Oberflächenstruktur einiger ausgewählter Schuppen wirklichkeitsgetreu auf. Links sind die Beschreibung der Gattung *Heros* sowie die Tabellen abgebildet [PD].
In den nächsten Jahrzehnten werden die meisten der als *Heros* beschriebenen Arten von anderen Autoren anderen Gattungen zugeordnet.

Centrarchus notatus aus Jardine in Schomburgk, 1843. [PD]

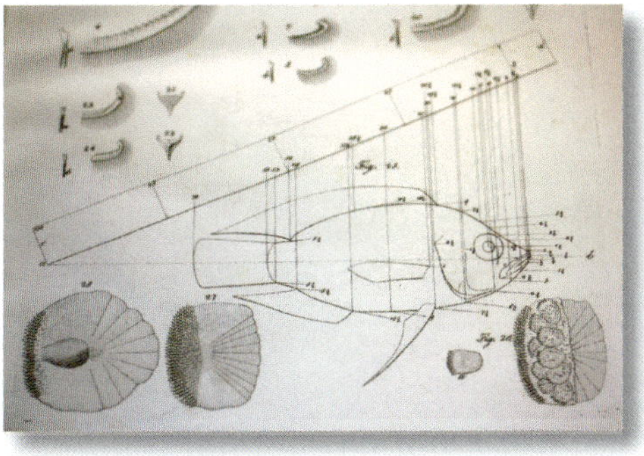

Heckel arbeitete äußerst genau. [PD]

1843 Jardine beschreibt in Schomburgks ‚Fishes of British Guiana' *Centrarchus notatus*, der heute zu *Heros* zählt. Leider gibt es von *Centrarchus notatus* kein Typusmaterial, da es wahrscheinlich auf dem Seeweg von Südamerika nach England verloren ging.

1851 Der Engländer Alfred Russel Wallace hat während seiner Südamerika-Expedition im Jahre 1851 drei *Heros*-Arten gesammelt und abgebildet. Leider ging das Material auf der Rückreise bei einem Schiffbruch verloren, nur die Zeichnungen mit kurzen Beschreibungen sind heute noch erhalten. Wallace wurde hauptsächlich durch seine Arbeiten über die Evolution sowie die nach ihm benannte Wallace-Linie bekannt. Die Evolutionstheorie entwickelte er parallel zu dem berühmten Charles Darwin, der durch sein Buch ‚On the origin of species by means of natural selection, or the preservation of favoured races in the struggle for life' heute meist als alleiniger Begründer der Evolutionslehre angesehen wird und, etwas zu Unrecht, wesentlich bekannter ist.

1855 de Castelnau beschreibt die Gattung *Chromys*, und unter anderen die Arten

Chromys appendiculata (links) und *Chromys fasciata* (rechts) CASTELNAU, 1855. [PD]

Chromys appendiculata und *Chromys fasciata*, die heute beide in die Gattung *Heros* gehören, aber von einigen Autoren als Synonyme zu *Heros efasciatus* angesehen werden.

1860 Der Darmstädter Zoologe Johann Jakob KAUP stellt die Gattung *Hoplarchus* auf, mit der Typus-Art *Hoplarchus pentacanthus*. Diese ist ein Synonym zu *Heros psittacus*, der heute als *Hoplarchus pittacus* (HECKEL, 1840) bezeichnet wird, und fortan nicht mehr zu *Heros* zählt.

1862 Albert C. L. G. GÜNTHER legt *He-*

Diesen vermutlichen *Heros liberifer* zeichnete Alfred Russel WALLACE im Januar 1851. Er bezeichnete diesen 22,9 cm langen Fisch als ‚*Acara pinimi*'. Der Fundort wird mit Guia angegeben. Für die Artbestimmung spricht besonders die Form des Kopfes. [BMNH]

Auch hier bildete WALLACE wohl einen *Heros liberifer* ab. [BMNH]

Hier könnte Wallace eine *Heros notatus*-ähnliche Form vorgelegen haben. [BMNH]

ros spurius als einzige gültige Art der drei beschriebenen Guapore-*Heros* fest und erklärt *H. modestus* und *H. coryphaeus* zu Synonymen von *H. spurius*. Er liefert für seine Entscheidung jedoch keine Begründungen. Dennoch berufen sich andere Autoren noch viele Jahre später auf diese Entscheidung.

1865 Im April des Jahres bricht Louis AGASSIZ mit einer Gruppe von Wissenschaftlern und seiner Frau zu einer fünfzehnmonatigen Expedition nach Brasilien auf. Sie wird nach dem Finanzierer Nathaniel THAYER, einem Industriellen aus Boston, später Thayer-Expedition genannt. Der Expeditionszeichner Jacques BURKHARDT fertigte eine große Zahl von Aquarellen an, die in der Ernst Mayr Library der Havard Universität hinterlegt wurden. BURCKHARDT fertigt auch über ein Dutzend Aquarelle von *Heros*-Formen an. Diese Zeichnungen sind erstmals in dem vor Ihnen liegenden Buch zusammen abgedruckt. Die Beschreibungen der Aquarelle sind leider meistens sehr dürftig, einige enthalten immerhin Angaben zum Fundort des gemalten Fisches, andere wiederum über die Anzahl der Hart- und Weichstrahlen des dargestellten Exemplares. Meine Ansicht zu den einzelnen Aquarellen habe ich in den Bildbeschriftungen hinterlassen.

Der Verlauf der Thayer-Expedition von 1865. [PD]

Die Ergebnisse der Thayer-Expedition faßten Louis und Elizabeth AGASSIZ in einer Sammlung aus Expeditions-Tagebüchern und Briefen zusammen, erschienen im Jahre 1868.
Jaques BURKHARDT starb zehn Monate nach seiner Rückkehr, vermutlich an den Folgen der Strapazen, die diese Expedition mit sich brachte. Er war wohl schon vor dieser Reise krank, und durch das heiße Klima während der Reise beschleunigte sich der Verlauf seiner Krankheit.

1867 GÜNTHER stellt die Gattung *Mesonauta* auf und fügt ihr die HECKELschen *Heros festivus* und *Heros insignis* zu. Er legt *Heros insignis* HECKEL, 1840 als Typus-Art fest und synonymisiert *Heros festivus* HECKEL, 1840 damit. Im Laufe der nächsten Jahrzehnte werden weitere Arten beschrieben und der Gattung *Mesonauta* zugeführt.

1872 COPE beschreibt *Uarus centrarchoides*, ein Synonym von *Heros appendiculatus*.

1874 Franz STEINDACHNER überführt *Heros coryphaenoides*, der heute *Hypselecara coryphaenoides* (HECKEL, 1840) heißt, von *Heros* nach *Acara*. Er behandelt *Heros* als Untergattung zu *Acara* HECKEL.

1882 GILBERT & JORDAN legen *Heros severus* HECKEL, 1840 als Typusart der Gattung *Heros* HECKEL, 1840 fest.

1891 EIGENMANN & EIGENMANN stellen alle *Heros*-Arten in die Gattung *Acara*.

1893 SWAINSON stellt die Gattung *Astronotus* auf und fügt ihr die HECKELschen *Heros*-Arten hinzu.

1905 REGAN faßt alle *Heros*-Arten in einer einzigen Art, *Cichlasoma severum* (HECKEL, 1840) zusammen. Weiterhin synonymisiert er mehrere Gattungen mit *Cichlasoma*, darunter auch *Heros*.

'*Acara spuria*' aus STEINDACHNER, 1874. Diese Zeichnung wurde von GÜNTHER 1867 als *Acara (Heros) spuria* benannt. Der abgebildete Fisch hat allerdings keine große Ähnlichkeit mit dem *Heros spurius*, wie wir ihn heute kennen, er erinnert viel mehr an *Heros efasciatus*. [PD]

THAYER-Expedition: Dieser *Heros* erinnert stark an *Heros appendiculatus*. BURKHARDT zeichnete dieses Aquarell am 5.10.1865 im brasilianischen Tefé, das bedeutet allerdings nicht zwangsläufig, daß dieser Fisch auch dort gesammelt wurde. Während der Expedition wurde nämlich auch eine Exkursion zum Rio Negro unternommen, wo später noch verschiedene *Heros*-Formen nachgewiesen wurden. Der Ichthyologe S. O. KULLANDER gibt als Fundort den Rio Solimões an, macht aber keine Angaben darüber, woher er diese Information haben will. Auch für andere dieser Zeichnungen gibt er als Fundort den Solimões an. [MCZ Harvard]

Diese Zeichnung ist betitelt mit ‚*Heros* Porto do Mos, Brasilien'. Leider konnte ich keinen Ort mit diesem Namen finden, möglicherweise heißt dieser heute anders als noch vor 150 Jahren. In der Beschreibung zu diesem Bild ist als Fundort der untere Amazonas angegeben. Ausgehend von der Darstellung des Zeichnungsmusters könnte es sich bei diesem Fisch um *Heros liberifer* handeln. Die Zeichnung ist aber so undetailliert, daß auch eine *Mesonauta*-Art in Frage käme. [MCZ Harvard]

Als Fundortangabe steht zu diesem Bild Lake January, Brasilien. Unter dieser Bezeichnung ist kein Ort bekannt, allerdings gibt es einen Lago Janauari unterhalb von Manaus in Brasilien. Die Brustflossen sind auffällig lang ausgezogen, dadurch liegt die Vermutung nahe, daß es sich um *Heros appendiculatus* oder *H. coryphaeus* handeln könnte. Gezeichnet wurde es am 26.10.1865, als Randbemerkung ist das Wort ‚Grün' angegeben, was vermutlich auf die Körperfärbung bezogen ist. [MCZ Harvard]

Gezeichnet am 15.10.1865 mit der Anmerkung ‚Hellgrün'. Diese Zeichnung zeigt möglicherweise ein weibliches Tier der *Heros appendiculatus*-Gruppe. Ausschlaggebend für diese Annahme sind die auf dem Bild gut erkennbaren sehr lang ausgezogenen Brustflossen. [MCZ Harvard]

Diese Zeichnung wurde am 17.11.1865 in Manaus angefertigt und zeigt wohl *Heros spurius*. Diese Annahme begründet sich auf den angedeuteten Punkten, welche dieses Exemplar offenbar auf den Flanken trägt. Möglicherweise wurden Tiere an anderen Orten gesammelt und über längere Strecken transportiert, bevor sie gezeichnet wurden. [MCZ Harvard]

Hierbei könnte es sich aber eventuell um einen der sogenannten Guaporé-*Heros* handeln. Allerdings ist diese Zeichnung nicht sehr detailreich, so daß es schwierig ist, eine sichere Aussage zu treffen. Es könnte ebensogut ein *Heros* sp. aus Gurupa oder *Heros* sp. ‚Belém' sein. [MCZ Harvard]

Diese Zeichnung wurde am 17.12.1865 bei Manaus angefertigt. Hier kommen sowohl *Heros efasciatus* und eine weitere Art oder Lokalform vor, die wahrscheinlich *Heros notatus* zuzuordnen ist. Allerdings läßt sich aus dieser Zeichnung nicht wirklich ableiten, worum es sich handelt. Nach der angedeuteten Maskenzeichnung könnte es sich um ein männliches Tier von *Heros efasciatus* handeln. [MCZ Harvard]

Diese Zeichnung trägt die Notiz ‚Heros-Teffé'. Angefertigt wurde dieses Aquarell am 15.10.1865 in Teffe (wahrscheinlich Tefé) in Brasilien. Sie zeigt wohl einen *Heros appendiculatus*. Die intensive Maskenzeichnung, die Färbung an sich und als wichtigstes Kriterium die lang ausgezogenen Brustflossen lassen darauf schließen, daß es sich um *Heros appendiculatus* handeln könnte. [MCZ Harvard]

Dieser *Heros* mit der Fundortangabe ‚Gurupa' erinnert etwas an die *Heros*-Population, die heute als *Heros* sp. ‚Belém' bekannt ist und in diesem Buch als *Heros fasciatus* bezeichnet wird. Dieses würde auch zum angegeben Fundort passen, denn Gurupa liegt in der Nähe der Stadt Belém im Amazonasdelta. [MCZ Harvard]

Dieses Tier wird als ‚neue Gattung' bezeichnet. Als Fundort wird ‚Porto do Mos' angegeben. Ob es sich wirklich um einen *Heros* handelt, ist fraglich. [MCZ Harvard]

Dieser *Heros* läßt sich nicht wirklich zuordnen, jedenfalls ist mir kein lebender *Heros* bekannt, auch das Fehlen des charakteristischen Grundzeichnungsmusters ist ungewöhnlich, es ist aber möglich, daß Burkhardt hier einen *Heros fasciatus* gezeichnet hat. [MCZ Harvard]

Auch dieser Cichlide läßt sich nicht eindeutig einer Art zuordnen, meiner Meinung nach könnte hier ein *Heros liberifer* abgebildet sein. Allerdings käme unter Umständen auch *Heros appendiculatus* in Frage, da Burkhardt Teile des Grundzeichnungsmusters hervorgehoben hat. [MCZ Harvard]

Der Versuch, Details verschiedener Maskenzeichnungen darzustellen läßt vermuten, daß dem Zeichner oder Agassiz selbst auffiel, daß es bei den Maskenzeichnungen merkliche Unterschiede gibt. Heute wissen wir, daß in einem Habitat mehrere *Heros*-Arten nebeneinander vorkommen können. Die Zeichnung bietet dazu aber keine Informationen. [MCZ Harvard]

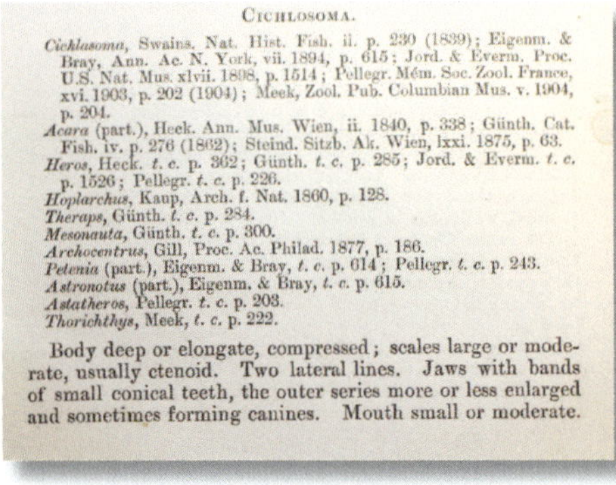

CICHLOSOMA.

Cichlasoma, Swains. Nat. Hist. Fish. ii. p. 230 (1839); Eigenm. & Bray, Ann. Ac. N. York, vii. 1894, p. 615; Jord. & Everm. Proc. U.S. Nat. Mus. xlvii. 1898, p. 1514; Pellegr. Mém. Soc. Zool. France, xvi. 1903, p. 202 (1904); Meek, Zool. Pub. Columbian Mus. v. 1904, p. 204.
Acara (part.), Heck. Ann. Mus. Wien, ii. 1840, p. 338; Günth. Cat. Fish. iv. p. 276 (1862); Steind. Sitzb. Ak. Wien, lxxi. 1875, p. 63.
Heros, Heck. *t. c.* p. 362; Günth. *t. c.* p. 285; Jord. & Everm. *t. c.* p. 1526; Pellegr. *t. c.* p. 226.
Hoplarchus, Kaup, Arch. f. Nat. 1860, p. 128.
Theraps, Günth. *t. c.* p. 284.
Mesonauta, Günth. *t. c.* p. 300.
Archocentrus, Gill, Proc. Ac. Philad. 1877, p. 186.
Petenia (part.), Eigenm. & Bray, *t. c.* p. 614; Pellegr. *t. c.* p. 243.
Astronotus (part.), Eigenm. & Bray, *t. c.* p. 615.
Astatheros, Pellegr. *t. c.* p. 203.
Thorichthys, Meek, *t. c.* p. 222.

Body deep or elongate, compressed; scales large or moderate, usually ctenoid. Two lateral lines. Jaws with bands of small conical teeth, the outer series more or less enlarged and sometimes forming canines. Mouth small or moderate.

REGAN faßte 1905 viele Gattungen in *Cichlasoma* zusammen. [PD]

1909 Carl SIGGELKOW importierte erstmals Augenfleckbuntbarschen der Gattung *Heros* nach Hamburg. Die Tiere stammten aus Manaus.

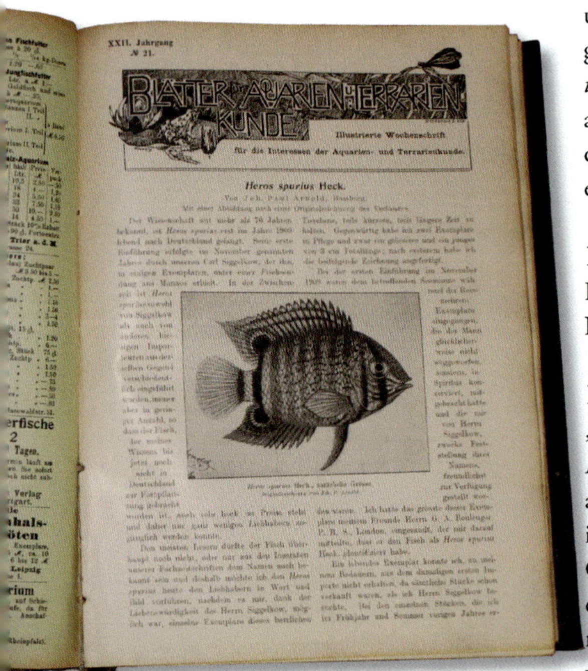

XXII. Jahrgang
№ 21.

BLÄTTER FÜR AQUARIEN- UND TERRARIEN-KUNDE

Illustrierte Wochenschrift für die Interessen der Aquarien- und Terrarienkunde.

Heros spurius Heck.

Von Joh. Paul Arnold, Hamburg.

Bereits im Jahre 1911 berichtete Johann Paul ARNOLD über *Heros*-Importe nach Hamburg durch die Firma SIGGELKOW. [PD]

1911 Der Hamburger Johann Paul ARNOLD berichtet in den ‚Blättern für Aquarien- u. Terrarienkunde' über den ersten Import eines *Heros spurius* nach Hamburg durch Herrn SIGGELKOW im Jahre 1909.
Der Artikel war mit einer sehr sorgfältig ausgeführten Zeichnung des Autors illustriert.

1911 wurden in Berlin auf einer Ausstellung des Schöneberger Vereins ‚Argus' einige Exemplare von *Heros spurius* ausgestellt. Die Ausstellung fand vom 31. August bis zum 08. September statt.

1918 MIRANDA RIBEIRO führt *Heros severus* als Art der Gattung *Cichlasoma*. Er verweist auf ein 18 cm langes Exemplar aus Manaus, und grenzt die ebenfalls bei Manaus gefangene Form *Cichlasoma severum perpunctatum* anhand eines 20 cm langen Exemplares als Variation ab. Dieses Exemplar wird in der Arbeit abgebildet. Es handelt sich dabei eindeutig um einen *Heros appendiculatus*.

1925 berichtet der Duisburger Aquarianer Paul WINTER über die gelungene Aquarien-Nachzucht von *Heros spurius*.

1962 Dieter VOGT stellt in seinem Buch ‚Buntbarsche' *Cichlasoma severum*, also *Heros severus*, aus Guyana vor, der heute als *Heros* sp. ‚Französisch Guyana' bekannt ist. Dies ist ein Beweis dafür, daß dieser Guyana-*Heros* schon sehr viel früher in der Aquaristik verfügbar war, als oft angenommen wird. In den späten 1990 Jahren wurden Exemplare dieser *Heros*-Form von GOTTWALD eingeführt.

1983 KULLANDER publiziert seine Arbeit

'A revision of the South American Cichlid genus *Cichlasoma*' und erklärt *Heros* wieder zu einer gültigen Gattung, deren Arten sich ausgesprochen einfach anhand äußerer Merkmale von anderen Vertretern cichlasominer Gattungen unterscheiden lassen. Er erkennt aber nur eine Art als gültig an, nämlich *Heros severus*.

1986 Kullander grenzt *Heros appendiculatus* von *Heros severus* ab. Er stellt fest, daß es mehr als nur eine Art innerhalb der Gattung *Heros* gibt.

1986 Ortega & Vari sehen *Heros appendiculatus* als valide an.

1986 Kullander synonymisiert *Heros appendiculatus* mit *Heros efasciatus*. Bereits kurze Zeit später stellt er aber *Heros appendiculatus* als neues Synonym der Art *Heros efasciatus* dar.

1986 Kullander stellt alle substratbrütenden *Heros* mit Ausnahme von *H. spurius*, *H. modestus* und *H. coryphaeus* zu *Heros efasciatus*.

1991 Kullander & Silvfergrip veröffentlichen ihre Revision der Gattung *Mesonauta*. Obwohl sie ausdrücklichst (S. 408) darauf hinweisen, keine neuen Terminologien einführen zu wollen, wird dieses später irrtümlich von mehreren Autoren als Einführung eines 'Cichlasominen Grundzeichnungsmusters' gedeutet.

1994 Stawikowski stellt fest, daß *Heros severus* ein larvophiler Maulbrüter ist. Stawikowski ist nach meinen Recherchen der erste, der die Bezeichnung *Heros severus* im Zusammenhang mit dem maulbrütenden *Heros* nennt und anhand von Fotos belegt. Im ersten Teil dieses Aufsatzes berichtet er außerdem von *Heros* cf. *fasciatus* und zeigt einen *Heros* aus der Umgebung von Belém.

1995 Staeck & Schindler weisen *Heros notatus* in Guyana nach und sammeln einige Exemplare.

1997 Staeck & Schindler veröffentlichen eine Neubeschreibung von *Heros notatus*. Sie geben als Typuslokalität einen kleinen Nebenfluß des Essequibo in der Nähe von Rockstone an. Das für diese Neubeschreibung verwendete Material ist im Naturkundemuseum in Berlin hinterlegt.

1997 Kullander & Stawikowski weisen nach, daß die Neubeschreibung von *Heros notatus* durch Staeck & Schindler (1997) die Internationalen Regeln für die Zoologische Nomenklatur verletzt und erklären sie zu Recht für ungültig. Trotz des Regelverstoßes wurde ihre Arbeit anerkannt. In ihrer Definition der Art beziehen sie sich auf den von Jardine in Schomburgk (1843) abgebildeten *Centrarchus notatus*.

1997 Kullander & Stawikowski vermuten den Typusfundort von *Heros notatus* im Rio Negro.

1998 Stawikowski & Werner bezeichnen *Heros notatus* als *Heros* sp. 'Guyana' und lehnen die Wiederbeschreibung von Staeck & Schindler aus dem Jahre 1997 ab, die sie als „voreiligen Schritt" bezeichnen.
Auf dieses Buch scheint das oft zitierte

Diesen *Heros liberifer* fing der Autor dieses Buches. [TG]

'Cichlasomine Grundzeichnungsmuster' zurückzugehen. Auf der Seite 102 diskutieren die Autoren die Zeichnungsmuster verschiedener Genera, beispielsweise *Acaronia*, *Aequidens*, *Bujurquina*, *Cichlasoma*, *Krobia* und *Nannacara*. Diese gehören zur Tribus Cichlasomatini. Als Referenz für die Bindenzeichnung wird auf KULLANDER & SILFVERGRIP (1991) verwiesen, die sich aber ausdrücklichst auf die Gattung *Mesonauta* bezogen, einen Angehörigen der Tribus Heroini.

1998 STAWIKOWSKI & WERNER sehen *Heros appendiculatus* als Synonym zu *H. efasciatus*, bleiben eine Begründung aber schuldig.

1998 BREIDOHR, ZUCKER & WERNER importieren *Heros* aus dem Rio Tapajós und bezeichnen die Tiere als *Heros efasciatus*. Ob die aus diesem Bereich stammenden Populationen der Gattung *Heros* tatsächlich zu dieser Art gehören, bleibt allerdings fraglich.

2000 WARZEL stellt *Heros* sp. 'Rotkeil' vor, eine prächtig gefärbte Form, und stellt ihn zu *Heros efasciatus*.

2001 KRAHNEFELD, JUNKEL, MÜCKE, NORDHAUSEN, OEHLER & SCHMITT betrachten *Heros appendiculatus* als gültige Art, und nicht als Synonym zu *Heros efasciatus*.

2002 DITTRICH erkennt *Heros appendiculatus* ebenfalls als gültige Art an und fügt ihr *Heros* sp. 'Rotkeil' zu. Er begründet dieses teilweise mit der auffälligen Form der Brustflossen.

2003 KULLANDER verweist auf die Frage, wieviele *Heros*-Arten es tatsächlich gibt, die

Antwort hierauf ist umstritten und unklar. Er listet *Heros efasciatus*, *H. notatus*, *H. severus* und *H. spurius* als gültige Arten auf. Alle amazonischen Formen bezeichnet er als *H. efasciatus*, betont aber, daß dieses eine vorläufige Entscheidung seinerseits ist.

2003 Staeck & Schindler verteidigen ihre Designationen eines Typus für *Heros notatus* aufgrund einer Zeichnung Jardines in Schomburgk von 1843, weisen aber selbst ausdrücklichst darauf hin, daß sie nicht im Einklang mit den Regeln für die zoologische Nomenklatur verfaßt wurde. Die Designation bleibt also weiterhin ungültig.

2004 Nelson et al. führen *Heros deppii* als gültige Art der Gattung *Herichthys*.

2006 Uwe Römer stellt *Heros* n. sp. ‚Uaupés' vor ohne zu wissen, daß er den echten *Heros severus* vorliegen hat. Alle Merkmale dieses Cichliden sprechen aber dafür!

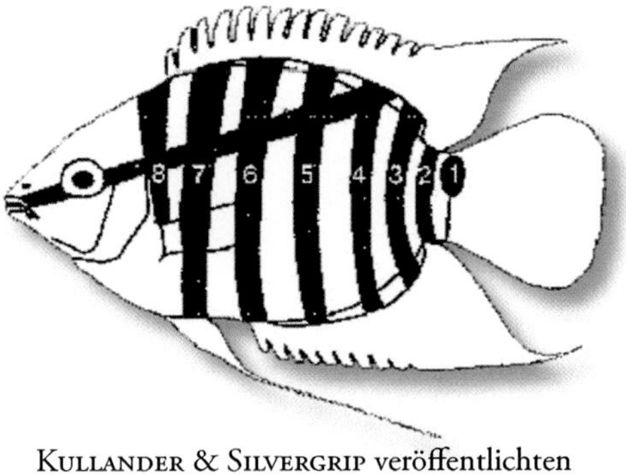

Kullander & Silvergrip veröffentlichten diese Schemazeichnung (1991), welche oft als Definition eines ‚Cichlasominen Grundzeichnungsmusters' misinterpretiert wurde und wird. [Aus Kullander & Silfvergrip, 1991, S. 413]

2007 Staeck weist *Heros coryphaeus* im Rio San Martin nach, bezeichnet diese Tiere aber später (2009) als *Heros spurius*. Er begründet seine Wahl, indem er sich auf Günther (1862) bezieht.

2008 Smith, Chakrabarty & Sparks untersuchen die Verwandschaftsverhältnisse innerhalb der südamerikanischen Cichlidae. Sie bestätigen die Monophylie der Tribus Heroini und *Uaru* als nächstverwandte Gattung von *Heros*.

2008 Albering spricht ebenfalls von *Heros coryphaeus* aus dem Rio San Martin. Auch er revidiert später seine Ansicht und spricht von *H. spurius*.

2008 Weferson Júnio da Graça behandelt in seiner Dissertation *Heros* und stellt heraus, daß es sich beim maulbrütenden *Heros* um eine unbeschriebene Art handelt. Durch Fotos konservierter *Heros* liefert er möglicherweise den Beleg für die Existens von *Heros coryphaeus*.

2009 Staeck behandelt *Heros appendiculatus* als gültige Art, und sieht *Cichlasoma severum perpunctatum* als Synonym von *H. efasciatus* an. Gründe dafür gibt er nicht an.

2013 Dittrich betrachtet verschiedene unbearbeitete *Heros*-Formen als Lokalformen von *Heros notatus*. Er geht sowohl auf die Formen des Rio Negro als auch des Rio Essequibo-Einzugs ein. Beide ähneln seiner Ansicht nach stark dem von Jardine im Jahre 1843 als *Centrarchus notatus* abgebildeten Exemplar.

2013 DITTRICH stellt eine interessante Variante von *Heros severus* vor und bezeichnet sie als *Heros severus* ‚Inirida Rot'.

2014 DITTRICH bezweifelt die momentane Zuordnung von *Heros severus* und bezeichnet den bis dahin als *H. severus* bezeichneten Cichliden als *Heros* sp. ‚Maulbrüter'. Er vermutet den ‚echten' *Heros severus* hinter der noch taxonomisch unbearbeiteten Form *Heros* sp. ‚Uaupes' und bezieht sich dabei auf RÖMER (2006).

2015 STAECK nimmt eine Artenzuordnung eines *Heros* aus dem Rio Atabapo vor, die DITTRICH (2015) als *H.* sp. ‚Atabapo' bezeichnet, und stellt diesen zu *Heros severus*.

2015 DITTRICH sowie DITTRICH & ALBERING stellen verschiedene bis dahin unbekannte *Heros*-Formen vor, darunter einen *Heros* aus dem Rio Atabapo, und bezeichnen diesen als *Heros* sp. ‚Atabapo'. Phylogenetische Untersuchungen haben ergeben, daß dieser *Heros* eine ganz eigene Entwicklungslinie darstellt und somit mit keinem anderen bekannten *Heros* näher verwandt ist.

2015 STAECK & SCHINDLER beschreiben den vormaligen *Heros* sp. Maulbrüter als neue Art *Heros liberifer*.

2016 DITTRICH zeigt auf, daß STAECK & SCHINDLER (2015) eines der wichtigsten Merkmale für *Heros liberifer* in ihrer Beschreibung dieser Art übersehen haben.

In diesem Buch wird eine weitere Art, die von KULLANDER (1983, 1986, 2003) mit *H. efasciatus* synonymisiert wurde, als gültiges Taxon behandelt. Dieser *Heros* wurde bereits 1995 von STAWIKOWSKI als *Heros* cf. *fasciatus* bezeichnet. Ich gehe davon aus, da morphologische Merkmale mit der Beschreibung CASTELLNAUS (1855) übereinstimmen, daß es sich um *Heros fasciatus* handelt. Auch hier haben phylogenetische Untersuchungen ergeben, daß diese Art eine ganz eigene Entwicklungslinie darstellt und somit nicht *Heros efasciatus* sein kann. [PD]

Aufgrund DITTRICHS (2014) Fragestellung nach der Identität von *Heros severus* und wegen Zweifeln an der Identifizierung dieser Art durch KULLANDER (1994) wurde diese Art 2015 von STAECK & SCHINDLER als *Heros liberifer* beschrieben. DITTRICH stellte für die Beschreibung das Tiermaterial zur Verfügung. [PD]

Heros sp. ‚Atabapo' wird von DITTRICH (2014) als unbestimmte Art vorgestellt. Phylogenetische Untersuchungen ergaben, daß dieser *Heros* eine eigene Entwicklungslinie darstellt und nicht zu *H. severus* gehört. [PD]

Der vermutlich echte *Heros severus*. Schon bei der Betrachtung fallen deutliche morphologische Unterschiede auf. [PD]

Weitere Verwandschaft

Eine ganze Reihe von Gattungen weisen ähnliche Merkmale auf und zählen zu den unmittelbaren Verwandten der Gattung *Heros*, etwa *Symphysodon*, *Mesonauta*, *Hypselecara*, *Pterophyllum* und *Uaru*. Alle diese Gattungen sind sich nicht nur morphologisch sehr ähnlich, sondern sie weisen auch vergleichbare anatomische Merkmale auf. Diese Gattungen werden zu der Gruppe der Heroini gezählt. Nach KULLANDER (1986) handelt es sich bei den heroinen Cichliden um eine monophyletische Gruppe, die sich von anderen neuweltlichen Gruppen deutlich abgrenzen läßt. Die nächsten Verwandten der Gattung *Heros* sind nach mehreren heutigen Autoren die Gattungen *Uaru* und *Mesonauta*. Gemeinsamkeiten mit *Symphysodon* sind ein ähnliches Zeichnungsmuster und eine vergleichbare Maulstruktur.

KULLANDER (1983, 1986) gab an, daß die Schwimmblase bei *Heros* bis zum vierten Hämalfortsatz reicht und nicht mit den Hämalfortsätzen verwachsen ist. Eine Röntgenaufnahme einer *Heros*-Population aus dem Rio Xingú legt nahe, daß diese Aussage nicht generell gültig ist. Bei diesem Exemplar reicht die Schwimmblase nur bis zum ersten Hämalfortsatz.

Gattung *Heterochromis*. [PD]

Gattung *Astronotus*. [PD]

Gattung *Geophagus*. [PD]

Gattung *Caquetaia*. [DH]

Gattung *Australoheros*. [PD]

Gattung *Hoplarchus*. [JA]

Gattung *Hypselecara*. [PD]

Gattung *Symphysodon*. [PD]

Gattung *Heros*. [PD]

Gattung *Uaru*. [PD]

Gattung *Mesonauta*. [PD]

Gattung *Pterophyllum*. [PD]

Systematik

Weltweit sind zur Zeit, je nachdem welchem Autor man folgen möchte, zwischen 1.900 (Kullander, 2003), weit mehr als 2.000 (Stawikowski & Werner, 1998) oder etwa 2.500 (Schindler, 2010) Arten der Buntbarsche bekannt oder zu erwarten. Die Zahl der wissenschaftlich beschriebenen Arten wird sicherlich in den nächsten Jahren noch weiter anwachsen, denn immer noch werden neue Arten entdeckt oder aus einer ‚Sammel-Art' werden durch eine Revision plötzlich mehrere abgrenzbare Spezies. Die weitaus meisten der zur Zeit bekannten Cichliden-Arten aus der ‚Alten Welt' stammen aus den Seen des ostafrikanischen Grabenbruchs, eine erhebliche Anzahl ist auch aus West- und Zentralafrika bekannt. Nur drei Arten stammen vom indischen Subkontinent, ebenfalls sehr wenige aus dem Nahen Osten und immerhin etwa 60 Arten aus Madagaskar. Die neotropischen Cichliden sind dagegen wieder wesentlich zahlreicher: Mehr als 110 Arten sind in Zentralamerika und im Süden der USA heimisch, und etwas mehr als 300 Arten stammen aus Südamerika.

Die neotropischen Arten (‚Neuwelt-Cichliden') werden grob in die Triben Crenicichlini, Chaetobranchini, Geophagini, Acarichthyini, Cichlasomatini und Heroini unterteilt. Die Buntbarsche der Gattung *Heros* gehören zu den sogenannten heroinen Cichliden, wie die Arten der Tribus Heroini auch oft bezeichnet werden. Entwicklungsgeschichtlich sind sie am nächsten mit den Buntbarschen der Gattungen *Symphysodon* (Diskusfische), *Pterophyllum* (Skalare), *Uaru* (Keilfleckbuntbarsche) und *Mesonauta* (Flaggenbuntbarsche) verwandt.

Ein Kennzeichen der Heroini sind die durchgehend seitlich stark zusammengedrückten Körper, die von mehr oder weniger ovalen Querschnitten immer mehr zu abgeflachten Formen tendieren. Dabei wird der Körper zunehmend verkürzt und dadurch hochrückiger.
Unübersehbar innerhalb der abgeleiteteren Heroini ist ein deutlicher Hang zur Langflossigkeit, wie er bei *Hypselecara* und *Heros* bereits unübersehbar, bei *Mesonauta* äußerst auffällig und bei *Pterophyllum* extrem ausgeprägt ist. Sicherlich ist zur Systematik dieser Gruppe das letzte Wort noch nicht gesprochen.

Die hier dargestellten systematischen Zusammenhänge folgen dem Vorschlag Kullanders aus dem Jahre 2003, allerdings gab es in den letzten Jahren diverse Arbeiten anderer Wissenschaftler, die zu anderen, beziehungsweise detaillierteren Ergebnissen gelangt sind, in der Regel aufgrund modernerer Untersuchungsmethoden. In den meisten dieser Arbeiten werden die Verwandtschaftsverhältnisse der einzelnen Gattungen zueinander behandelt und in unterschiedlichen Bäumen dargestellt. Allerdings sind diese für dieses Buch von untergeordneter Bedeutung, da sie sich nicht auf die Aussagen in diesem Buch auswirken. Für den

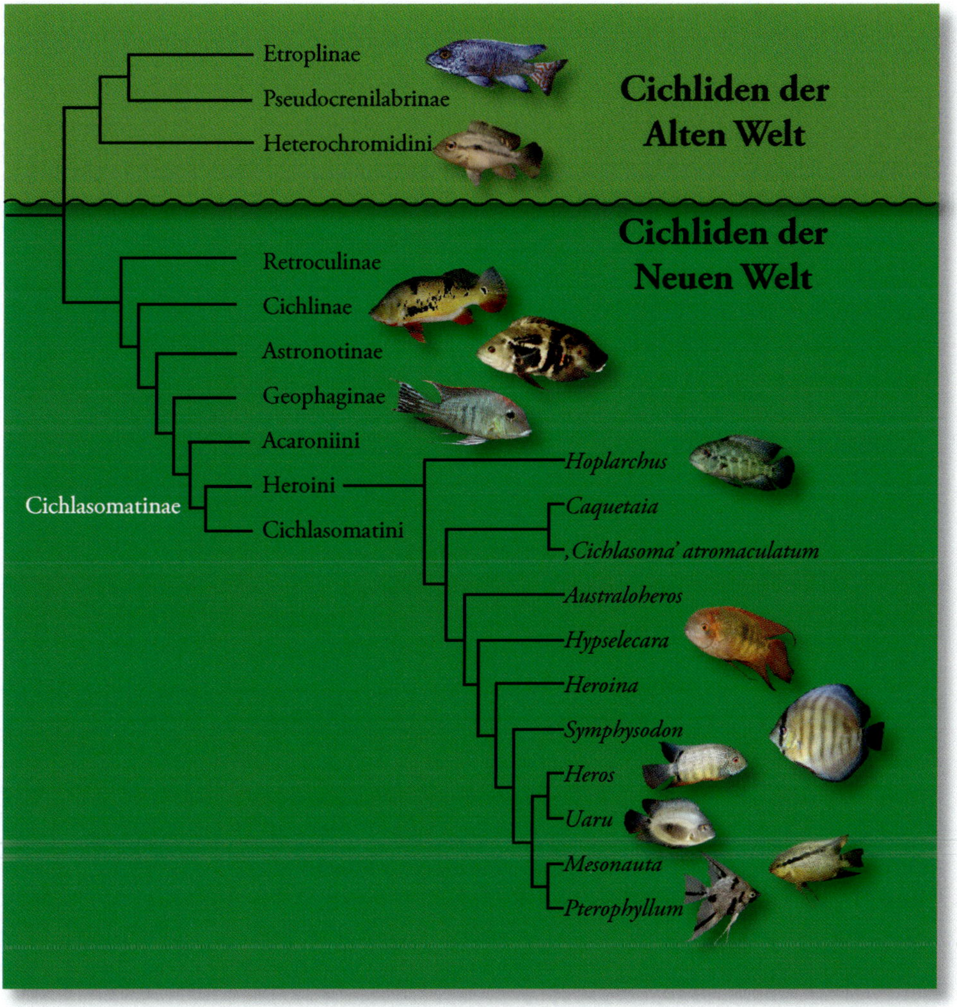

Verwandschaftsverhältnisse innerhalb der Familie der Cichliden nach Kullander (2003).

interessierten Leser dieser Artikel empfehle ich die Arbeit von Smith et al. (2008), das genaue Zitat finden Sie in den Literaturangaben am Ende dieses Buches.

Gattungen der Heroini und ihre Typusarten

Acara Heckel, 1840	> *Acara crassipinnis* Heckel, 1840
Amatitlania Schmitter-Soto, 2007	> *Heros nigrofasciatus* Günther, 1867.
Amphilophus Agassiz,1859	> *Amphilophus froebelii* Agassiz, 1859
Archocentrus Gill, 1877	> *Heros (Archocentrus) centrarchus* Gill, 1877
Astatheros Pellegrin, 1904	> *Heros (Cichlasoma) heterodontus* Vaillant & Pellegrin, 1902
Australoheros Rícan & Kullander, 2006	> *Chromis facetus* Jenyns, 1842
Caquetaia Fowler, 1945	> *Caquetaia amploris* Fowler, 1945
Cryptoheros Allgayer, 2001	> *Heros spilurus* Günther, 1862
Herichthys Baird & Girard, 1854	> *Herichthys cyanoguttatus* Baird & Girard, 1854
Heroina Kullander, 1996	> *Heroina isonycterina* Kullander, 1996
Heros Heckel, 1840	> *Heros severus* Heckel, 1840
Hoplarchus Kaup, 1860	> *Hoplarchus pentacanthus* Kaup, 1860
	= *Heros psittacus* Heckel, 1840
Hypselecara Kullander, 1986	> *Heros temporalis* Günther, 1862
Hypsophrys Agassiz, 1859	> *Hypsophrys unimaculatus* Agassiz, 1859
	= *Heros nicaraguensis* Günther, 1864
Mesonauta Günther, 1867	> *Heros insignis* Heckel, 1840
Nandopsis Gill, 1862	> *Chromis tetracanthus* Poey, 1860
	= *Centrarchus tetracanthus* Valenciennes, 1831
Neetroplus Günther, 1867	> *Neetroplus nematopus* Günther, 1867
Parachromis Agassiz, 1859	> *Parachromis gulosus* Agassiz, 1859
Paraneetroplus Regan, 1905	> *Paraneetroplus bulleri* Regan, 1905
Petenia Günther, 1862	> *Petenia splendida* Günther, 1862
Pterophyllum Heckel, 1840	> *Zeus scalaris* Schultze, 1823
Rocio Schmitter-Soto, 2007	> *Heros octofasciatus* Regan, 1903
Symphysodon Heckel, 1840	> *Symphysodon discus* Heckel, 1840
Theraps Günther, 1862	> *Theraps irregularis* Günther, 1862
Thorichthys Meek, 1904	> *Thorichthys ellioti* Meek, 1904
Tomocichla Regan, 1908	> *Tomocichla underwoodi* Regan, 1908
Uaru Heckel, 1840	> *Uaru amphiacanthoides* Heckel, 1840

Diese Übersicht zeigt alle momentan gültigen und wissenschaftlich anerkannten Gattungsnamen der süd- und mittelamerikanischen Cichlidengattungen, die zur Zeit der Tribus Heroini zugeordnet werden. Rechts sind die Typus-Arten der einzelnen Gattungen aufgelistet, also diejenigen Arten, welche die jeweilige Gattung definieren.
Bekannte Synonyme werden ebenfalls aufgeführt, wenn sie bei der Einführung einer Gattung als deren Typus-Art benannt wurden.
Die aktuell gültigen Namen stehen dann eine Zeile tiefer.

Gültige Zuordnungen der in der Gattung *Heros* berschriebenen Arten

(* markiert ein Synonym)

Heros acaroides Hensel, 1870	***Australoheros acaroides***	Říčan et al. (2016)
Heros affinis Günther, 1862	***Thoricthys affinis***	Říčan et al. (2016)
Heros altifrons Kner, 1863	***Cribroheros altifrons***	Říčan et al. (2016)
**Heros angulifer* Günther, 1862	***Chuco intermedium***	McMahan et al. (2010)
Heros aureus Günther, 1862	***Thorichthys aureus***	Říčan et al. (2016)
Heros autochthon Günther, 1862	***Australoheros autochthon***	Říčan et al. (2016)
**Heros balteatus* Gill, 1877	***Hypsophrys nicaraguensis***	Schmitter-Soto (2007)
**Heros basilaris* Gill, 1877	***Amphilophus citrinellus***	Kullander (2003)
Heros beani Jordan, 1889	***Mayaheros beani***	Říčan et al. (2016)
Heros bifasciatus Steindachner, 1864	***Vieja bifasciata***	Říčan et al. (2016)
Heros callolepis Regan, 1904	***Torichthys callolepis***	Říčan et al. (2016)
Heros centralis Holmberg, 1891	***Cichlasoma dimerus***	Kullander (2003)
Heros centrarchus Gill, 1877	***Archocentrus centrarchus***	Říčan et al. (2016)
Heros citrinellus Günther, 1864	***Amphilophus citrinellus***	Říčan et al. (2016)
Heros coryphaenoides Heckel, 1840	***Hypselecara coryphaenoides***	Kullander (2003)
**Heros coryphaeus* Heckel, 1840	***Heros spurius***	Staeck & Schindler (2015)
Heros deppii Heckel, 1840	***Herichthys depii***	Říčan et al. (2016)
Heros dovii Günther, 1864	***Parachromis dovii***	Říčan et al. (2016)
Heros efasciatus Heckel, 1840	***Heros efasciatus***	Staeck & Schindler (2015)
Heros erythraeus Günther, 1867	***Amphilophus erythraeus***	Stauffer et al. (2008)
Heros festae Boulenger, 1899	***Mesoheros festae***	Říčan et al. (2016)
Heros festivus Heckel, 1840	***Mesonauta festivus***	Schindler & Ottoni (2016)
Heros friedrichsthalii Heckel, 1840	***Parachromis friedrichsthalii***	Říčan et al. (2016)
Heros gibbiceps Steindachner, 1864	***Paraneetroplus gibbiceps***	Říčan et al. (2016)
Heros godmanni Günther, 1862	***Chuco godmanni***	Říčan et al. (2016)
**Heros goeldii* Boulenger, 1897	***Hypselecara temporalis***	Kullander (2003)
Heros guttulatus Günther, 1864	***Vieja guttulata***	Říčan et al. (2016)
Heros helleri Steindachner, 1864	***Thorichthys helleri***	Říčan et al. (2016)
**Heros heterodontus* Vaillant & Pellegrin, 1902	***Astatheros macracanthus***	Kullander (2003)
Heros insignis Heckel, 1840	***Mesonauta insignis***	Kullander (2003)
Heros intermedius Günther, 1862	***Chuco intermedium***	Říčan et al. (2016)
Heros istlanus Jordan & Snyder, 1899	***Amphilophus istlanus***	Říčan et al. (2016)
**Heros jenynsii* Steindachner, 1869	***Australoheros facetus***	Ottoni (2012)
Heros labiatus Günther, 1864	***Amphilophus labiatus***	Říčan et al. (2016)
Heros (Cichlasoma) labridens Pellegrin, 1903	***Herichthys labridens***	Říčan et al. (2016)
Heros lentiginosus Steindachner, 1864	***Rheoheros lentiginosus***	Říčan et al. (2016)

**Heros lobochilus* GÜNTHER, 1867	***Amphilophus labiatus***	KULLANDER (2003)
Heros longimanus GÜNTHER, 1867	***Cribroheros longimanus***	ŘÍČAN et al. (2016)
Heros macracanthus GÜNTHER, 1864	***Astatheros macracanthus***	ŘÍČAN et al. (2016)
Heros maculipinnis STEINDACHNER, 1864	***Thorichthys maculipinnis***	ŘÍČAN et al. (2016)
Heros managuensis GÜNTHER, 1867	***Parachromis managuensis***	ŘÍČAN et al. (2016)
Heros margaritifer GÜNTHER, 1862 (?)	***Thor. affinis* x *Vieja melanura***	ŘÍČAN et al. (2016)
Heros melanopogon STEINDACHNER, 1864	***Vieja melanura***	KULLANDER (2003)
Heros melanurus GÜNTHER, 1862	***Vieja melanura***	ŘÍČAN et al. (2016)
Heros mento VAILLANT & PELLEGRIN, 1902	***Amphilophus istlanus***	KULLANDER (2003)
Heros microphthalmus GÜNTHER, 1862	***Chuco microphthalmus***	ŘÍČAN et al. (2016)
**Heros modestus* HECKEL, 1840	***Heros spurius***	STAECK & SCHINDLER (2015)
Heros montezuma HECKEL, 1840	***Herichthys deppii***	PAEPKE et al. (2014)
Heros motaguensis GÜNTHER, 1867	***Parachromis motaguensis***	ŘÍČAN et al. (2016)
Heros multispinosus GÜNTHER, 1867	***Herotilapia multispinosa***	ŘÍČAN et al. (2016)
Heros nicaraguensis GÜNTHER, 1864	***Hypsophrys nicaraguensis***	ŘÍČAN et al. (2016)
Heros niger HECKEL, 1840	***Hypselecara coryphaenoides***	KULLANDER (1986)
Heros nigricans EIGENMANN, 1903	***Nandopsis tetracanthus***	KULLANDER (2003)
Heros nigrofaciatus GÜNTHER, 1867	***Amatitlania nigrofasciata***	ŘÍČAN et al. (2016)
**Heros oblongus* GÜNTHER, 1867	***Chuco microphthalmus***	MCMAHAN et al. (2010)
Heros octofasciatus REGAN, 1903	***Rocio octofasciata***	ŘÍČAN et al. (2016)
Heros parma GÜNTHER, 1862	***Vieja fenestrata***	KULLANDER (2003)
Heros pavonaceus GARMAN, 1881	***Herichthys cyanoguttatus***	KULLANDER (2003)
Heros psittacus HECKEL, 1840	***Hoplarchus psittacus***	KULLANDER (1968)
Heros rostratus GILL, 1877	***Cribroheros rostratus***	ŘÍČAN et al. (2016)
Heros salvini GÜNTHER, 1862	***Trichromis salvini***	ŘÍČAN et al. (2016)
Heros severus HECKEL, 1840	***Heros severus***	STAECK & SCHINDLER (2015)
Heros sieboldii KNER, 1863	***Talamancaheros sieboldii***	ŘÍČAN et al. (2016)
Heros spilurus GÜNTHER, 1862	***Cryptoheros spilurus***	ŘÍČAN et al. (2016)
Heros spinosissimus VAILLANT & PELLEGRIN,1902	***Rocio spinosissima***	ŘÍČAN et al. (2016)
Heros spurius HECKEL, 1840	***Heros spurius***	KULLANDER (2003)
Heros temporalis GÜNTHER, 1862	***Hypselecara temporalis***	KULLANDER (1986)
Heros teporatus FOWLER, 1903	***Herichthys teporatis***	MCMAHAN et al. (2015)
**Heros tetracanthus griseus* EIGENMANN, 1903	***Nandopsis tetracanthus***	KULLANDER (2003)
**Heros tetracanthus latus* EIGENMANN, 1903	***Nandopsis tetracanthus***	KULLANDER (2003)
**Heros tetrachanthus cinctus* EIGENMANN, 1903	***Nandopsis tetracanthus***	KULLANDER (2003)
**Heros triagramma* STEINDACHNER, 1864	***Trichromis salvini***	KULLANDER (2003)
Heros trimaculatus GÜNTHER, 1867	***Amphilophus trimaculatus***	ŘÍČAN et al. (2016)
Heros troschelii STEINDACHNER, 1867	***Mayaheros troschelii***	ŘÍČAN et al. (2016)
Heros urophthalmus GÜNTHER, 1862	***Mayaheros urophthalmus***	ŘÍČAN et al. (2016)

Fossilien

Aus der Gruppe der Heroini sind einige Fossilien bekannt, bisher aber kein Exemplar, daß eindeutig der Gattung *Heros* zugeordnet werden kann. Mehrere dieser fossilen Arten werden heute noch vorkommenden Gattungen zugeordnet, was auf ein doch recht beachtliches Alter dieser Gattungen hinweist, voraus gesetzt, die Zuordnung ist haltbar. Auch heute noch werden immer wieder neue Fossilien dieser Gruppe gefunden, sodaß zumindest die Hoffnung erlaubt ist, eines Tages einen echten ‚*Heros*' zu finden.

Die ältesten fossil belegten und eindeutig zu den Heroini zählenden Formen stammen aus dem Eozän, und sind damit etwas weniger als 50 Millionen Jahre alt.
Zur gleichen Zeit bildeten sich in Europa die Ablagerungen der berühmten Grube Messel, aus der einige Fischfossilien bekannt sind, und der fast noch bekanntere Baltische Bernstein.

Fossile Cichliden aus Nord- und Südamerika

Pliozän (- 2,6 - 3,6 Millionen Jahre)

†***Macracara prisca*** Woodward, 1939 [Brasilien]

Miozän (- 5,3-23,0 Millionen Jahre)

†***Aequidens saltensis*** Bardack, 1961 [Argentinien]

†***Nandopsis woodringi*** Cockerell, 1924 [Haiti]

†***Paleocichla longirostrum*** (Bardack, 1961) [Argentinien]

Eozän - Oligozän (- 33,9 Millionen Jahre)

†***Tremembichthys garciae*** Malabarba & Malabarba, 2008 [Brasilien]

†***Tremembichthys pauloensis*** (Schaeffer, 1947) [Brasilien]

Eozän, Untere Lumbrera (- 48,6 Millionen Jahre)

†***Plesioheros chauliodus*** Perez, Malabarba & de Papa, 2010 [Argentinien]

†***Proterocara argentina*** Malabarba, Zuleta & del Papa, 2006 [Argentinien]

†***Gymnogeophagus eocenicus*** Malabarba et al., 2010 [Argentinien]

Das Alter der Heroini wird aus dieser Übersicht deutlich, die aber keinen Anspruch auf Vollständigkeit erhebt.

Die Gattung *Heros*

362 J. HECKEL, NATTERERS BRASILIANISCHE FLUSSFISCHE.

H E R O S nob.

Character generis.

Corpus *ellipticum, compressum, fronte in plerisque valde elevata.*

Dentes *parvi conici, fasciam formantes, antecedente serie dentium paulo majorum, apice uncinatorum.*

Ossa pharyngea inferiora *planum triangulare aequilaterale formantia, dentibus brevibus compressis uncinatis confertim munitum.* (Tab. XXIX., Fig. 9—10.)

Arcus branchialis externus *in latere concavo papillis osseis brevibus, compressis cuspidatis*; arcus reliqui *papillis brevibus conicis.* (Tab. XXIX., Fig. 11—12.)

Radii branchiostegi *quinque.*

Pinna ventralis, dorsalis et analis *acuminata.*

Radii ossei pinnae analis 5—9.

Squamae *mediocres.*

Das auffallendste Kennzeichen dieser der vorhergehenden sehr nahe stehenden Gattung ist die grössere Anzahl von Stachelstrahlen in der Analflosse, dabei ist der ganze Körper, besonders der Kopf meistens höher, das Auge liegt tiefer unter der Stirne, der grosse Suborbitalknochen ist selten unter, oft aber über einen Augendurchmesser breit. Der häutige Umschlag an der Unterlippe ist oft sehr breit, herabhängend und umgibt den Unterkiefer ohne Unterbrechung; zuweilen aber verschwindet er auch gänzlich unter der Symphyse und lässt an den Mundwinkeln nur schmale Rudimente zurück. Die kurzen knöchernen Ansätze an der concaven Seite der Kiemenbögen sind am äusseren Kiemenbogen comprimirt, und haben seitwärts meistens einen kleinen Dorn. Mit Ausnahme der beiden letzten Arten, die sich durch eine später anfangende Rückenflosse und gespitzten Kopf auszeichnen, sind an allen übrigen die Stachelstrahlen der Länge nach fein gefurcht und die Backenschuppen ziemlich klein.

A

Margine reflexo labii inferioris integro.

Pinna dorsali ante pinnas ventrales incipiente.

Von den 6 Arten dieser Abtheilung tragen die ersten 4 in der allgemeinen Gestalt sowohl als in der Farbenzeichnung einen gemeinschaftlichen eigenen Typus; allein durch das Profil ihres Kopfes und Vorderrückens, durch die Lage ihres Auges und Vordeckels, durch die Höhe ihres ersten Suborbitalknochens und endlich durch einige charakteristische Abweichungen in der Farbenzeichnung selbst, sind diese wohl nahe an einander sich reihende Arten, trotz der Uebereinstimmung, mit welcher sie die ersten Blicke täuschen, ganz leicht zu unterscheiden.

Die Originalbeschreibung der Gattung *Heros* in HECKELS Werk aus dem Jahre 1840. [PD]

Im Jahr 1840 beschrieb der Zoologe Johann Jakob HECKEL (*23. Januar 1790 in Mannheim; †01. März 1857 in Wien) im Rahmen seiner Bearbeitung der Fischsammlung Johann NATTERERS, die dieser in den Jahren 1817 bis 1835 in Südamerika zusammengetragen und nach Wien geschickt hatte, die Gattung *Heros* in seinem Werk:

‚Johann NATTERER's neue
Flussfische Brasilien's nach den
Beobachtungen und Mittheilungen
des Entdeckers beschrieben.
Erste Abtheilung. Die Labroiden.'

Die Veröffentlichung erfolgte in den An-

nalen des Wiener Museums der Naturgeschichte, und wurde mit zahlreichen Übersichtstabellen und zwei Tafeln illustriert. Die Beschreibung der Gattung erfolgte auf der Seite 362, und HECKEL ordnete der *Heros* 13 Arten zu. Nur drei davon gehören heute noch in die Gattung *Heros*, die übrigen wurden in andere Gattungen überführt oder stellen Synonyme dar.
Der Gattungsname ‚*Heros*' bedeutet soviel wie Held, der Artname ‚*severus*' kann mit ‚ernst' oder ‚würdevoll' übersetzt werden.

Heros coryphaenoides (S. 373) → ***Hypselecara***
Heros coryphaeus (S. 364) → ***Heros spurius***
Heros deppii (S. 382) → ***Herichthys deppii***
Heros efasciatus (S. 372) → ***Heros efasciatus***
Heros festivus (S. 376) → ***Mesonauta festivus***
Heros friedrichsthalii (S. 381) → ***Herichthys friedrichssthalii***
Heros insignis (S. 379) → ***Mesonauta insignis***
Heros modestus (S. 366) → ***Heros spurius***
Heros montezuma (S. 383) → ***Herichthys deppii***
Heros niger (S. 375) → ***Hypselecara temporalis***
Heros psittacus (S. 369) → ***Hoplarchus psittacus***
Heros severus (S. 362) → ***Heros severus***
Heros spurius (S. 368) → ***Heros spurius***

Gegenwärtige Zuordnung der von HECKEL in der Gattung *Heros* beschriebenen Arten.

Heros efasciatus HECKEL, 1840
= *Heros appendiculatus* (CASTELNAU, 1855)
Heros notatus (JARDINE, 1843)
Heros severus HECKEL, 1840
Heros spurius HECKEL, 1840
= *Heros coryphaeus* HECKEL, 1840
= *Heros modestus* HECKEL, 1840
Heros liberifer STAECK & SCHINDLER, 2015

Liste der heute in der Gattung *Heros* geführten Arten mit ihren Synonymen.

HECKEL designierte keine Typusart für die Gattung *Heros*, was zur damaligen Zeit durchaus üblich war. 1882 holten JORDAN & GILBERT dies nach, und legten *Heros severus* als Typusart für die Gattung *Heros* fest (JORDAN & GILBERT, 1882).

Charakterisierung

Die Buntbarsche der Gattung *Heros* lassen sich eigentlich recht einfach von anderen Buntbarschen unterscheiden. Ihr auffälligstes Merkmal ist die seitlich recht stark zusammengedrückte Gestalt sowie der relativ hochrückige Körperbau. Diese Buntbarsche haben eine große Ähnlichkeit mit den Buntbarschen der Gattung *Symphysodon*, die im Volksmund auch Diskusfische genannt werden. Nicht umsonst haben die Arten der Gattung *Heros* - wohl auf Grund ihres wesentlich günstigeren Preises und der einfacheren Haltung - die Beinamen ‚Arbeiterdiskus' oder ‚Diskus des armen Mannes' erhalten. Im Unterschied zu den Diskusbuntbarschen weisen die Augenfleckbuntbarsche der Gattung *Heros* jedoch eine relativ flache Brust auf, die ihnen eine deutlich länglichere Gestalt als den Diskusbuntbarschen verleiht. Augenfleckbuntbarsche sind recht attraktive Cichliden, auch wenn sie es von wenigen Ausnahmen abgesehen, beispielsweise *Heros notatus*, mit den ‚Farbexplosionen' von *Symphysodon*-Arten oder Zuchtformen nicht aufnehmen können. Die Grundfärbung der Augenfleckbuntbarsche reicht von Sandfarben bis hin zu einem kräftigen Stahlblau. Alle Vertreter der Gattung *Heros* weisen ein Streifenmuster (gattungsspezifisch modifiziertes cichlasomines Grundzeichnungsmuster) auf, welches stimmungsabhängig unterschied-

Liste der Arten, die als *Heros* beschrieben wurden, aber in andere Gattungen gehören:

Gattung ***Amphilophus*** Agassiz, 1859
Heros altifrons Kner, 1863
Heros basilaris Gill, 1877
Heros citrinellus Günther, 1864
Heros erythraeus Günther, 1867
Heros heterodontus Vaillant & Pellegrin, 1902
Heros labiatus Günther, 1864
Heros lobochilus Günther, 1867
Heros longimanus Günther, 1867
Heros macracanthus Günther, 1864
Heros margaritifer Günther, 1862
Heros rostratus Gill, 1877

Gattung ***Amatitlania*** Schmitter-Soto, 2007
Heros nigrofasciatus Günther, 1867

Gattung ***Archocentrus*** Gill, 1877
Heros centrarchus Gill, 1877
Heros multispinosus Günther, 1867
Heros spinosissimus Vaillant & Pellegrin, 1902

Gattung ***Australoheros*** Rícan & Kullander, 2006
Heros acaroides Hensel, 1870
Heros autochthon Günther, 1862
Heros jenynsii Steindachner, 1869

Gattung ***Cichlasoma*** Swainson, 1839
Heros beani Jordan, 1889
Heros festae Boulenger, 1899
Heros istlanus Jordan & Snyder, 1899
Heros salvini Günther, 1862
Heros triagramma Steindachner, 1864
Heros trimaculatus Günther, 1867
Heros troschelii Steindachner, 1867
Heros urophthalmus Günther, 1862

Gattung ***Cryptoheros*** Allgayer, 2001
Heros spilurus Günther, 1862

Gattung ***Herichthys*** Baird & Girard, 1854
Heros deppii Heckel, 1840
Heros friedrichsthalii Heckel, 1840
Heros labridens Pellegrin, 1903
Heros montezuma Heckel, 1840
Heros pavonaceus Garman, 1881
Heros teporatus Fowler, 1903

Gattung ***Hoplarchus*** Kaup, 1860
Heros psittacus Heckel, 1840

Gattung ***Hypselecara*** Kullander, 1996
Heros coryphaenoides Heckel, 1840
Heros goeldii Boulenger, 1897
Heros niger Heckel, 1840
Heros temporalis Günther, 1862

Gattung ***Hypsophrys*** Agassiz, 1859
Heros balteatus Gill, 1877
Heros nicaraguensis Günther, 1864

Gattung ***Mesonauta*** Günther, 1867
Heros festivus Heckel, 1840
Heros insignis Heckel, 1840

Gattung ***Nandopsis*** Gill, 1863
Heros nigricans Eigenmann, 1903
Heros tetracanthus cinctus Eigenmann, 1903
Heros tetracanthus griseus Eigenmann, 1903
Heros tetracanthus latus Eigenmann, 1903
Heros tetracanthus torralbasi Eigenmann, 1903

Gattung ***Parachromis*** Agassiz, 1859
Heros dovii Günther, 1864
Heros managuensis Günther, 1867
Heros motaguensis Günther, 1867

Gattung ***Paraneetroplus*** Regan, 1905
Heros bifasciatus Steindachner, 1864
Heros gibbiceps Steindachner, 1864
Heros guttulatus Günther, 1864
Heros melanopogon Steindachner, 1864
Heros melanurus Günther, 1862
Heros parma Günther, 1862

Gattung ***Rocio*** Schmitter-Soto, 2007
Heros octofasciatus Regan, 1903

Gattung ***Theraps*** Günther, 1862
Heros angulifer Günther, 1862
Heros godmanni Günther, 1862
Heros intermedius Günther, 1862
Heros lentiginosus Steindachner, 1864
Heros microphthalmus Günther, 1862
Heros oblongus Günther, 1867
Heros rectangulare Steindachner, 1864

Gattung ***Thorichthys*** Meek, 1904
Heros affinis Günther, 1862
Heros aureus Günther, 1862
Heros callolepis Regan, 1904
Heros helleri Steindachner, 1864
Heros maculipinnis Steindachner, 1864

Gattung ***Tomocichla*** Regan, 1908
Heros sieboldii Kner, 1863

lich stark sichtbar ist. Normalerweise zeigen Augenfleckbuntbarsche sieben bis neun Querstreifen. Bei *Heros notatus* und bei *Heros appendiculatus* sind fünf Binden ständig als rudimentäre, recht große Flecken auf der Unterseite der Flanken zu sehen. Der maulbrütende *Heros* hingegen zeigt immer seine komplette Bindenzeichnung, wenn auch stimmungsabhängig in unterschiedlicher Intensität. Die deutsche Bezeichnung ‚Augenfleck-Buntbarsch' ist - obgleich *Heros*-Arten keine echten Augenflecken aufweisen - wohl auf die ausgeprägten schwarzen Endpunkte der zweiten Querbinde in der Rükkenflosse (Dorsale) und Afterflosse (Anale) zurückzuführen.

Zeichnungsmuster der Gattung *Heros*

Immer wieder wird von verschiedenen Autoren auf einem ‚Cichlasominen Grundzeichnungsmuster' herumgeritten, welches angeblich von Kullander & Silfvergrip im Jahre 1991 beschrieben worden sein soll. Seitdem wird es von den meisten Autoren akzeptiert. Es soll das grundlegende Zeichnungsmuster der Arten der Unterfamilie Cichlinae definieren. Dies ist merkwürdig, denn Kullander & Silfvergrip arbeiteten ausschließlich mit den Arten der Gattung *Mesonauta* und schließen weitere Aktivitäten mit dem Satz „No other new terminology is introduced here" ausdrücklichst aus.

Heute werden die Binden von vielen Autoren von hinten nach vorn gezählt, was Probleme bei der Auswertung älterer Literatur mit sich bringt, denn in den Beschreibungen von Heckel und vielen Anderen wurden sie stets von vorn nach hinten gezählt. Jedoch sind die hinteren Binden fast immer deutlich, die vorderen hingegen oft verschwommen oder undeutlich oder verblassen vollständig, was diese alte Zählweise komplizierter macht.

Das Grundzeichnungsmuster der Gattung *Heros* hingegen läßt sich wie folgendermaßen beschreiben: Die zweite Querbinde von hinten ist stets deutlich ausgeprägt und endet in der Rücken- und Afterflosse in einem erweiterten, rundlichen Fleck. Diesem Fleck verdankt die Gattung den Namen ‚Augenfleckbuntbarsche'. Eine weitere Querbinde verläuft direkt vor dem Ansatz der Schwanzflosse. Davor stehen bis zu sieben weitere Querbinden, die voll ausgeprägt, unterbrochen, verwaschen oder gänzlich unsichtbar sein können. Der Erregungszustand der Fische ist bei der Bewertung zu beachten.

Die Cichliden der Gattung *Heros* haben eine ganze Reihe Gemeinsamkeiten mit Vertretern anderer Gattungen. Zu erwähnen ist die Körpergestalt die ähnlich zu denen von *Symphysodon*, *Pterophyllum* und *Mesonauta* ist. Allerdings unterscheidet *Heros* sich auch in vielen Punkten von den genannten Gattungen. Ein wichtiges morphologisches Merkmal, welches *Heros* im Gegensatz zu den anderen Gattungen aufweist, ist der doch teilweise stark ausgeprägte Sexualdichromatismus. Abgesehen von den Vertretern der *Heros liberifer*-Gruppe weisen alle anderen *Heros*-Formen deutliche Unterschiede bei den Geschlechtern auf. Wichtigste Merkmale sind: Die Maskenzeichnungen bei den Männchen, die sich über der Kopfregion und den Kiemendekkeln erstreckt, und auf den Körperflanken der Männchen sichtbare Musterungen aus

Grundzeichnungsmuster der
H. severus-Gruppe. [PD]

Grundzeichnungsmuster der
H. appendiculatus-Gruppe. [PD]

Grundzeichnungsmuster der
H liberifer-Gruppe. [PD]

Grundzeichnungsmuster der
H. efasciatus-Gruppe. [PD]

Grundzeichnungsmuster der
H. notatus-Gruppe. [PD]

Grundzeichnungsmuster der
H. fasciatus-Gruppe. [PD]

feinen Linien oder Punkten. Diese ist bei den Weibchen in fast allen Fällen nur sehr minimal vorhanden oder fehlt ganz.

Auch innerhalb der Gattung *Heros* lassen sich die Arten zumindest morphologisch sehr gut voneinander abgrenzen (Siehe schematische Darstellung). Desweiteren gibt es eine ganze Reihe *Heros*-Formen, die wissenschaftlich noch nicht bearbeitet wurden. In der Regel werden diese durch andere Autoren zu *Heros efasciatus* gestellt. Einige dieser Zuordungen sind jedoch sehr fraglich, deshalb habe ich die Gattung *Heros* in sechs Artengruppen unterteilt und einen Teil der wissenschaftlich noch unbearbeiteten Formen in die meiner Meinung nach ‚richtige' Artengruppe gestellt. Als wesentliche Änderung zu Aufsätzen anderer Autoren habe ich eine Gruppe mit *Heros fasciatus* - Gruppe und nicht als *Heros efasciatus* - Gruppe bezeichnet.
Viele der zur Zeit als *Heros efasciatus* aufgefaßten Cichliden lassen sich meiner Meinung nicht in die Artengruppe um *H. efasciatus* einordnen. Sinnvoller und wahrscheinlicher ist es, die meisten noch unbearbeiteten Formen in die Artengruppe um *Heros fasciatus* oder *Heros appendiculatus* zu stellen da ich der Ansicht bin, daß es diese Arten tatsächlich gibt und sie als gültig zu betrachten sind. Es ist allerdings nicht auszuschließen, daß es Mischformen oder weitere Arten gibt.
Die Annahme, daß es Mischformen gibt begründet sich darauf, daß es entlang des Amazonas-Stromes und seiner Nebenflüsse verschiedene unterschiedlich gezeichnete Populationen gibt, denen eine natürliche Grenze aber fehlt. Die Intensität der Zeichnung nimmt, etwas pauschalisiert, von Ost nach West ab.

Natürlich lassen sich nicht alle unbearbeiteten Formen in die *Heros fasciatus* - Gruppe stellen. Einige dieser Formen passen zumindest nach morphologischen Merkmalen zu den Gruppen *H. notatus* oder *H. appendiculatus*. Messungen am Neurocranium von insgesamt 35 Exemplaren diverser Lokalformen verschiedener Arten lassen vermuten, daß sich die Artengruppen auch anhand unterschiedlicher Meßwerte des Winkels des Stirnanstieges, der sich je nach Artengruppe in einem bestimmten Bereich bewegt, gut voneinander unterscheiden läßt, allerdings sind für eine repräsentative Aussage weitere Untersuchungen an Wildfangmaterial notwendig. Ich bin mir aber sicher, daß sich durch intensivere Untersuchungen und umfangreichere statistische Auswertungen meine Untersuchungsergebnisse bestätigen lassen. Im folgenden habe ich die Merkmale der einzelnen Gruppen herausgestellt, um eine Zuordnung diverser Populationen zu vereinfachen.
Anhand dieser Variationen lassen sich die Arten gut voneinander abgrenzen. Die Gattung zerfällt demnach in sechs Artengruppen.

Die *Heros severus* - Gruppe

[UW]

Heros severus ist die Typusart der Gattung *Heros*. Sie wurde nachträglich im Jahre 1882 durch Jordan & Gilbert designiert.

Heckel (1840) nennt als Typus-Fundort Marabitanas am Rio Negro (Brasilien).

Erst einmal sind aber ein paar klärende Worte zur Identität von *Heros severus* nötig. Man kann nämlich feststellen, daß es Unterschiede zwischen der Artbeschreibung Heckels und der momentanen Zuordnung gibt.

Um diese Aussage zu untermauern, hier ein Zitat aus der Artbeschreibung Heckels zu *Heros severus*:

„Die Hautfarbe an einem in Weingeist gut erhaltenden Exemplare ist braun, kaum etwas heller an der Brust, auf der Stirne in das Graue ziehend. Im Ganzen sind auf jeder Seite 9 schwarze Vertikalbinden, wovon die 3 ersten, breitere und blässere, kleine Zwischenräume haben; bei den folgenden ist Binde und Zwischenraum sich gleich. Die erste dieser Binden kommt vom Hinterhaupt zum Auge; die zweite liegt vor der Rückenflosse und geht bis zur Kiemenspalte; die 3. und 4. zieht sich von der Rükkenflosse bis zum Bauch hinab; die 5., 6., u. 8. verbindet Rücken- und Analflosse, so dass die letztere, am Basisende dieser beiden Flossen liegend, sich noch zum Theil über die Flossen selbst ausdehnt, die 7. Binde ist nur halb und reicht nur von der Analflosse bis zur unteren Seitenlinie hinauf, die 9. umgibt die Schwanzwurzel.

Über dem Unterkiefer bis gegen den Winkel des Vorderdeckels ist ein breiter blaulich - grauer Streif bemerkbar."

Diese Beschreibung stimmt in einigen Punkten nicht mit den Tieren überein, die wir von 1994 bis 2015 als *H. severus* bezeichnet haben.

Bemerkenswert bei dieser Beschreibung ist die Angabe über die 7. Binde. Bisher wurde nur ein *Heros* von der Typuslokalität bekannt, der dieses Merkmal deutlich zeigt, nämlich *Heros* sp. ‚Uaupes'. Vergleicht man Heckels Beschreibung der Art *Heros severus* mit vorhandenem Material, stimmt diese Form am besten mit Heckels *Heros severus* überein. Es gibt bestimmte Populationen von *Heros appendiculatus* (Castelnau, 1855), oder auch einzelne Exemplare von *Heros spurius* (Heckel, 1840) die diesen, oder zumindest ähnliche Verläufe der 7. Binde zeigen, jedoch kommen diese Arten nicht im Rio Orinoko und dessen Einzugsgebiet vor.

Das bisher bekannte Verbreitungsgebiet von *Heros severus* erstreckt sich über Kolumbien und Venezuela in den folgenden Flüssen und deren Einzugsgebieten: Rio Negro, Rio Atabapo, Rio Orinoko.

Mit diesem Hintergrund kommen Zweifel auf ob die Artzuordnung, wie sie momentan verwendet wird, auch berechtigt ist. Heckels Beschreibung der Art *Heros severus* zumindest stimmt nämlich nicht überein. Entscheidend kommt hinzu, daß die Zuordnung des einzigen maulbrütenden Buntbarschs der Gattung zu *Heros severus* wissenschaftlich nie bestätigt wurde. Verantwortlich für die Annahme, daß es sich bei der maulbrütenden Art um *Heros severus* handelt, ist ein Artikel von Rainer Stawikowski. Er stellt in seinem Artikel *„Heros* Teil 2 - Die Typusart ist Maulbrüter", aus dem Jahre 1995 die Behauptung auf, daß die Typusart der Gattung *Heros* ein maulbrütender Cichlide sei, basierend auf Aquarienbeobachtungen.

Die *Heros liberifer*-Gruppe

Hierher gehören die bisher bekannten maulbrütenden Formen, also *Heros liberifer* sowie *Heros liberifer* ‚Inirída Rot'.

[PD]

Alle Formen und Arten der *Heros liberifer*-Gruppe haben im Gegensatz zu den anderen *Heros*-Arten einen relativ spitzen Kopf, sie erscheinen langgestreckter und weniger hochrückig. Die Lippen sind nicht so fleischig wie bei beispielsweise *Heros appendiculatus* und *Heros notatus*. Das Maul erscheint kleiner. Weitere Erkennungsmerkmale sind: Der sehr stark ausgeprägte Unterkieferstreifen und die höhere Anzahl der Vertikalbinden. Die zweite Binde ist stets sichtbar! Die Grundfärbung ist beigefarben, sie besitzen meistens in der unteren Körperhälfte bis etwa zum Seitenlinienorgan unterschiedlich stark ausgeprägte Punktreihen. Sie haben vergleichsweise kurze Bauchflossen die, wenn man sie zurück klappt, selten über den dritten Stachel der Afterflosse hinaus reichen. Vertreter dieser *Heros*-Gruppe besitzen keinen ausgeprägten Sexualdimorphismus, Männchen und Weibchen erreichen in großen Behältern annähernd die gleiche Größe.

Alle Vertreter dieser Gruppe sind biparentale larvophile Maulbrüter. Das heißt, beide Elterntiere beteiligen sich an der Brutpflege. Larvophil bedeutet, daß die Eier auf einem geeigneten Substrat abgelegt und die Larven erst nach dem Schlupf ins Maul aufgenommen werden.

Das Frontaldrohen wird in der Regel und im Gegensatz zu anderen *Heros*-Arten mit geschlossenem Maul durchgeführt. Die Gattentreue ist stärker ausgeprägt. Vetreter dieser Gruppe kommen ausschließlich in relativ sauren und mineralarmen Schwarz- und Klarwasserflüssen vor.

Die *Heros notatus* - Gruppe

[PD]

Hierher gehören *Heros notatus, Heros* sp. ‚Rio Negro', *Heros* sp. ‚Guyana', *Heros* sp. ‚Rio Branco' und *Heros* sp. ‚Manaus'.

Die Vertreter der *Heros notatus* - Gruppe weisen fünf bis sieben Querbinden auf, die sich auf der unteren Körperhälfte befinden. Mindestens vier dieser Binden sind stets als Flecken sichtbar. Diese Flecken sind Teile des vertikal verlaufenden Streifenmusters, welches je nach Erregungszustand auch komplett sichtbar sein kann.

Die Flecken sind jedoch wesentlich breiter als der Rest der vertikal verlaufenden Binden. Die zweite Vertikalbinde, welche die Rücken und die Afterflosse verbindet, ist stets sichtbar. Die Körperform erscheint höher und gedrungener als die von den Vertretern der *Heros liberifer* - Gruppe.

Allgemein machen diese Cichliden einen recht ‚bulligen' Eindruck. Ein weiteres Erkennungsmerkmal ist ein kleiner Fleck auf oder über der Basis der Brustflosse, der sich bis zum Rand des Kiemendeckels und darauf erstrecken kann. Jede Schuppe besitzt einen roten bis braunen Punkt oder Strich. Im Gegensatz zu den Vertretern der *Heros liberifer* - Gruppe zeigen die Vertreter der *Heros notatus* - Gruppe einen sehr deutlichen Sexualdimorphismus.

Die Männchen, deren Grundfärbung von gelblich-grün bis türkisfarben variiert, weisen ein mehr oder minder stark ausgeprägtes Zeichnungsmuster in der Kopfregion und auf dem Körper auf, während Weibchen, deren Grundfärbung ebenfalls variieren kann, keinerlei oder wesentlich schwächer ausgeprägte Zeichnungen auf dem Körper, jedoch nie in der Kopfregion aufweisen. Alle Arten und Formen dieser Gruppe sind Offenbrüter.

Die *Heros appendiculatus* - Gruppe

[FW]

Die Gruppe enthält: *Heros appendiculatus*, *Heros* sp. ‚Rotkeil', sowie verschiedene *Heros*-Formen aus dem Rio-Ucayali-Einzug. Alle *Heros* aus Ekuador und Peru scheinen ebenfalls hierher zu gehören.

Arten und Formen, die in diese Gruppe gehören, lassen sich relativ leicht von anderen Gruppen unterscheiden. Wichtigstes Erkennungsmerkmal sind die sehr lang ausgezogenen Brustflossen. Osteologische Untersuchungen haben ergeben, daß auch die Knochen der Brustflossen länger sind als bei anderen Artengruppen der Gattung *Heros*. Nicht selten ziehen sich die Verlängerungen der Brustflossen über die Körperlänge hinaus. Ähnlich wie die Cichliden der *Heros notatus* - Gruppe weisen auch alle Vertreter der *Heros appendiculatus* - Gruppe (Männchen und Weibchen) große Flecken auf den Körperflanken auf. Diese Flecken erstrecken sich vom Bauch bis etwa zur Körpermitte. Je nach Erregungszustand sind die vertikal verlaufenden Binden mehr oder weniger stark ausgeprägt, jedoch sind die Teile dieser Binden auf der unteren Körperhälfte stets sichtbar. Auch die Cichliden der *Heros appendiculatus* - Gruppe weisen einen deutlich ausgeprägten Sexualdimorphismus auf. Männchen zeigen stets eine wurmlinienartige Zeichnung in der Kopfregion, die den Weibchen fehlt oder nur sehr schwach ausgeprägt ist. Alle Vertreter sind Offenbrüter.

Die *Heros fasciatus* - Gruppe

[AJ]

Heros fasciatus stellt eine eigene Entwicklungslinie dar und beinhaltet Lokalformen aus dem Araguaia-Einzug, dem Rio Tocantins und anderen westamazonischen Systemen.

Allerdings ist es relativ schwierig, unverkennbare Merkmale dieser Gruppe festzulegen. Die Vertreter dieser Gruppe weisen sowohl Merkmale der *Heros notatus* - Gruppe als auch Merkmale der *Heros appendiculatus* - Gruppe auf. Im Gegensatz zur *Heros notatus* - Gruppe sind die Flecken auf den Flanken nicht immer sichtbar und verlaufen gerade in einer vertikalen Linie vom Bauch bis maximal zur Körpermitte. Ein Unterschied zur *Heros appendiculatus* - Gruppe besteht darin daß die Bauchflossen nicht so lang ausgezogen sind. Die Körperformen variieren ebenfalls, von gedrungen und hochrückig bis relativ langgestreckt und flach. Morphologisch gesehen gibt es aber eine Ausnahme, nämlich einen Cichliden, welcher der Artbeschreibung von *Heros efasciatus* am nächsten kommt. Diese Form weist im Gegensatz zu den anderen Arten der *Heros fasciatus* - Gruppe eine sehr schwach ausgeprägte vertikale Streifenzeichnung auf, die auch bei Tieren, die stark unter Stress stehen, nur sehr schwach sichtbar ist. Meine Untersuchungen zeigen, daß diese Form tatsächlich auch im Knochenbau Unterschiede zu allen von mir untersuchten amazonischen *Heros* aufweist. Dadurch scheint eine Trennung zwischen *H. efasciatus* und *H. fasciatus* wirklich erforderlich zu sein. Meiner Meinung nach sind die Merkmale, die HECKEL in seiner Beschreibung von *Heros efasciatus* angibt, nicht bei allen der zur Zeit zu *H. efasciatus* gestellten Lokalformen nachweisbar. Diese Formen weisen ein sehr variables Erscheinungsbild auf.
Alle Vertreter sind Offenbrüter.

Diskussion

Seltsamerweise gibt es bereits seit Jahren recht unterschiedliche Ansichten, wie viele Arten die Gattung *Heros* eigentlich beinhaltet. Während nominell neun Arten verfügbar sind, wurden von vielen Autoren nur drei oder vier als gültig betrachtet, oftmals werden gültige Arten zu Synonymen erklärt, meist ohne stichhaltige Begründungen. Seit 2015 beinhaltet die Gattung *Heros* fünf gültige Taxa. Anders als bei vielen anderen Gattungen scheinen farbliche Unterschiede oder solche, die sich im Zeichnungsmuster niederschlagen, bei *Heros* nicht als Artmerkmal anerkannt zu werden.
STAWIKOWSKI und WERNER (1989) weisen bereits darauf hin, daß die Anordnung der Binden wohl ein brauchbares Mittel zur Abgrenzung einzelner Arten innerhalb der Gattung *Heros* sein kann.
Anders sieht es in der näheren Verwandschaft aus, die Arten der Gattung *Mesonauta* GÜNTHER, 1867 werden anhand ihres voneinander abweichenden Grundzeichnungsmusters in verschiedene Arten unterteilt, und das, obwohl dieses oftmals gar nicht so unverwechselbar zu sein scheint und auch innerhalb einer Art stark variiert!
Sowohl die Arten der Gattungen *Aequidens* EIGENMANN & BRAY, 1894 als auch die der Gattung *Apistogramma* REGAN, 1913 werden ebenfalls meist nur anhand ihrer Färbung oder ihres Farbmusters voneinander abgegrenzt.

Leider scheint es für *Heros*-Arten bisher keinen einheitlichen Bestimmungsschlüssel zu geben, welcher sich generell anwenden läßt. So wird es wohl auch in Zukunft heftige Diskussionen bei der Bestimmung und Definition der Arten geben. Gerade bei der Gattung *Heros* gibt es eine Reihe Lokalformen, Standortvarianten oder gar Arten, die sich eigentlich sehr gut voneinander unterscheiden lassen. Ich bin ohnehin der Ansicht, daß man sich heutzutage viel zu sehr darum bemüht, auch noch den kleinsten Unterschied aus einem DNA-Profil herauszulesen, anstatt sich auf eine Kombination aller verfügbaren Methoden, also molekulargenetischer Analysen, optischer Merkmale und der Morphologie zu konzentrieren. Das bisher rein auf molekularbiologischen Analysen basierende Ergebnisse nicht ausreichen, ist durch den ständigen Wechsel der Ergebnisse und ihrer Interpretationen hinreichend bewiesen. Man sollte auch immer das untersuchte Objekt ‚in der Hand gehalten' und die Charakteristika lebender und konservierter Exemplare als Kriterien für die Beschreibung von Arten und Gattungen heranziehen.

Es steht ja außer Frage, daß die Buntbarsche der Gattung *Heros* miteinander verwandt sind, sie gehen - wie alle Buntbarsche - auf bestimmte Urformen zurück, die sich im Laufe vieler Millionen Jahre zu eigenständigen Gattungen und Arten entwickelt haben. Das mag vielleicht auch wesentlich schneller gegangen sein, wie die Radiation der Cichlidenarten in den Seen des ostafrikanischen Grabens belegt.

Ich vertrete den Standpunkt, daß es sinnvoller ist, Lokalformen, die oft mehrere Tausend Flußkilometer voneinander entfernt vorkommen und die sich eindeutig anhand ihres Zeichnungs- und Farbmusters unterscheiden lassen, bis zur endgültigen Klärung der Artabgrenzung durch Kombination aller verfügbaren Methoden als valide Arten zu führen, anstatt sie - überspitzt formuliert - nur anhand von ausgeblichenen ‚Spritleichen' zu einem Großteil vorschnell zu synonymisieren.

Stawikowski & Werner (1998) vermuteten, daß das Zeichnungsmuster verschiedener *Heros*-Arten wohl als brauchbares Mittel zur Artabgrenzung dienen könnte. Das dieses Methode wohl anwendbar ist, belegen Kullander & Silfvergrip (1991) in ihrer Arbeit zur Gattung *Mesonauta* Günther, 1867, die sie anhand ihres voneinander abweichenden Grundzeichnungsmusters in verschiedene Arten unterteilen, und das, obwohl dieses oftmals gar nicht so unverwechselbar zu sein scheint und auch innerhalb einer Art variiert! Sie wiesen aber darauf hin, daß diese Vorgehensweise von ihnen nur für *Mesonauta* angewandt wurde und wohl nicht universell einsetzbar ist. Nachfolgende Autoren (Staeck & Schindler, 1993; Stawikowski, 1993) folgten dieser Vorgehensweise, und es wurde mit *Mesonauta guyanae* Schindler, 1993 noch eine weitere Art basierend auf ihrem Zeichnungsmuster beschrieben.

Die Zuordnung einger Arten innerhalb der Gattung war lange Zeit fragwürdig, und konnte erst durch und während der Arbeiten an diesem Buch geklärt werden, ebenso wie daraus resultierende Fragen, insbesondere die Identität der Typusart betreffend.

Das Resultat meines intensiven Studiums der Original-Literatur untermauert diese Aussage. Einige Schwerpunkte meiner Arbeit und die hier präsentierten Ergebnisse bieten sicherlich Grundstoff für weitere Diskussionen.

Desweiteren sind meiner Meinung nach mindesten zwei Arten, *Heros* sp. ‚Rivière

Comté' und *Heros* sp. ‚Belém' dem *Heros fasciatus* zuzuordnen. Allerdings gilt diese Art nach dem momentanen Stand der Wissenschaft als Synonym zu *Heros efasciatus*. Ich schließe mich hier der Meinung von Stawikowski (1995) an, der eine *Heros*-Population aus dem Rio Araguaia (Tocantins) als *Heros* cf. *fasciatus* bezeichnet.
Phylogenetische Untersuchungen legen nahe, daß es sich zumindest bei der Form, die Stawikowski als *Heros* cf. *fasciatus* bezeichnet, um eine ganz eigene Art handeln muß, da sie im genetischen Stammbaum eine eigene Entwicklungslinie darstellt.
Vergleicht man die Abbildung eines *Heros* aus der Publikation Miranda Ribeiros mit einer *Heros appendiculatus*-Population aus dem Rio Ucayali bestätigt sich die Annahme das ‚*Cichlasoma severum perpunctum* var.' eindeutig eine Schwesterart von *Heros appendiculatus* darstellt!

Die Diskussion um die drei von Heckel im Jahre 1840 beschriebenen Guapore-Arten *Heros coryphaeus*, *H. modestus* und *H. spurius* konnte nicht eindeutig geklärt werden. Allerdings gehe ich davon aus, daß es sich bei diesen nicht um nur eine einzige Art handelt. Mindestens zwei der drei Arten kommen dort tatsächlich vor, einerseits *Heros spurius*, der sowohl durch Albering (2009) als auch durch Staeck (2009) nachgewiesen wurde, zum anderen eine taxonomisch unbearbeitete *Heros*-Art / Form aus dem unteren Madeira, welche sich deutlich von *H. spurius* unterscheidet. Momentan wird aber nur eine Art als gültig anerkannt, nämlich *Heros spurius* (Günther, 1862; Kullander, 2003; Staeck, 2009). Ob es sich bei diesem Cichliden tatsächlich um *H. spurius* handelt bleibt allerdings abzuwarten. Nach Heckels Beschreibungen der drei Arten läßt sich kein eindeutiges Urteil fällen, auch die hinterlegten Typusexemplare geben keine eindeutige Antwort.

da Graca (2008) publizierte in seiner Dissertation eine Abbildung eines konservierten *Heros* und bezeichnet diesen als *Heros spurius*. Tatsächlich jedoch zeigt dieser *Heros* die von Heckel beschriebenen diagnostischen Merkmale von *Heros coryphaeus*.

Einige Arten und Formen lassen sich durch ihre artspezifischen Merkmale in andere Arten überstellen. Die auf Seite 52 präsentierte Auflistung ist vorläufig und wird sich sicherlich zumindest teilweise nach dem aktuellen Erkenntnisstand revidieren lassen.

Eine weitere interessante Methode zur Artenabgrenzung besteht darin, anhand der Skelette osteologische Untersuchungen durchzuführen und einige markante Merkmale zu extrahieren. Ich habe mich bei meinen Untersuchungen auf zwei Merkmale konzentriert und dabei feststellen können, daß diese Methode ebenfalls geeignet zu sein scheint. Die Ergebnisse der von mir durchgeführten Knochenuntersuchungen lassen den Schluß zu, daß sich *Heros*-Arten durch Unterschiede im Skelettaufbau gut voneinander abgrenzen lassen. Die zur Unterscheidung herangezogenen Parameter lassen sich in erster Linie an der Schädelform belegen, dieses Unterscheidungsmerkmal wurde bereits 2001 durch Krahnefeld et al. (2001) angesprochenen, allerdings nur im Bezug auf *Heros notatus* und *Heros liberifer*.
Ich konnte Unterschiede bei allen Arten

Der Holotypus von *Heros spurius* Heckel, 1840. Dieses Exemplar ist im Naturhistorischen Museum Wien unter der Katalognummer NMW-17656 hinterlegt. [NHMW].

feststellen, und sehe diese Methode daher als geeignet an.

Eine weitere Methode zur Unterscheidung von *Heros*-Arten zog Schindler (2001) in Erwägung. Er untersuchte ob es möglich wäre, eine Abgrenzung anhand der ‚Verwachsungen' der ventralen Verlängerungen der ersten Hämalfortsätze vorzunehmen. Auf zwei Arten schien sich seine Methode anwenden zu lassen, nämlich *Heros liberifer* und *Heros efasciatus*, jedoch haben meine Untersuchungen dieses Ergebnis nicht untermauern können. Diese Methode ließ sich nach meinen Untersuchungen nur auf eine einzige Art anwenden, nämlich *Heros appendiculatus*. Und dieses ist die einzige *Heros*-Art, bei der alle von mir untersuchten Exemplare (verschiedene Lokalformen von *H. appendiculatus*) an den ersten drei ventralen Verlängerungen der Wirbel Verwachsungen aufweisen, bei allen anderen Arten wiesen höchstens die beiden ersten ventralen Verlängerungen der Wirbel Verwachsungen auf. Die Anzahl der Hart- und Weichstrahlen der Flossen scheinen bei jeder *Heros*-Art variabel zu sein. Die Vermessung verschiedener Arten nach dem Rhombischen System ergab nur minimale Abweichungen von wenigen Millimetern, allerdings waren die Standardlängen nicht einheitlich, sie unterschieden sich ebenfalls in einigen Fällen bis zu 2 cm.

In den folgenden Kapitel werden Sie die verschiedenen Formen oder Arten kennenlernen und sie anhand des beigefügten Bildmaterials sehr leicht voneinander unterscheiden können. Persönlich vertrete ich die Auffassung, daß es mehr *Heros*-Arten gibt als momentan von den führenden Ichthyologen angegeben oder sogar bestätigt

Dieses Exemplar wird von da Graca als *H. spurius* bezeichnet. Vergleicht man die Abbildung des Holotypus wird deutlich, daß es sich um verschiedene Arten handelt, wenn man die Originalbeschreibung Heckels zugrunde legt. [WG].

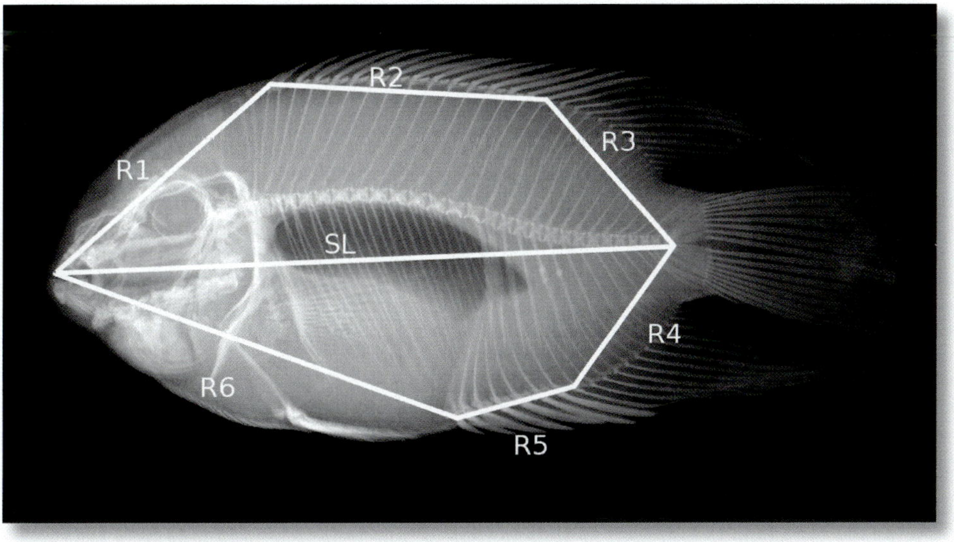

Maßnehmen im Rhombischen System. [KR / Markierungen PD]

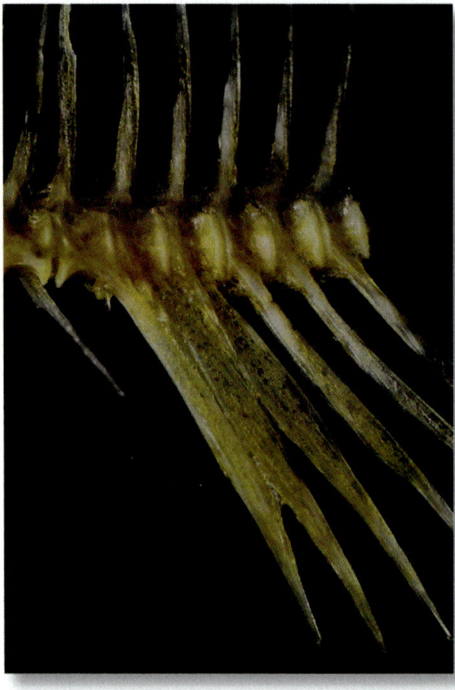 

Verwachsung der Hämalfortsätze. Links: *Heros appendiculatus* ‚Rotkeil‘, rechts *Heros notatus*. Anhand der Verwachsungen der Hämalfortsätze lassen sich die einzelnen Arten nicht wirklich abgrenzen. Die einzige von mir untersuchte Artengruppe, die stets drei verwachsene Hämalfortsätze zeigte, waren die Lokalformen der *Heros appendiculatus* - Gruppe. Bei anderen Arten wie *Heros notatus* oder *Heros liberifer* variierte die Anzahl der verwachsenen Hämalfortsätze. [PD]

werden. Natürlich erhebe ich nicht den Anspruch auf die Richtigkeit meiner Äusserungen, da ich sie ebenfalls nicht wissenschaftlich begründen kann. Ich vertraue auf meinen gesunden Verstand und auf meine optische Wahrnehmungsfähigkeit.

Sie werden bei der aufmerksamen Lektüre dieses Buches feststellen, daß ich nicht dazu neige, noch den kleinsten Unterschied als Merkmal zur Abgrenzung von Arten zu deuten. Aber ich tendiere dazu, den beschriebenen Arten ihren Artstatus zu zuerkennen und versuche dieses in dem vorliegenden Buch anhand ihrer Eigenheiten und den erkennbaren Unterschieden zu anderen Arten zu demonstrieren.

Altwasserarm am Rio Casiquiare. In diesen geschützten Bereichen sind wesentlich mehr Fische anzutreffen als im Hauptstrom. [RR])

Cichlasoma severum var. *perpunctatum*	→	*Heros perpunctatus*
Heros appendiculatus	→	*Heros appendiculatus*
Heros efasciatus	→	*Heros efasciatus*
Heros efasciatus ‚Manaus'	→	*Heros efasciatus*
Heros liberifer	→	*Heros liberifer*
Heros notatus	→	*Heros notatus*
Heros severus	→	*Heros severus*
Heros sp. ‚Anori'	→	Heros cf. *notatus*
Heros sp. ‚Araguaia'	→	*Heros* cf. *fasciatus*
Heros sp. ‚Atabapo'	→	*Heros* sp. ‚Atabapo'
Heros sp. ‚Belém'	→	*Heros* cf. *fasciatus*
Heros sp. ‚Blau'	→	*Heros* cf. *appendiculatus*
Heros sp. ‚Blue Head'	→	*Heros* cf. *appendiculatus*
Heros sp. ‚Blue Head'	→	Heros cf. *notatus*
Heros sp. ‚Blue Red Spotted'	→	*Heros* cf. *appendiculatus*
Heros sp. ‚Cano de Paca'	→	*Heros* cf. *notatus* ‚Caracarai'
Heros sp. ‚Cano Mocho Llianos'	→	*Heros liberifer*
Heros sp. ‚Caracarai'	→	Heros cf. *notatus*
Heros sp. ‚Casanarito'	→	*Heros liberifer*
Heros sp. ‚Casiquiare'	→	*Heros severus*
Heros sp. ‚Ecuador'	→	*Heros* cf. *appendiculatus*
Heros sp. ‚Essequibo'	→	Heros cf. *notatus*
Heros sp. ‚Französisch-Guyana'	→	*Heros* cf. *fasciatus*
Heros sp. ‚Inirída Rot'	→	*Heros liberifer* ‚Inirída Rot'
Heros sp. ‚Laguna Piranha I'	→	Naturhybride?
Heros sp. ‚Laguna Piranha II'	→	Naturhybride?

Gebräuchliche Trivialbezeichnungen und ihre Zuordnung zu Arten

Die im Kasten dargestellten Trivialbezeichnungen sind den Arten zugeteilt. Die Zuordnung der einzelnen Lokalformen basiert in erster Linie auf morphologischen Gemeinsamkeiten. Die Absicherung der Zuordnung durch die Genanalyse ist nicht möglich, da viele der hier erwähnten Lokalformen mangels Material nicht untersucht werden konnten. Daher ist diese Auflistung als vorläufig zu betrachten, und erhebt nicht den Anspruch auf Richtigkeit. Sie dient lediglich als Richtlinie. Leider ist von einigen der hier erwähnten Lokalformen kein eigenes Bildmaterial verfügbar, aber durch die Recherche im Internet lassen sich von den hier aufgeführten Lokalformen Photographien finden.

Unter *Heros severus* tauchen zwei Lokalformen mit ähnlicher Bezeichnung auf, hier handelt es sich auch tatsächlich um dieselbe Form. Es gibt allerdings zwei unterschiedliche Schreibweisen des Flußes - Rio Uaupés und Rio Vaupés.

In der Gruppe um *Heros notatus* tauchen ebenfalls Bezeichnungen auf, welche gleiche Lokalform ansprechen. *Heros* sp. ‚Rock Stone', *H.* sp. ‚Potaro River', *H.* sp. ‚Guyana', *H.* sp. ‚Turquise-Guyana'.

Heros sp. ‚Manacapuru'	→	*Heros* cf. *notatus* ‚Caracarai'
Heros sp. ‚Maulbrüter'	→	*Heros liberifer*
Heros sp. ‚Nanay'	→	*Heros* cf. *appendiculatus*
Heros sp. ‚Orinoco'	→	*Heros liberifer*
Heros sp. ‚Paraconi'	→	*Heros* cf. *appendiculatus*
Heros sp. ‚Peru'	→	*Heros* cf. *appendiculatus*
Heros sp. ‚Potaro River'	→	*Heros* cf. *notatus*
Heros sp. ‚Pozo Azul'	→	*Heros liberifer*
Heros sp. ‚Riviére Comté'	→	*Heros* cf. *fasciatus*
Heros sp. ‚Rock Stone'	→	*Heros* cf. *notatus*
Heros cf. ‚Rotkeil'	→	*Heros* cf. *appendiculatus*
Heros sp. ‚Redshoulder'	→	*Heros* cf. *appendiculatus*
Heros sp. ‚Rotkeil'	→	*Heros* cf. *appendiculatus*
Heros sp. ‚Rupununi'	→	*Heros* cf. *notatus*
Heros sp. ‚Temi'	→	*Heros liberifer*
Heros sp. ‚Tocantins'	→	*Heros* cf. *fasciatus*
Heros sp. ‚Trombetas'	→	*Heros* cf. *fasciatus*
Heros sp. ‚Turquise-Guyana'	→	*Heros* cf. *notatus*
Heros sp. ‚Uaupés'	→	*Heros severus*
Heros sp. ‚Ucayali'	→	*Heros* cf. *appendiculatus*
Heros sp. ‚Vaupés'	→	*Heros severus*
Heros sp. ‚Venezuela'	→	*Heros liberifer*
Heros sp. ‚Xingú"	→	*Heros* sp.
Heros sp. ‚Yarina-Cocha'	→	*Heros* cf. *appendiculatus*
Rotrücken-*Heros*	→	*Heros* cf. *appendiculatus*

Da es sich bei einigen hier aufgeführten Namen tatsächlich um Phantasieprodukte handelt, die meist in Internetforen entstehen, ist es schwierig oder gar unmöglich, diese einer bestimmten Lokalität zuzuordnen. Bezeichnungen wie *H.* sp. ‚Blue Head' oder *H.* sp. ‚Blue Red Spotted' erschweren die Arbeit ungemein und sind wenig zielführend, da die Möglichkeit erfolgreich nach diesen Tieren in der Natur zu suchen von vorn herein ausgeschlossen ist.

Bezeichnungen, die eine eindeutige Lokalität beinhalten sind daher wesentlich sinnvoller, da sie es möglich machen diese Angabe zu überprüfen!

Die Guaporé-*Heros*: *H. spurius*, *H. modestus* und *H. coryphaeus* werden hier nicht aufgeführt, da keine Trivialnamen bekannt sind.

Sicherlich gibt es noch mehr Trivialbezeichnungen der verschiedenen Arten und Formen. Allerdings würde das Buch dadurch ungleich dicker werden. Die hier genannten sind die im deutschsprachigen Raum am häufigsten gebrauchten und werden deshalb hier gelistet.

Geschlechtsmerkmale

Die Geschlechtsmerkmale bei adulten Augenfleckbuntbarschen sind recht leicht zu erkennen, eine Ausnahme bildet lediglich die *Heros liberifer* - Gruppe. Die männlichen Tiere sind in der Regel etwas größer und weisen bei allen Arten beziehungsweise Lokalformen im Gegensatz zu weiblichen Tieren eine ausgeprägte Maskenzeichnung am Kopf im Bereich von der Schnauze bis zu den Kiemendeckeln auf. Diese Zeichnung besteht je nach Art oder Standortvariante aus Tüpfeln oder Linien. Diese können auch bei Lokalformen, die innerhalb eines relativ kleinen Gebietes vorkommen, unterschiedlich ausgeprägt sein. Ein gutes Beispiel hierfür sind zwei *Heros*-Formen, die im Rio Tapajós in der näheren Umgebung der Stadt Santarém vorkommen. Eine der beiden Populationen hat im Gegensatz zur dort vorkommenden zweiten Form eine Maskenzeichnung, die aus wesentlich breiteren Streifen und größeren Punkten besteht. Ob dieses jedoch als Merkmal zur Artabgrenzung zu werten ist sei dahin gestellt. Auf jeden Fall sollten beide Formen im Aquarium nicht gemeinsam gehalten werden, da es sonst unter Umständen zu Hybridisierungen kommen kann.

Genitalpapille eines Weibchens [PD]

Die Geschlechtsbestimmung kann sich bei juvenilen oder semiadulten Exemplaren als problematisch erweisen. So zeigen beispielsweise die *Heros* cf. *fasciatus* aus Französisch-Guyana als Jungtiere generell eine Maskenzeichnung, die bei Eintreten der Geschlechtsreife bei den weiblichen Tieren zunehmend verschwindet, sich aber bei den Männchen intensiviert.

Wie bereits erwähnt stellt *Heros liberifer* die einzige Ausnahme dar, männliche Tiere dieser Art weisen keine Maskenzeichnung auf. Ob die Punktzeichnungen, die sich bei einigen *Heros liberifer* beobachten lassen, als Geschlechtsmerkmale relevant sind, ist sehr fraglich. Nach meinen Beobachtungen zeigen bei einigen Populationen beide Geschlechter Punkte auf den Wangen und Kiemendeckeln. Auf der anderen Seite sind Populationen bekannt, bei denen weder Männchen noch Weibchen eine deutliche Punktzeichnung zeigen. Es gibt aber sicherlich auch Populationen, bei denen dieses Merkmal als Geschlechtsunterschied gewertet werden kann. Aber als allgemeingültiges Geschlechtsmerkmal für *Heros liberifer* ist es keinen Fall anwendbar!

Abgesehen davon sind die Geschlechter bei *Heros liberifer* ansonsten optisch kaum zu unterscheiden. Lediglich die Genitalpapillen sind unterschiedlich geformt.

Männchen zeigen eine weit ausgeprägtere Kopfzeichnung, die oft als ‚Wurmlinien‘ bezeichnet wird. Diese fehlt bei den Weibchen, außer bei einigen sehr alten Tieren. [FW, JA]

Biologie

Heros-Arten sind hinsichtlich der Anforderungen an ihren Lebensraum nicht sonderlich anspruchsvoll, sie bewohnen alle möglichen Arten von Gewässern, vom Schwarzwasser über Weißwasser bis zum Klarwasser, und sind in großen Flüssen und kleinen Gräben genau so wie in stehenden Gewässern zu finden.

Dabei stellen die Arten sehr unterschiedliche Ansprüche an die Wasserqualität, es gibt ausgesprochene Weichwasserarten wie *Heros liberifer*, im Aquarium werden aber manchmal sogar leicht alkalische Werte langfristig vertragen. Generell werden aber weiche, leicht saure Gewässer bevorzugt.

Alter

Bei guter Pflege werden *Heros*-Arten im Aquarium bis zu 15 Jahre alt, über die Lebenserwartung in der Natur ist nichts bekannt.

Fortplanzung

Bemerkenswert ist, daß es innerhalb der Gattung *Heros* zwei völlig unterschiedliche Fortpflanzungsstrategien gibt. *Heros liberifer* ist der bisher einzige bekannte Maulbrüter in der Gattung *Heros*. Das bedeutet, daß erst die geschlüpften Larven ins Maul genommen werden, im Gegensatz zu den ovophilen Maulbrütern, die bereits die Eier

Augenfleckbuntbarsche können im Aquarium ein beachtliches Alter erreichen.
Dieses Paar von *Heros* sp. Tapajós wollte noch im stolzen Alter von 13 Jahren laichen. [PD]

direkt nach der Ablage ins Maul nehmen. Alle *Heros*-Arten legen also erst einmal ihre Eier auf einer geeigneten Oberfläche ab und schützen und pflegen das Gelege. Dann, nach etwa drei bis fünf Tagen, schlüpfen die Jungen. Die Schlupfzeit ist abhängig von der Temperatur. Die Larven können nicht ohne die Hilfe der Elterntiere schlüpfen, denn diese lutschen die Larven aus den Eihüllen heraus und nehmen sie dann ins Maul auf.

Alle anderen Arten oder Formen sind Offenbrüter, die ihre Eier auf festen Oberflächen ablegen und bis zum Schlupf der Larven betreuen. Die Betreuung übernehmen beide Elterntiere.
Die Entwicklung der Fische hängt von mehreren Faktoren ab. Um eine gesunde und rasche Entwicklung zu gewährleisten ist es wichtig, die Jungfische sofort vom Beginn der selbstständigen Nahrungsaufnahme an ausreichend mit Futter zu versorgen. Bewährt haben sich frisch geschlüpfte *Artemia*-Nauplien, Mikrowürmer und Staubfutter. Natürlich ist bei einer intensiven Fütterung darauf zu achten, daß die Wasserqualität nicht leidet. Regelmäßiges Absaugen von Futterresten und Stoffwechselprodukten (Kot) sind absolut erforderlich. Eine übermäßige Belasung des Wassers kann zu einer erhöhten Keimdichte führen, die wiederum Krankheiten hervorrufen kann.

Bei der Entwicklung der Jungfische habe ich öfter beobachtet, daß das Geschlecht nicht klar definiert werden kann. Viele Arten der Gattung zeigen bis zu einer Größe

Offenbrüter wie dieser *Heros* sp. ‚Gold' (Zuchtform) befächeln ihre Gelege.
Im Vordergrund das Männchen. [PD]

Paar von *Heros* sp. ‚Französisch Guyana' bei der Betreuung des Geleges. [PD]

von etwa 5-7 Zentimeter typisch männliche Geschlechtsmerkmale. Erst ab dieser Größe bilden sich bei den Weibchen die für männliche Tiere typischen Zeichnungselemente im Kopfbereich und auf den Kiemendeckeln zurück. Dies bedeutet nicht, daß Fische, die auf den ersten Blick wie Weibchen aussehen, auch tatsächlich Weibchen sind! Ich konnte bei vielen Bruten beobachten, daß sich unterdrückte Männchen als Weibchen tarnen - sie zeigen alle typischen Geschlechtsmerkmale der Weibchen. Gerade wenn die Gruppe sehr klein ist kann es zu diesen Tarnungen kommen. Erst 2015 veröffentlichten Jörg Albering und ich einen Artikel in den DCG Informationen, in welchem wir unserer damaligen Meinung nach ein sicheres Pärchen vorstellten. Sowohl das Männchen als auch das vermeintliche Weibchen zeigten die für die Geschlechter charakteristischen Merkmale.

Ein Wildfang-Weibchen eines *Heros efasciatus* aus dem Rio Negro bettet seine Larven um. Fürsorgliche Eltern betten die Larven mehrmals am Tag um - als Schutz vor Freßfeinden. [PD]

Larven von *Heros* sp. ‚Französisch Guyana' direkt nach dem Schlupf. Die Eihüllen sind teilweise noch sichtbar. [PD]

14 Tage alter Jungfisch von *Heros* sp. ‚Französisch Guyana', rechts in Originalgröße. [PD]

Jungfisch von *Heros liberifer* ‚Inirída Rot'. Der Fisch ist fast 10 Tage alt und mißt 10 mm. [PD]

Die Gruppe bestand aus drei halbwüchsigen Exemplaren der Art *Heros severus*. Erst als die Gruppe vergrößert und vier weitere Exemplare hinzukamen, führte das vermeintliche Weibchen eine zumindest optische Geschlechtsumwandlung durch, und entwickelte alle für männliche Tiere typischen Geschlechtsmerkmale. Ob auch anatomische ‚Transformationen' stattfanden weiß ich nicht. Dieses Verhalten ist allerdings von mehreren Arten der Buntbarsche bekannt. Daher ist es immer ratsam, eine Gruppe von mindestens 6-8 Jungtieren anzuschaffen, und sich die Paare selbst finden zu lassen.

Offenbrüter

Bei den offenbrütenden Arten scheint die Wasserbeschaffenheit eine untergeordnete Rolle zu spielen, für diese Arten ist mittelhartes, leicht alkalisches Wasser ausreichend. Allerdings sollte man möglichst auch diesen Arten weiches, leicht saures Wasser bieten, da dieses in ihren natürlichen Lebensräumen typisch ist.

Jungfische jagen *Artemia*-Nauplien. [PD]

Nachdem sich ein Männchen für eines der Weibchen entschieden hat, kommt es zur Balz. Das Männchen wird zunehmend territorial und schwimmt das Weibchen immer wieder an und präsentiert sich ihr in seinen schönsten Farben. Die Balz-, beziehungsweise Brutpflegefärbung von *Heros* unterscheidet sich deutlich von der Normalfärbung. Je nach Art färben sich die Bauchregion und die Bauchflossen schwefelgelb bis orange. Der restliche Körper ist nun wesentlich dunkler gefärbt. Wenn das Weibchen zur Paarung bereit ist, geht sie auf die Balz des Männchens ein und wechselt ebenfalls ihr Farbkleid. Es wird natürlich nicht annähernd so bunt wie das des Männchens, dennoch ist auch ihre kontrastreiche Balzfärbung bei

Ein Paar von *Heros liberifer* bei der Brutpflege.
Die Mutter übergibt die Jungtiere an den Vater. [PD]

Ein Paar bewacht seine freischwimmenden Jungen. [HS]

den meisten Arten oder Lokalformen deutlich attraktiver als die Normalfärbung. Fester Bestandteil des Paarungsrituals ist das sogenannte ‚Maulzerren', bei dem es sich aber bei genauer Betrachtung eher um ein ‚Maulschieben' handelt. Die Partner stellen auf diese Weise gegenseitig ihre Kräfte auf die Probe. Die Balz kann vor allem bei jüngeren Paaren mehrere Tage dauern. Ältere, gut aufeinander eingespielte Paare verständigen sich dagegen oftmals in bemerkenswert kurzer Zeit über Ort und Ablauf der Laichabgabe. Die Balz wird mit dem Putzen des Laichsubstrates und dem Ausheben einer Grube fortgesetzt. Beim Ausheben von Laichgruben können schon mal 50 kg Kies oder Aquariensand von A nach B geschafft werden. Der Transport des Sandes erfolgt mit dem Maul. Die Tiere nehmen den Bodengrund auf, entfernen sich von der ‚Grabungsstelle' und spucken den Bodengrund wieder aus. So entsteht auf der einen Seite des Aquariums ein großer Berg, während auf der anderen Seite die Bodenscheibe des Aquariums freigelegt ist. Hierbei kommt es durchaus vor, daß die Tiere auch eingebrachte Pflanzen ausbuddeln, da sie sich als störend erweisen.

Als Laichsubstrat hat sich eine Schieferplatte bewährt, ebenso ein schräg im Wasser liegender Ast, sowie die Seitenwände eines Innenfilters. Das Ablaichen erfolgt nach typischer Offenbrütermanier: Das Weibchen legt die Eier in kurzen Schüben ab, die dann sofort vom Männchen besamt werden. Die übliche Anzahl der Eier liegt zwischen 250 und 300. In der Literatur werden allerdings auch wesentlich größere Gelege mit bis zu 1.000 Eiern beschrieben. Bei der Pflege des Geleges gibt es häufig keine klare Aufgabenteilung. Die Verteidigung der Reviergrenzen, als auch das Befächeln des Geleges wird von beiden Fischen abwechselnd durchgeführt. Es wird aber auch immer wieder beobachtet, daß die Männchen tendenziell mehr Zeit in die Verteidigung des Revieres investieren als in die Pflege des Geleges. Ein wesentlicher Faktor, der diese Varianz im Verhalten beeinflussen kann, ist beispielsweise die Besatzdichte des Aquariums. Sind viele potentielle Feindfaktoren vorhanden, ist es wichtiger, daß das größere Tier (also in den meisten Fällen das Männchen) das Revier verteidigt und das Weibchen beim Gelege verbleibt. Sind keine Feindfische im Becken sieht sie Rollenverteilung anders aus, und auch das Männchen kann sich gleichberechtigt um das Gelege kümmern. Die Entwicklung des Geleges dauert bei 28 °C etwa 56 bis 75 Stunden. Vom Zeitpunkt des Schlüpfens bis zum Aufschwimmen werden die Larven in einem sicheren Versteck untergebracht. Dies kann sowohl eine Grube am Boden sein, aber auch eine Höhlung in Wurzeln oder Steinen deutlich oberhalb des Bodengrundes. Das Aufschwimmen der Larven erfolgt nach fünf bis sieben Tagen. Häufig besitzen die Larven, obwohl sie schon aufgeschwommen sind, noch Reste eines Dottersacks, von dem sie noch einige Stunden bis zu einem Tag zehren. Erst danach ist eine Zufütterung notwendig. Die Aufzucht der Jungfische erweist sich als recht einfach. Die etwa 6 mm großen Jungfische nehmen sofort nach Aufbrauchen ihres Dottersackes frisch geschlüpfte *Artemia*-Nauplien als Nahrung an. Die Ernährung kann außer mit frischen *Artemia*-Nauplien auch mit entkapsulierten *Artemia*-Zysten, Pantoffeltierchen, Essigälchen (*Turbatrix aceti*) und Infusorien erfolgen. Ich rate aber zur Verwendung lebender *Artemia*-Nauplien! Füttern Sie die Jungtiere mindestens dreimal am Tag, um Mangelerscheinungen

Trotz der Jungtiere im Maul frißt dieses Weibchen vorsichtig Flockenfutter. [PD]

Ein Paar von *Heros liberifer* bewacht seine freischwimmenden Jungen. [PD]

vorzubeugen. Ich habe oft gesehen, daß *Heros*-Nachzuchten, die zu wenig Futter in den ersten Lebenswochen erhalten haben, später nicht einmal annähernd ihre Maximalgröße erreichten. Ab einer Länge von etwa eineinhalb Zentimetern lassen sich die kleinen *Heros* schon mit Wasserflöhen, Bosmiden oder auch feinem Flockenfutter ernähren.
Es ist bekannt, daß auch bei *Heros*-Arten, ähnlich wie bei *Symphysodon*- oder *Uaru*-Arten während der Brutpflege verstärkt Oberhautzellen bei den Elterntieren gebildet werden, die von den Jungtieren bei Nahrungsmangel ‚abgeweidet' werden können. Anders als bei Diskusfischen kann man die Jungfische von *Heros*-Arten aber auch ohne diese Art der Ernährung problemlos aufziehen.

Ein Männchen von *Heros* cf. *fasciatus* bewacht die Jungtiere, bis sie etwa 4-5 cm lang sind. [PD]

Unter etwa 350 F1-Nachzuchttieren eines *Heros* aus Französisch-Guyana befand sich auch ein einziges xanthoristisches Exemplar. [PD]

Maulbrüter

Heros liberifer ist zur Zeit der einzige bekannte Maulbrüter in der Gattung *Heros*. Die Paarbildung, Balz und der Laichvorgang verläuft bei diesen Maulbrütern sehr ähnlich wie bei den offenbrütenden Arten. Allerdings ist die Zahl der Eier bei maulbrütenden Arten tendenziell etwas kleiner, oft deutlich weniger als 200 Stück. Dieses ist darin begründet, daß der zur Verfügung stehende Platz im Maul für die Aufnahme der Jungen limitiert ist. Das Wasser sollte für die Nachzucht von *Heros liberifer* weich und leicht sauer sein, da es scheint, als würden sich die Eier bei harten oder auch mittelharten Wasser nicht optimal entwickeln. Das weiche, saure Wasser scheint auch wichtig zu sein, damit die Elterntiere die Hüllen der Eier leichter öffnen können, um die Larven aus den Eiern befreien und sie somit beim Schlupf zu unterstützen. Die Zeit bis zum Schlupf ist im Vergleich mit offenbrütenden *Heros*-Arten merkbar verkürzt. Je nach Wassertemperatur werden die Larven nach nur 37 bis maximal 48 Stunden nach der Eiablage von den Elterntieren ins Maul genommen. Das Gelege wird in den meisten Fällen von beiden Elterntieren betreut. Direkt nach dem Schlupf tragen beide Eltern Jungtiere im Maul - gut ersichtlich am deutlich gesenkten Mundboden und den leichten Kaubewegungen.

Übrigens müssen die Eltern das Maulbrüten erst üben. Bei den ersten drei bis sechs Bruten kommt es immer wieder vor, daß Jungtiere verschluckt werden! Wenn es beim Brüten zu Schwierigkeiten kommt, kann es bei einem Paar von *Heros liberifer* zu Streitigkeiten kommen, die das ganze Leben lang nicht mehr beizulegen sind, obwohl diese Tiere gattentreu sind. Paare, die sich einmal gefunden haben, trennen sich meistens nicht mehr. Nach dem Tode seines Partners sucht sich das verbliebene Tier nur in höchst seltenen Ausnahmefällen einen neuen Gefährten!

Nach wenigen Stunden werden die Larven dann nur noch von einem Elternteil getragen, eine Übergabe erfolgt häufig und regelmässig. Hierzu werden die Larven von dem brütenden Tier in kleine Gruben am Boden oder in Mulden von Wurzeln gespuckt und sofort wieder von dem anderen Partner ins Maul aufgenommen. Es hat also immer nur ein Elternteil die Jungen im Maul. Insgesamt erfordert dieses Manöver eine deutlich bessere Koordination der Elterntiere als die Brutpflege bei Offenbrütern, weshalb man auch oft mehrere Anläufe braucht, bis ein Paar zuverlässig und erfolgreich pflegt. Gut aufeinander eingespielte Paare verstehen sich fast blind und bringen auch bei hohem Feinddruck Jungfische durch. Ich habe des Öfteren beobachten können, daß auch brü-

Dieses Pärchen von *Heros liberifer* ‚Inirida Rot' laicht immer wieder an derselben Stelle am Filtereinlauf ab. Deutlich zu sehen sind die stark rot gefärbten Augen, die zur Laichzeit immer auftreten, sowie die für *Heros liberifer* typische Zügelzeichnung und schwarze Färbung der angedeuteten Verlängerung der Maulspalte. [PD].

tende Elterntiere vorsichtig Nahrung zu sich nehmen. Es kann nicht ausgeschlossen werden, daß auch der eine oder andere Jungfisch dabei verschluckt wird, aber generell ist der auf diese Weise verlorene Anteil sicherlich sehr klein. Die Phase der Brutpflege bis zum ersten Freischwimmen der Jungen dauert, ebenfalls abhängig von der Wassertemperatur, etwa eine Woche. Danach ernähren sich die Jungtiere noch ungefähr einen Tag von ihrem Dottervorrat. Anschließend kann mit der Zufütterung von *Artemia*-Nauplien begonnen werden. Die Elterntiere reagieren auf ein Hantieren am Becken oft sehr sensibel, so daß es möglich ist, daß man die Jungtiere in den ersten Tagen nicht oft zu Gesicht bekommt. Während der Brutpflege treten bestimmte Zeichnungsmerkmale der Elterntiere besonders hervor: Eine Binde vom Auge zur Oberlippe und eine sehr stark ausgeprägte Binde um die Mundwinkel. Höchst wahrscheinlich handelt es sich bei dieser Zeichnung um eine Art ‚Leitsystem', welches den Jungtieren bei Gefahr den Weg zum Maul weist, und an dem sie sich orientieren können, wenn sie schnell Zuflucht im sicheren Maul der Eltern finden müssen.

Meinen Beobachtungen nach dauert die Brutfürsorge bei *Heros liberifer* deutlich länger als bei offenbrütenden Augenfleckbuntbarschen. In einem Fall wurden etwa zehn Jungtiere von einem alten, erfahrenen Paar über beinahe fünf Monate in einem 700 l fassenden Becken gegen die mit ihnen vergesellschafteten halbwüchsigen *Astronotus crassipinnis* verteidigt. Die Jungtiere haben erst ab einer Gesamtlänge von etwa 5 cm begonnen, die direkte Nähe der Elterntiere zu verlassen.

Erwähnenswert scheint mir das folgende Verhalten von *Heros liberifer*. In einem Aquarium L130 x B40 x H50 cm pflegte ich ein Paar dieser Art, daß ich von einem befreundeten Aquarianer bekam. In mehreren Gesprächen mit dem Vorbesitzer erfuhr ich, daß er sich sehr darüber ärgere, daß sich das Männchen des eigentlichen Paares nicht so verhält wie es sollte. Das Problem war, daß das Pärchen zwar sehr gut harmonierte, aber es nicht zur Fortpflanzung kam, weil das Männchen die Eier schon während der Eiabgabe auffraß.

Man sollte aber kein blindes Vertrauen entwickeln: Manchmal fressen die Eltern das Gelege auf, die Männchen allerdings wesentlich häufiger als die Weibchen.

Eine Zwangsvergesellschaftung der Geschlechter zur Erzwingung der Nachzucht geht meistens völlig daneben, und kann mit dem Tod eines Tieres enden.

Ich konnte bei *Heros liberifer* nie beobachten, daß sich Paare, die bereits miteinander gelaicht haben, den Partner wechselten. Diese sogenannte Gattentreue scheint bei *Heros liberifer* stärker ausgeprägt zu sein als bei allen anderen Vertretern der Gattung.

Von Diskusfischen weiß man, daß die Jungfische die Elterntiere abweiden. Von *Heros*-Arten wird dieses Verhalten nicht sehr häufig berichtet, aber es kommt vor. [PD]

Aequidens sp. bewacht ein Gelege von *Heros liberifer*. Dieses Weibchen hat die Eltern vertrieben und das Gelege übernommen. Da es sich bei *H. liberifer* um einen Maulbrüter handelt, ist es nicht zum Schlupf gekommen, und das *Aequidens*-Weibchen hat die Eier beim Anzeichen erster Verpilzungen gefressen. [PD]

Heros-Arten pflegen ihre Jungen bei weitem nicht so lange wie beispielsweise *Uaru amphiacanthoides*. [PD]

Dieser Jungfisch von *Heros liberifer* ‚Orinoko' zeigt beidseitig einen deutlichen Lateralfleck, was für diese Art sehr ungewöhnlich ist. Möglicherweise wird er mit dem Alter verschwinden. [PD]

Krankheiten

Gattungsspezifische Krankheiten gibt es wohl nicht, zumindest sind mir keine bekannt!

Nicht nur im Aquarium kann es passieren, daß Fische sich verletzen. Dies mag daran liegen, daß Schreckreaktionen zu Verletzungen führen. Diese Verletzungen können während des Heilungsprozesses verpilzen, in der Regel heilen diese Wunden von allein. Bei akuten Verpilzungen ist es ratsam, eine Behandlung mit dafür geeigneten Medikamenten durchzuführen. Entsprechende Präparate bekommen Sie im Fachhandel oder beim Tierarzt.
Als gutes ‚Hausmittel' haben sich aber auch Seemandelbaumblätter (*Terminalia catappa*) bewährt. Auch Augenfleckbuntbarsche sind nicht immun gegen häufig auftretenden Fischkrankheiten, wie die Weißpünktchen- oder auch Grieskörnchenkrankheit (*Ichthyophthirius*). Auch andere bakterielle Infektionen können auftreten, wobei eine beachtliche Zahl von Erregern in Frage kommt. Sie alle verursachen jedoch eine Wirkung: Der Wirt, also Fisch, wird geschwächt. Wo immer diese Bakterien auftauchen, können sie sich bei einem geschwächtem Immunsystem des Wirtes massenhaft vermehren, ob im Inneren oder außen. Um bakterielle Infektionen zu behandeln, müssen wir ein sauberes Millieu schaffen, das Immunsystem der Fische stärken und anschließend mit einem geeigneten Medikament behandeln. Im Handel gibt es eine ganze Reihe von Medikamenten, die durchaus erfolgversprechend sind. Bei schwachem Befall kann man es auch mit natürlichen Mitteln probieren.

Verletzungen, die durch scharfkantige Einrichtungsgegenstände oder auch Raufereien entstehen, verpilzen oft, heilen bei gesunden Fischen aber meist nach wenigen Tagen ohne Behandlung ab. [PD]

Einige ‚Alte Hasen' berichten, daß manche große Buntbarsche auf das Umsetzen von einem Aquarium in ein anderes negativ reagieren, und es auch zu Verlusten kommen kann. Ich konnte das allerdings nie feststellen, und schon gar nicht mit einem solch katastrophalem Ergebnis.

Viele südamerikanische Arten von Cichliden neigen dazu, Löcher im Kopfbereich und entlang des Seitenlinienorgans zu bilden. Ursachen können Streß durch zu kleine Becken, ein zu dichter, unpassender Fischbesatz oder auch zu wenige Versteckmöglichkeiten sein. Auch Mangelerscheinungen durch eine minderwertige Ernährung, oder der dauerhafte Gebrauch von reinem Umkehrosmosewasser können zu dieser Lochbildung führen, der sogenannten KSE.

Kopf- und Seitenlinien-Erosion (KSE)

KSE ist eine Krankheit die sich durch folgende Symptome zeigt: Loch- oder trichterförmige Verletzung im Kopfbereich und entlang der Seitenlinie, daher auch die Bezeichnung Kopf- und Seitenlinien-Erosion (KSE). KSE ist nicht übertragbar! Ohne entsprechender Behandlung werden die Löcher größer und bieten die Grundlage für schwere Infektionen durch Bakterien, Pilze und Viren. Weitere Symptome sind: Apathie, Schreckhaftigkeit, Freßunlust bis hin zur kompletten Nahrungsverweigerung. Bei Nichtbehandlung führt KSE oft zum Tode der Tiere. Die gefährlichste Stelle für die Löcher ist der Bereich um die Augen und Kiemen; ich habe oft vernachlässigte Fische gesehen, bei denen die Haut am Kopf von der Krankheit buchstäblich ‚weggefressen' war. Die Fische leiden nicht nur, sondern werden auch sehr unansehnlich durch die zahlreichen Verletzungen. KSE entwickelt sich typischerweise bei südamerikanischen Cichliden, afrikanische Buntbarsche wie *Tilapia*, *Tropheus* oder *Pelvicachromis* sind allerdings ebenso empfindlich. Die Krankheit tritt nicht nur bei alten, geschwächten Individuen auf, wie es in verschiedenen Publikationen zu lesen ist. Ich habe das bei der Gattung *Satanoperca* (beispielsweise *S. daemon*), Skalaren, Diskusfischen und *Heros* gesehen und schon bei meinen gepflegten Tieren gehabt. Erst im März 2016 konnte ich KSE bei einem guten Freund an juvenilen etwa 6 cm langen *Uaru fernadezyepezi* feststellen, gerade Weichwasserfische wie *Uaru* oder *Symphysodon* scheinen besonders anfällig für KSE zu sein. KSE ist eine Krankheit mit vielfältigen Ursachen. Für die Entwicklung der Symptome sind in der Regel verschiedene Faktoren ausschlaggebend.

Diese relativ leichten Kopf- und Seitenlinien-Erosionen können schnell und effektiv durch eine Verbesserung der Wasserqualität und bessere Wasserhygiene (Wasserwechsel) geheilt werden. [PD]

Bei diesem *Cichla* sind die Erosionen schon wesentlich stärker ausgebildet. [PD]

Die Ursachen: Streß, zu kleine Behälter, Überbesatz, unzureichende Wasserhygiene (Stickstoffgehalt). In der Regel lassen sich Aquarien, in denen man *Uaru* oder *Heros,* hält selten bepflanzen, da diese und auch andere für KSE anfällige Gattungen sich sehr oft auch vegetarisch ernähren. Daher werden viele Abfallprodukte, die in bepflanzen Aquarien verwertet werden (Denitrifikation), nicht oder nur schlecht abgebaut. Natürlich spielen auch die Wasserparameter wie der Härtegrad, der pH-Wert, die elektrische Leitfähigkeit eine entscheidende Rolle. Einseitige Ernährung, Mangel an Vitaminen (C, B, D, E) sowie Fettsäuren sind meines Erachtens eine der Hauptursachen für KSE.

Die Behandlung: Wöchentliche Wasserwechsel bis zu 70 %, (bei Weichwasserfischen mit Regen- oder Umkehrosmosewasser). Die Zugabe von jodfreiem Kochsalz oder im Handel erhältlichen Präparaten. Nach etwa vier Wochen kann die Dosis halbiert und die Wasserwechsel vierzehntägig mit 40-50 % weiter fortgeführt werden. Nach etwa 5-6 Wochen sollten sich die Löcher geschlossen haben. Generell ist es sinnvoll, den Bodengrund zu entfernen, um die Wasserhygiene zu erleichtern, denn so lassen sich Futterreste und Kot wesentlich besser beseitigen, was selbstverständlich ein wesentlicher Bestandteil der Behandlungsmaßnahmen ist! Begleitend zu den genannten Maßnahmen ist eine Temperaturerhöhung auf etwa 32-34 °C ratsam. Die

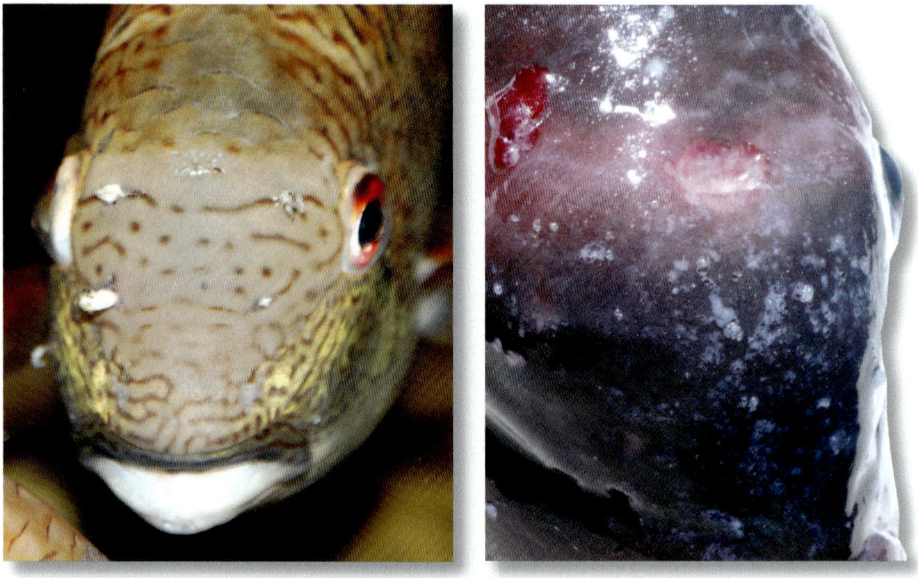

Durch den *Hexamita*-Erreger befallene Fische. Diese Krankheit führt in nur zwei Tagen zum Tode des Tieres. Der Verlauf beginnt mit weißlichen Auswüchsen im Kopfbereich und endet mit der Auflösung des Gewebes im Kopfbereich. Bei Nichtbehandlung endet diese Krankheit tödlich! Links im Bild sieht man einen infizierten *Aequidens* sp, rechts einen *Hypselecara temporalis.* [PD]

erhöhte Temperatur sorgt für einen erhöhten Stoffwechsel, der wiederum zur Regeneration der Haut beiträgt.

Achtung! KSE ist nicht gleichzusetzen mit einer anderen, weitaus gefährlichen und bei Nichtbehandlung stets tödlich verlaufenden Erkrankung, die teilweise sehr ähnliche Symptome zeigt.

Hexamita

Symptome: Schreckhaftigkeit, stetige Dunkel- oder Schreckfärbung, matte, glanzlose Farben, stumpfer, ausdrucksloser Blick, Hornhauttrübung, Glotzaugenbildung, ausgefranste Flossenenden, Apathie, Freßunlust bis hin zur kompletten Nahrungsverweigerung, Veränderung der Haut wie Dunkelfärben, fadenartiger weißer Kot, anfangs einzelne weiße Pickel in der Kopfregion, später dann kraterartige Löcher. Das Gewebe scheint sich vor der Lochbildung aufzulösen. Im Kopf- und Stirnbereich treten Stellen mit einem sehr üblen Geruch auf, der an die fauligen Stellen an Obst wie Äpfel oder Birnen erinnert. Plötzliche Seitenlage, mit tödlichem Ausgang innerhalb weniger Stunden.

Hier Notizen zum Krankheitsverlauf:

1. Tag

- Kleine weiße wurmartige Auswüchse bilden sich im Kopfbereich.
- Apathisches Verhalten, die Fische ziehen sich zurück und liegen taumelnd am Boden.
- Verhärtung der Maulstruktur, die Fische zeigen eine Art Maulsperre.
- Die Augen treten aus den Augenhöhlen und blähen sich auf.

2. Tag

- Die weißen wurmartigen Auswüchse haben sich zu großen blutigen Flächen verwandelt.
- Die Haut am Kopf reißt und weiche Masse läuft aus den Löchern.
- Tod nach maximal 24 Stunden.

Die Behandlung: Es ist absolut erforderlich einen spezialisierten Tierarzt aufzusuchen! Hier beschreibe ich eine vom Tierarzt empfohlene schnelle und effektive Methode.

Das Beispiel behandelt ein 660 l fassendes Aquarium, mit einer zu behandelnden *Krobia*-Art.

Als Medikamente wurden Chevi-col (Hersteller: chevita GmbH) mit dem Wirkstoff: Dimetridazol, Borgal Lösung 24 % (Hersteller: Virbac-Tiergesundheit) mit den Wirkstoffen Sulfadoxin und Trimethoprim verwendet.

Der Filter wurde grob gereinigt und Filter-

Dieses Skelett eines *Heros* zeigt die Spuren eines extremen *Hexamita*-Befalls, Das Loch im vorderen Teil des Hinterhauptkammes wurde durch *Hexamita* erzeugt. [PD]

Auf diesem Foto sind zwei Symptome eines *Hexamita*-Befalls zu erkennen. Zum einen versteckt sich dieser *Hypselecara* und steht apathisch in seinem Unterschlupf. Zum anderen sind die wurmartigen Auswüchse das erste deutliche Anzeichen für eine *Hexamita*-Erkrankung. In diesem Stadium besteht durchaus noch die Chance, den Fisch zu heilen. Eine umgehende Konsultation eines fachkundigen Tierarzt ist dringend anzuraten. [PD]

Bei diesem *Cichla* sind die Erosionen schon wesentlich stärker ausgeprägt und zeigen bereits entzündliche Stellen. Hier haben Bakterien und Viren ein leichtes Spiel. Denselben Fisch habe ich einige Monate später gesehen, der ganze Körper war mit Geschwüren überzogen, dem Fisch fielen im wahrsten Sinne die Augen aus, sie waren dermaßen angeschwollen, daß eines der Augen bereits aus der Augenhöhle trat und die Größe eines Golfballes hatte. [PD]

medien wie Siporax entfernt. Anschließend wurde über Schwamm oder Watte gefiltert. Durchführung: An den Tagen 1, 3, 5, 7 wurde viermal Chevi-col, und 13 ml Borgal gegeben, jeweils in einer Spritze aufgezogen und direkt in die Strömung gegeben, am achten Tag erfolgte dann ein 50-70 %iger Wasserwechsel. Sollte sich bis jetzt keine Verbesserung eingestellt haben, wird die Behandlung fortgesetzt.

In meinem Fall zeigte der Patient bereits am zweiten Tag eine erhebliche Veränderung. Nach 10 Tagen war nur noch eine kleine kraterförmige Stelle am Kopf zu sehen, die allerdings schon mit Haut überzogen war.

Und noch ein Hinweis: Nach der Behandlung ist zu beobachten, daß erkrankte Fische, die bereits zu Beginn der Behandlung geschwürige Löcher im Bereich der Kopfregion aufwiesen, nachträglich lochkrankheitsähnliche Erscheinungsformen zeigen. Hierbei handelt es sich entweder um ein Herauseitern abgestorbener Parasitenmassen, oder aber um eine Sekundärinfektion dieser kraterartigen Vertiefungen mit Bakterien. Sie brauchen also deswegen nicht zu erschrecken. Beobachten Sie die Tiere, in der Regel zeigen Sie ganz normale Verhaltensmuster. Die angesprochenen Vertiefungen wachsen in der Regel in wenigen Tagen zu, übrig bleibt meistens eine kleine Narbe in Form einer dunklen Stelle.

Es ist wichtig ein paar Medikamente im Haus zu haben, um leichtere Erkrankungen oder Verletzungen behandeln zu können. Ein Desinfektionsmittel gehört ebenso in jede Aquarianer-Apotheke wie ein Breitbandmittel. Allerdings ist es immer ratsam einen Tierarzt aufzusuchen. Oft kann nur ein fachkundiger Tierarzt die richtige Diagnose stellen. Es gibt eine Reihe von Krankheiten, welche die gleichen Symptome zeigen, aber dennoch sehr unterschiedlich in der Behandlung sind!

Parasiten & Schädlinge

Auch *Heros*-Arten sind, wie aber auch alle anderen Fische, nicht gegen Parasiten oder andere Schädlinge immun. Diese kann man sich zum Beispiel mit dem Lebendfutter aus einem Tümpel einschleppen, aber selbst Frostfutter schützt nicht vollständig vor Parasiten. Tiefgefrorenes Futter namhafter Firmen bereitet oft weniger Probleme!
Zu diesen Parasiten gehören ganz besonders Muschelkrebse, Karpfenläuse, Planarien und Bandwürmer.

Muschelkrebse

Wie der Name schon sagt, gehören Muschelkrebse zu den Krebstieren. Der Körper ist dabei zwischen zwei Schalen mehr oder weniger versteckt, nur die Beine und Fühler sind von außen sichtbar. Die Tiere sind winzig, und können bei oberflächlicher Betrachtung leicht für Wasserflöhe oder *Cyclops* gehalten werden. Ihre äußeren Schalen sind aber so hart, daß sie nur von wenigen Fischen gefressen werden und auch nach dem Ableben der Muschelkrebse kaum zersetzt werden, weswegen sie bei stratigraphischen Untersuchungen als Leitfossilien Verwendung finden. Durch Fraß oder auch dauernde Belästigung können sie für Fischlaich und Jungfische sehr gefährlich werden.

Muschelkrebse (Ostracoden) sind eine Gruppe der Krebstiere, deren Körper durch zwei sehr widerstandsfähige Schalen geschützt wird. [OZ]

Karpfenläuse

Karpfenläuse gehören ebenfalls zu den Krebstieren, und zwar zur Familie Argulidae. In Deutschland ist nur eine Art wirklich häufig, *Argulus foliaceus*. Man kann sie sich leicht mit Lebendfutter einschleppen. Dies ist aber nur möglich, wenn in dem Tümpel Fische leben. Karpfenläuse klammern sich an Fische und verursachen mit

Karpfenläuse können mit dem Lebendfutter, aber auch durch frisch importierte Fische eingeschleppt werden. [OZ]

ihren Mundwerkzeugen beachtliche Verletzungen. Die hauptsächliche Schädigung tritt aber durch nachfolgende Infektion der Wunde ein.
In den Tropen leben weit mehr Arten, und diese kommen durch Importe zu uns. Ein Problem für den Aquarianer werden sie aber erst, wenn beim Importeur die Quarantäne nicht sachgerecht durchgeführt wird.
Karpfenläuse sind sehr flach gebaut und meistens grünlich gefärbt, zumindest, was die Arten des Süßwassers betrifft. Tropische Arten weisen auf dieser grünen Grundfärbung oft bräunliche Querstreifen oder andere Muster auf. Diese Krebstiere können auch im freien Wasser schwimmen, meistens sitzen sie aber auf einer Oberfläche und warten auf einen Fisch. Sobald sich ein geeigneter Wirt nähert, schwimmen sie mit erstaunlicher Geschwindigkeit darauf zu und klammern sich fest.

Planarien

Diese Würmer gehören zu den Nemathelminthes, den Plattwürmern, und werden als Strudelwürmer bezeichnet.

Planarien können im Aquarium schnell zu einer echten Plage werden, besonders, wenn zu viel gefüttert wird. [OZ]

Planarien sind arge Räuber, die andere Tiere fressen, besonders solche, die sich nicht allzu schnell bewegen können. Dazu gehören auch Fischeier und Fischlarven! Zusätzlich verwerten sie aber auch andere Nahrung, und so kann ein übermässiges Füttern mit Futterflocken und Tabletten sehr schnell zu einer bedrohlich großen Population von Planarien führen.
Das einfache Zerdrücken von Planarien bringt in der Regel wenig, da sich einzelne Teile einer Planarie schnell wieder zu einem ganzen Tier regenerieren können.

Süßwasserpolypen (*Hydra*)

Diese Tiere zählen zu den Nesseltieren (Cnidaria), zu denen auch die Quallen und Korallen gehören. Wie diese besitzen sie Nesselzellen, mit denen sie Beutetiere aller Art vergiften und betäuben können.
Man schleppt sie leicht mit dem Lebendfutter ein, und unter geeigneten Bedingungen vermehren sie sich schnell.
Sie ernähren sich von Kleintieren, die mit den ‚Fangarmen' ergriffen und durch Nes-

So klein Süßwasserpolypen der Gattung *Hydra* auch sind, stellen sie doch eine große Gefahr für junge Nachzuchten dar. Hier sehen Sie einen drei Tage alten *Heros* in den Fängen einer *Hydra*.[PD]

selgifte schnell bewegungsunfähig gemacht werden. Die Beute wird in den Körper eingezogen, wobei auch vergleichsweise große Tiere überwältigt werden können.
Für Jungfische stellen Süßwasserpolypen eine große Gefahr dar!

Bandwürmer

Bandwürmer, auch als Cestoda bezeichnet, sind eine Klasse der Plathelminthes, also der Plattwürmer. Sie treten in unseren Aquarien recht selten auf. Und wenn, dann werden sie meist durch vorbelastete Wildfänge eingeschleppt. Dabei tritt der Fisch als Zwischen- oder Endwirt auf. Bandwürmer können sich im Darm oder, als verkapselte Zysten, auch in anderen inneren Organen aufhalten.
Ein Einschleppen der Bandwürmer über *Cyclops* oder *Tubifex* konnte noch nicht eindeutig nachgewiesen werden, wird jedoch als mögliche Ursache eines Befalls vermutet. Die Symptome eines Befalls mit diesen Parasiten können Gewichtsverlust, Wachstumsstörungen, trübe Augen und, wenn sichtbar, blasse Kiemen sein. Weiterhin kann der After entzündet und der Kot wie bei Darmflagellaten schleimig werden. Da der Bandwurm schwer nachzuweisen ist, kann eine Infektion schnell zum Tod des Fisches führen. Bei einem Befall kann man in einem mikroskopischen Präparat weißliche, länglich platte und fast rechteckige Segmente (Endstücke des Bandwurmes) nachweisen. Teilweise hängen auch einige Segmente zusammen. Zur Behandlung kommt ein Mittel aus der Apotheke zum Einsatz. ‚Piperazincitrat' ist ein Mittel gegen Kratzer, Bandwürmer und Trematoden. Dieses Mittel muß oral verabreicht werden, also mit dem Futter. Leider hilft eine Behandlung in den seltensten Fällen, da ein Befall meist zu spät erkannt wird und der Fisch schon zu sehr geschwächt ist.

Morphologie & Anatomie

Anhand äußerer Merkmale sind sich die Arten der Gattung *Heros* sehr ähnlich, die hier im Buch in verschiedene Artenkomplexe eingeordneten Buntbarsche haben im Großen und Ganzen ein sehr ähnliches Zeichnungsmuster welches aus sieben bis neun vertikal verlaufenden Binden besteht. Bis auf *Heros liberifer* lassen sich bei den anderen Arten der Gattung die Geschlechter leicht anhand der bei mänlichen Tieren mehr oder weniger stark ausgeprägten Zeichnungsmuster im Kopfbereich unterscheiden, das den Weibchen meist komplett fehlt. Osteologisch sind die hier vorgestellten Buntbarsche sich im allgemeinen recht ähnlich, allerdings gibt es auch innerhalb der einzelnen Arten Abweichungen, beispielsweise die Anzahl der Wirbel oder die Anzahl der Hart- und Weichstrahlen in den Flossen betreffend.

Der Körperbau

Am Körper eines Fisches lassen sich drei Teile unterscheiden: Der Kopf, der Rumpf, und der Schwanz. Die Grenze zwischen den ersten beiden wird durch die Kiemenöffnung und die zwischen dem zweiten und dritten durch den After markiert.

Die Körperform von Augenfleckbuntbarschen ist seitlich stark komprimiert, dabei aber relativ hochrückig. Die Körperform läßt zum Teil auch auf die Lebensweise schließen, *Heros*-Arten leben nicht ausschließlich räuberisch, daß heißt sie stellen ihrer Beute nicht grundsätzlich nach, da sie sich omnivor ernähren.

Den Begriff ‚Allesfresser' gibt es in der Biologie streng genommen nicht, die richtige Bezeichnung ist Gemischtfresser - wohl keine einzige Art frißt nämlich wirklich alles! Obwohl die Körperform nicht unbedingt

Das Maß der Gattung *Heros* - Heckels Holotypus von *Heros severus* aus dem Naturhistorischen Museum in Wien. [NHMW]

Heros liberifer, Männchen. [PD]

Heros efasciatus, Männchen. [PD]

Heros appendiculatus, Männchen. [PD]

Heros notatus, Männchen. [PD]

Heros appendiculatus vom Ucayali. [PD]

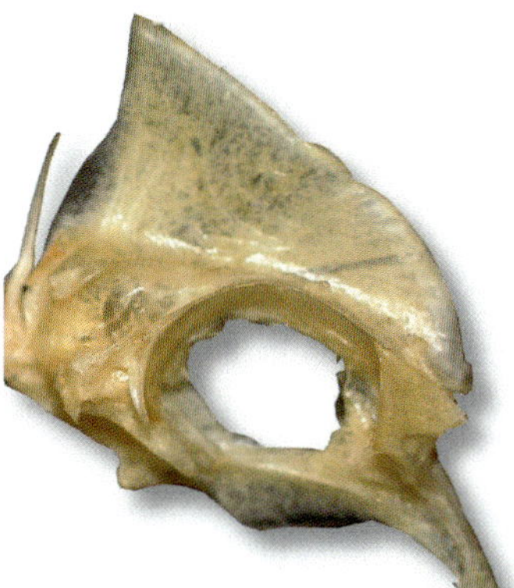

Zum Vergleich: *Uaru amphiacanthoides*. [PD]

an einen blitzschnellen Räuber wie etwa die Arten der Gattung *Crenicichla* erinnert sind sie doch in der Lage, hohe Geschwindigkeiten zu erreichen. Der Körperbau von Augenfleckbuntbarschen erlaubt es ihnen die unterschiedlichsten Lebensräume zu besiedeln, sie leben sowohl im Freiwasser als auch in stark strukturierten Bereichen der Gewässer, wo sie beispielsweise Holzablagerungen oder auch felsige Formationen bewohnen. Durch die seitlich stark zusammengepreßte Körperform finden sie auch relativ leicht Schutz in Felsspalten oder unter umgestürzten Bäumen, die ihre Freßfeinde nicht so leicht erreichen können. Es gibt durchaus andere Arten anderer Gattungen die eine ähnliche Körperform aufweisen, etwa *Caquetaia* oder *Acaronia*, diese allerdings verfügen über ein austülpbares Maul (Reusenmäuler). Sie lauern bei der Jagd ihrer Beute auf und saugen sie mit dem Maul ein.

Der Kopf weist ein relativ steil ansteigendes Profil auf, das Maul ist endständig. Die Nasenlöcher befinden sich etwa mittig zwischen Auge und Maul. Das Auge liegt relativ hoch im Kopf. [PD]

Der Kopf

Die Länge des Kopfes von *Heros*-Arten nimmt etwa ein Drittel der Standardlänge (also der Länge von der Maulspitze bis zum Ansatz der Schwanzflosse) des Fisches ein. Die Augen liegen im oberen Drittel des Kopfes etwa auf der gleichen Höhe der Wirbelsäule. Die Stirn steigt im gleichmäßigen Bogen an. Der Anstieg der Stirn richtet sich, meiner Meinung nach, am Anstieg des Hinterhauptkammes aus, welcher sich je nach Art in einem relativ einheitlichem Bereich bewegt. Die Nasenlöcher befinden sich oberhalb der Oberlippe. Die Wangen und Kiemendeckel besitzen kleine Schuppen, die Wangenschuppen sind in 5-7 Reihen angeordnet und verlaufen vom Mundwinkel aufwärts Richtung Auge. Die Schuppen auf den Wangen sind keine Kammschuppen wie auf dem restlichen Körper, es sind Rundschuppen mit einem glatten gleichmäßigen Rand. Die Größe der Wangenschuppen beträgt etwa 1/6 von denen der Schuppen auf dem Körper. Der Abstand zwischen Auge und der obersten Schuppenreihe beträgt etwa 5 mm. Die Schuppen auf den Kiemendeckeln sind größer als die auf den Wangen, etwa halb so groß wie die auf den Flanken. Das Maul der *Heros*-Arten ist endständig. Die Lippen sind mit einigen relativ großen Zähnen versehen, diese Zähne stehen maximal zwei Milimeter heraus. Die

Auge eines *Heros efasciatus.* [PD]

meisten Zähne sind allerding sehr klein und unregelmäßig angeordnet, sie stehen nur etwa 0,2 mm hervor.

Die Augen

Das Auge teilt den Kopf in den Anteorbital- und den Postorbital-Teil. Bei den meisten Fischen, besonders bei jenen mit seitlich zusammengedrücktem Kopf, liegt das Auge seitlich und in der vorderen Hälfte der Kopflänge. Im Allgemeinen haben die Fische, im Vergleich mit anderen Wirbeltieren, große Augen. In dem anteorbitalen Teil des Kopfes, oder der Schnauze, liegen der Mund und die Nasenlöcher.

Die Augen von *Heros*-Arten sind nicht auf Fernsicht ausgelegt, denn da sie keine ausgesprochene Jäger sind müssen sie nicht wirklich in die Ferne sehen können. Allerdings können sie den Bereich im Radius von etwa 2 - 3 Meter um sich herum sehr genau wahrnehmen. Die Nahsicht, also das Sichtfeld unmittelbar um sich herum können sie aber wesentlich genauer wahrnehmen. Allerdings können einige Farben tatsächlich erkannt werden.

Es gibt bemerkenswerte Unterschiede zwischen Land- und Wassertieren, weil unter Wasser die Welt tatsächlich anders ist und deren Bewohner derart gestaltet wurden, daß sie am besten zu ihrer Umwelt passen. Nur weil sie ihr Leben unter Wasser verbringen, sind ihre Bedürfnisse nicht anders als unsere. Um zu überleben müssen sie atmen, fressen und vermeiden gefressen zu werden. Sie müssen die Welt um sich herum sehen, damit sie erkennen können, wer Beute oder Feind ist - und sie benötigen spezielle Augen, die ihnen erlauben, klar unter Wasser zu sehen.

Man kann sich den Blick des Fisches so vorstellen, als würden wir durch eine Taucherbrille gucken. Aber sei es ein Delphin oder ein Buntbarsch, das Gesichtsfeld der

Die Augen sind recht beweglich. [PD]

Augenfleckbuntbarsche können bei der Flucht recht weit nach hinten blicken. [PD]

Unterwassertiere ist eingeschränkt. In einer Tiefe von mehr als 30 Metern wird die Fernsicht unnötig. In der Tat, Fische müssen die meiste Zeit nur Objekte sehen, die sich direkt vor ihrer Nase befinden und ihre Augen wurden für diesen Bedarf geschaffen. Ihre starre, kugelförmige Linse dient speziell dem Sehen von nahen Objekten. Wenn sie aber doch in die Ferne sehen müssen, ziehen ein paar Muskeln die komplette Linse näher an die Netzhaut heran. Sie sind also auch in der Lage zu zoomen.

Die kugelförmige Linse im Fischauge funktioniert unter Wasser gut. Wegen der größeren Lichtbrechung unter Wasser muß die Linse des Fisches krummer sein, als die der Landlebewesen, denn um ein klares Bild zu erzeugen, muß die Linse das Licht stärker brechen.

Fische sind immer der Gefahr ausgesetzt, Futter für größere Räuber zu werden. Sie haben aber im Laufe der Evolution einen speziellen Verteidigungsmechanismus entwickelt: Fische können mehr als ein Bild zur gleichen Zeit wahrnehmen. Also etwa so wie die Bild in Bild-Technologie wie wir sie von unseren TV-Geräten kennen. Vieraugen (*Anableps anableps*) sind sogar in der Lage, vier Bilder gleichzeitig wahr zu nehmen, zwei über und zwei unter Wasser.

Die Augen der meisten Fische befinden sich an beiden Seiten des Kopfes. Das Bild jedes Auges wird in der gegenüberliegenden Hälfte seines Gehirns registriert. Da aber das Bild nur von einem Auge gesehen wurde, ist es zweidimensional, wodurch der Fisch die Entfernung nicht abschätzen kann. Aus diesem Grund sehen beide Augen in die gleiche Richtung, wenn es eine Gefahr sieht, um die Entfernung zu erkennen. Gerade voraus, wo sich die Sehfelder der beiden Augen zu einem schmalen Band überlappen, hat der Fisch eine beidäugige Sicht.

Mit Ausnahme einiger weniger Arten können Fische nicht farbig sehen. Das brauchen sie auch nicht, denn einige Meter unter Wasser werden die meisten Farben absorbiert und verschwinden. Die gesamte Welt eines Fisches besteht hauptsächlich aus Schatten von Blau und Grün. Neueste Forschungen haben allerdings ergeben das sich im Fischauge sogenannte Horizontalzellen befinden. Diese Horizontalzellen verschalten Zapfen (Farbwahrnehmung) und Stäbchen (Lichtverstärkung), die es in jedem Auge gibt, sodaß eine Kontrastverstärkung erzielt wird.

Viele Menschen glauben, daß es einen Zusammenhang zwischen Körpergröße und der Leistungsfähigkeit des Gehirns gibt. Also sind nach deren Auffassung zum Beispiel Wale (Cetacea) wesentlich intelligenter als etwa Riffbarsche (Pomacentridae). Das mag damit zusammenhängen, daß die Wale Säugetiere sind, wie wir auch, und vielfach deshalb angenommen wird, sie müßten einfach intelligent sein. Aber ist es wirklich so? Nein. Ein Beispiel soll diese Aussagen verdeutlichen. Fische erkennen ihren Pfleger, sie gewöhnen sich im Laufe der Zeit an ihren Pfleger und bauen eine Art Vertrauen auf. Dies ließ sich wunderbar während des täglichen Fütterns beobachten. Wenn ich meinen Fischraum betrat, kamen die Fische sofort neugierig an die Frontscheibe des Aquariums und ließen sich sogar ‚streicheln'. Wenn aber eine ‚fremde' Person wie etwa die Freundin den Raum betrat um sie zu füttern, verschwanden die Fische eher hinter oder unter ihren jeweiligen Verstekken. Also hatte dieses Verhalten nichts mit Hunger zu tun, sondern mit einer optische Wahrnehmung, sie erkannten ihren Pfleger! Sind Fische also schlau oder doof? Diese Frage läßt sich nicht so einfach und schon gar nicht eindeutig klären.

Ein gutes Beispiel sind die winzigen Gehirne der Knochenfische, zum Beispiel die der Karpfen oder Barsche. Weil diese Gehirne so unglaublich winzig sind, glauben wir, daß Fische dumm sind. In der Zwischenzeit hat sich gezeigt, daß Fische zu erheblichen ‚Intelligenzleistungen' fähig sind.

Wenn man also auf die Idee kommen würde und so ein Gehirn in einen Parafinblock einbettet und dann dünne Schnitte herstellt und schaut wie groß oder klein die Neuronen sind, also die Nervenzellen, dann stellt man fest, dies sind die kleinsten Nervenzellen im Reich der Wirbeltiere überhaupt. Das heißt, dieses Gehirn ist zwar winzig, hat aber eine unglaublich dichte Packung von winzigen Nervenzellen. Daraus läßt sich ableiten, daß es kein primitives und dummes Gehirn, sondern im Gegenteil, ein sehr, sehr fortschrittliches, abgeleitetes Gehirn ist. Fische können also mit wesentlich weniger Gehirnmasse schneller und wahrscheinlich effizienter denken als wir Säugetiere. Kein Wunder, sie hatten auch einige Millionen Jahre mehr Zeit, ihr Gehirn zu optimieren.

Der Augenhöhlendurchmesser einer Art (*Heros efasciatus*) erwies sich bei den Arbeiten zu diesem Buch bei den Messungen als wesentlich größer als bei allen anderen untersuchten Arten.

Das Maul

Anhand der Maulstruktur lassen sich in der Regel schon die Freßgewohnheiten eines Fisches erkennen. Bekanntlich haben Fische keine Hände, um ihre Nahrung zu packen, es bleibt ihnen lediglich das Maul. Mit ihrem Maul testen die Fische generell alles, was sie als etwaige Beute oder Nahrung in Erwägung ziehen. Der Mund wird vom Zwischenkiefer- und den Kieferbeinen gebildet. Diese Knochen sind mit einer Deckhaut überzogen, zu welcher Lippen hinzutreten. Außerdem ist das Maul das einzige Verteidigungs und Angriffswerkzeug der Fische. Daher ist die Maulstruktur bei den Fischen so konstruiert, beziehungsweise hat sich in langen Prozessen so entwickelt, daß sie genauestens auf die Bedürfnisse und Gewohnheiten angepaßt sind. *Heros*-Arten sind keine Nahrungsspezialisten, sie fressen eigentlich alles (omnivor), was sie verwerten können, daher haben sie auch keine echten Fangzähne oder gar ein weit ausstülpbares Maul. *Heros*-Arten sind in der Lage sowohl Nahrung vom Boden aufzunehmen als auch aus dem Freiwasser zu fangen. Sie können pflanzliche Kost von überhängenden Ästen abzupfen oder relativ harte Gewächse wie Seggen zerlegen und fressen. Da *Heros* allerdings auch über einige spitze Zähne verfügen sind sie durchaus auch in der Lage fliehende Beute zu jagen und zu erlegen. Im Aquarium läßt sich dieses sehr gut beobachten, wenn der Pfleger lebende Garnelen oder auch kleinere Fische füttert. Allerdings sind *Heros* keine ausdauernde Jäger, in der Regel muß die Beute beim ersten Zupacken gefangen sein, sie verlieren sonst schnell das Interesse und führen keine oder höchstens sehr selten Verfolgungsjagden durch. Durch die Bezahnung der Kieferplatten sind sie durchaus auch in der Lage kleinere Obstkerne oder Getreide zu zermahlen.

Die Flossen

Zur Funktion der Flossen

Die modernen Knochenfische besitzen fast alle eine gut ausgebildete Schwimmblase. Damit konnten die Flossen beweglicher werden. Die nun symmetrische Schwanzflosse dient bei den meisten Arten nur noch dem nach vorne gerichteten Antrieb. Die Flossen der modernen Arten sind durch bewegliche Flossenstrahlen ausgerüstet. So kann jeder einzelne Strahl durch einen besonderen Muskelstrang bewegt werden. Gerade bei der Balz unserer Cichliden ist es besonders wichtig, daß die senkrechten Flossen ausgebreitet und gespreizt, zusammengefaltet und geklemmt werden können. Ganz besonders schön kann man bei Messerfischen das Undulieren beobachten, welches die weichstrahligen Flossenteile nun ermöglichen. Solche Bewegungen können aber auch die paarigen Flossen durchführen. Ein schwerelos im Wasser schwebender Fisch kann mit derart beweglichen Flossen nun auch vollkommen frei manövrieren, nach vorne schnellen oder rückwärts schwimmen, sogar nach oben und unten schwimmen, ohne die Körperachse zu verändern. Ein schwereloser Fisch muß diese Bewegungsfreiheit aber nicht nur haben, um seine jeweiligen Position verändern zu können, sondern auch, um sie halten zu können.

Die Rückenflosse (Dorsale)

Die Rückenflosse ist in erster Linie für die Stabilität des Fisches verantwortlich, sie verhindert, daß der Fisch zur Seite kippt. Allerdings ist sie, in Zusammenwirkung mit anderen Flossen für den langsamen Antrieb verantwortlich. Dabei dient sie dann nur als Steuer oder Stabilisator. Bei Buntbarschen hat nur der hintere, weichstrahlige Teil eine gewisse Antriebsfunktion. Die Rückenflossen von *Heros*-Arten bestehen aus einem hartstrahligen (Stacheln) und einem weichstrahligen (Strahlen) Teil. Die Anzahl der Stacheln sowie der Strahlen variiert nicht nur von Art zu Art, sondern auch innerhalb der Formen. Die Anzahl der Stacheln liegt bei einer *Heros*-Art zwischen 14 und 17, die der Strahlen zwischen 12 und 15.

Die Schwanzflosse (Caudale)

Auch sie dient bei vielen Fischarten als Antriebskörper. Sie kann, je nachdem wie sie gebaut ist, gut undulieren. Besonders bei plötzlichen und raschen Bewegungen, bei denen der ganze Fischkörper gekrümmt wird, dient sie dem Antrieb. Dies gilt auch für Cichliden. Sie ist weiterhin jedoch auch für die Stabilisation des Fischkörpers wichtig. Die Anzahl der Strahlen in der Schwanzflosse variiert ebenfalls, allerdings sind es in der Regel 20 Gliederstrahlen, je zehn oberhalb der Wirbelsäule und zehn unterhalb der Wirbelsäule.

Die Afterflosse (Anale)

Auch sie ist ein Antriebskörper und wird meist parallel zur Rückenflosse benutzt. Sie dient bei Cichliden in diesem Zusammenspiel dem langsamen Antrieb. Außerdem verhindert sie wiederum in Zusammenarbeit mit anderen Flossen das Abrollen des Fisches. Die Afterflosse besteht ebenfalls aus einem hartstrahligen und einem weichstrahligen Teil. Auch die Zählwerte der Afterflosse variieren nicht nur von Art zu Art, sondern auch innerhalb der Arten. Die Anzahl der Stacheln liegt zwischen 6 und 9, die der Strahlen zwischen 11 und 15.

Die Bauchflossen (Ventralen)

Sie sind paarig angeordnet und haben (auch bei Buntbarschen) die Aufgabe, beim Bremsen dem Auftrieb zu entgegnen. Außerdem werden sie gerade von vielen Cichliden als Stützen benutzt, auf denen sich der Körper ausruhen kann, wenn der Fisch auf dem Bodengrund liegt. Die ersten Stacheln der Bauchflossen mit ihrer knöchernen Basis sind im weitesten Sinne mit den vorderen Gliedmaßen höherer Wirbeltiere vergleichbar, sie sind asymmetrisch, wobei die ersten Stacheln stets die längsten und stärksten sind.

Die Brustflossen (Pectoralen)

Bei Buntbarschen sind die Brustflossen das Hauptantriebsorgan. Auch sie sind paarig angeordnet. Durch beidseitiges Abspreizen ermöglichen sie ein rasches Bremsen. Wird in der Bewegung nur eine Flosse abgespreizt, vollführt der Körper des Fisches

eine Drehung nach dieser Seite (meist verbunden mit einer Körperkrümmung und dem Abspreizen der Schwanzflosse).
Auch wenn der Fisch ruhig im Wasser steht, sind die Brustflossen ständig in Bewegung, um den Körper auszubalancieren. Mit den Brustflossen werden die meisten, durch Wasserbewegung beeinflußten Positionsänderungen korrigiert. Um den Fischen ihre vollkommene Bewegungsfreiheit zu garantieren, ist bei jeder Positionsänderung selten die Funktion einer Flosse allein, sondern meistens das Zusammenspiel von vielen für den Bewegungsablauf verantwortlich. Die Brustflossen haben keinen hartstrahligen Teil, sie bestehen lediglich aus einfachen weichstrahligen Strahlen, die mit dünnem Hautgewebe verbunden sind.

Das Skelett

Mittlerweile werden schon fast regelmäßig auch Röntgenphotographien in wissenschaftlichen Erstbeschreibungen verwendet. Diese können dazu dienen, osteologische Besonderheiten zu zeigen, die auch Abgrenzungsmerkmale zwischen Arten darstellen können. Gerade in der Gattung *Heros* kam vor einigen Jahren die Idee auf, die Arten an der Anzahl der verwachsenen oder auch verdickten ventralen verlängerten Hämalfortsätze unterscheiden zu können. Dieses ließ sich nach meinen bescheidenen Untersuchungen zwar nicht gänzlich bestätigen, aber ich konnte eine Artengruppe nachweisen, bei der alle untersuchten Exemplare die gleiche Anzahl an miteinander verschmolzenen Hämalbögen zeigten. Auch der in diesem Buch vorgestellte Anstieg des Hiterhauptkammes respektive des Kopfprofils läßt sich anhand von Röntgenbildern schon unterscheiden. Das Zählen verschiedener Standardwerte kann man an Röntgenbildern ebenfalls durchführen, wahrscheinlich präziser als am konservierten Material. Was

Skelett eines männlichen *Heros severus*, Röntgenaufnahme. [KR]

gerade bei wirklich kleinbleibenden Arten von Vorteil sein kann ist, daß man qualitativ hochwertige Röntgenphotos am Computer weit aufziehen kann, um auch winzige Details erkennen zu können.

Heros severus

Der hier in einem Röntgenbild gezeigte *Heros severus* ‚Casiquiare' besitzt 26 Wirbel, 16 Hartstrahlen und 13 Weichstrahlen in der Rückenflosse. Die Afterflosse weist 7 Hartstrahlen und 12 Weichstrahlen auf. Die Schwimmblase reicht bis zum vierten Hämalbogen. Die ersten beiden Hämalbögen sind stark miteinander verwachsen. Leider können momentan noch keine weiteren Meßdaten angegeben werden, da dieses Exemplar für weitere wissenschaftliche Untersuchungen benötigt wird.

Heros liberifer

Das hier abgebildete Skelett stammt von einem *Heros liberifer* aus dem El Nauré. Die Gesamtlänge beträgt 160 mm.

25 Rippen gehen von der Wirbelsäule in den Rückenbereich des Fisches, 13 in den Bauchbereich. Die ersten beiden Rippen im Bauchbereich weisen minimale Verdikkungen auf, sind jedoch nicht miteinander verschmolzen.

Die Länge des Schädels beträgt 52,1 mm, die Höhe des Schädel genau 40,9 mm, die Breite beträgt 30,1 mm. Der Augenhöhlendurchmesser beträgt 16,8 mm in der vertikalen und 14,3 mm in der horizontalen Ausrichtung des Skelettes.

Der Hinterhauptkamm ist 35,1 mm lang und 23,2 mm hoch. Die Breite des Hinterhauptkammes beträgt 2,6 mm an der Basis und 0,9 mm an der Spitze. Der Anstieg des Stirnprofiles beträgt 72,58 °.

Heros appendiculatus

Das gezeigte Skelett (S. 86) stammt von einem *Heros appendiculatus* aus dem Rio Ucayali. Die Gesamtlänge beträgt 138 mm, 27 Rippen gehen von der Wirbelsäule in den Rückenbereich des Fisches, 14 in den Bauchbereich. Die ersten drei im Bauchbereich weisen Verdickungen auf, jedoch sind nur die ersten beiden Rippen miteinander verschmolzen. Die Länge des Schädels be-

Skelett von *Heros liberifer*, Männchen. [PD]

Skelett von *Heros appendiculatus*, Männchen, Ausschnitt nach Trocknung. [PD]

trägt 44,0 mm, die Höhe des Schädel genau 33,0 mm, die Breite 28,0 mm. Der Augenhöhlendurchmesser mißt 15,8 mm in der vertikalen und 12,8 mm in der horizontalen Ausrichtung des Skelettes.

Der Hinterhauptkamm ist 28,9 mm lang und 19,2 mm hoch. Die Breite des Hinterhauptkammes beträgt 1,0 mm an der Basis und 0,7 mm an der Spitze. Der Anstieg des Stirnprofiles beträgt 53,18 °.

Die Spalte zwischen den ersten beiden und der dritten Rippe entstand durch den Trocknungsproßes des Präparates.

Das Bild zeigt ein Präparat kurz nach der Herstellung, die ersten drei Hämalfortsätze sind beim frischen Präparat miteinander verbunden. Der Ausschnitt zeigt ein getrocknetes Präparat.

Heros notatus ‚Manaus'

Das unten abgebildete Skelett stammt von einem *Heros notatus* aus dem Rio Negro in der Gegend um Manaus. Die Gesamtlänge beträgt 142 mm, 26 Rippen gehen von der Wirbelsäule in den Rückenbereich des Fisches, 12 in den Bauchbereich. Die ersten drei im Bauchbereich weisen Verdickungen auf, jedoch sind nur die ersten beiden Rip-

Skelett von *Heros notatus* ‚Manaus', Männchen. [PD]

Skelett von *Heros efasciatus* ‚Manaus', Männchen. [PD]

pen miteinander verschmolzen. Die fünfte und sechste Rippe im Bauchbereich weisen Spuren von Verletzungen oder einer Krankheit auf. Die Länge des Schädels beträgt 42,8 mm, die Höhe des Schädel 34,4 mm, die Breite beträgt 23,9 mm. Der Augenhöhlendurchmesser beträgt 15,4 mm in der vertikalen und 11,1 mm in der horizontalen Ausrichtung des Skelettes.

Der Hinterhauptkamm ist 29,5 mm lang und 18,4 mm hoch. Die Breite des Hinterhauptkammes beträgt 1,4 mm an der Basis und 0,9 mm an der Spitze. Der Anstieg des Stirnprofiles beträgt 62,26 °.

Heros efasciatus

Das hier gezeigte Skelett stammt von einem *Heros efasciatus* aus der Umgebung von Manaus. Die Gesamtlänge beträgt 126 mm, 26 Rippen gehen von der Wirbelsäule in den Rückenbereich des Fisches, 12 in den Bauchbereich. Die ersten drei im Bauchbereich weisen Verdickungen auf, jedoch sind nur die ersten beiden Rippen miteinander verschmolzen. Die Länge des Schädels beträgt 39,9 mm, die Höhe des Schädel genau 32,2 mm, die Breite beträgt 26,2 mm. Der Augenhöhlendurchmesser beträgt 20,1mm in der vertikalen und 10,4 mm in der horizontalen Ausrichtung des Skelettes.

Der Hinterhauptkamm ist 27,4 mm lang und 18,3 mm hoch. Die Breite des Hinterhauptkammes beträgt 2,2 mm an der Basis und 0,4 mm an der Spitze. Der Anstieg des Stirnprofiles beträgt 53,18 °.

***Heros* sp. ‚Blau'**

Das Skelett (S. 88) stammt von einem *Heros* sp. aus dem Rio Madeira. Die Gesamtlänge beträgt 155 mm, 26 Rippen gehen von der Wirbelsäule in den Rückenbereich des Fisches, 13 in den Bauchbereich. Die ersten beiden Rippen im Bauchbereich weisen Verdickungen auf und sind miteinander verschmolzen. Die Länge des Schädels beträgt 47,0 mm, die Höhe des Schädels 36,5 mm, die Breite beträgt 31,4 mm. Der Augenhöhlendurchmesser beträgt 16,6 mm in der vertikalen und 9,8 mm in der horizontalen Ausrichtung des Skelettes.

Der Hinterhauptkamm ist 31,7 mm lang und 19,4 mm hoch. Die Breite des Hinterhauptkammes beträgt 1,1 mm an der Basis und 0,3 mm an der Spitze. Der Anstieg des Stirnprofiles beträgt 56,15 °.

Skelett von *Heros* sp. ‚Blau, Madeira', Männchen. [PD]

Heros perpunctatus

Das hier gezeigte Skelett von *Heros* cf. *perpunctatus* besitzt 25 Rippen am Rücken und 12 am Bauch. Die Länge beträgt 106 mm. Die Höhe des Schädels mißt 24,9 mm, seine Länge 29,7 mm. Der Augenhöhlendurchmesser beträgt 11,2 mm. Es konnten keine Verwachsungen an den ventralen Verlängerungen der Hämalbögen festgestellt werden. Der Anstieg des Stirnprofiles beträgt 62,41 °.

***Heros* sp. ‚Xingu'**

Das rechts oben abgebildete Skelett zeigt die Knochen eines *Heros* sp. ‚Rio Xingú'. Von der Wirbelsäule gehen 25 Gräten Richtung Rücken ab und 13 Gräten in den Bauch. Die Länge beträgt 96 mm. Die Höhe des Schädels beträgt 24,5 mm, die Länge des Schädels 28,1 mm. Der Augenhöhlendurchmesser beträgt 11 mm in der vertikalen und 9,2 mm in der horizontalen Ausrichtung des Skelettes. Die ersten beiden Rippen im Bauchbereich sind sehr stark miteinander

Skelett von *Heros perpunctatus*, Männchen. [PD]

Skelett von *Heros* sp. ‚Xingu', Männchen. [PD]

verwachsen. Der Hinterhauptkamm ist19,4 mm lang und 12,8 mm hoch, die Dicke beträgt an der Basis 1,2 mm und an der Spitze 0,2 mm. Der Anstieg des Stirnprofiles beträgt 58,67 °.

Zum Vergleich wird unten noch ein Skelett von *Uaru amphicanthoides* abgebildet.

Bei den Untersuchungen der Knochen fiel auf, daß die Stirnprofile je nach Art in einem anderen Winkel ansteigen. Gemessen wurde ausgehend von einer gedachten Linie, welche zwischen der Nase und dem Wirbelsäulenanfang verläuft. Die untersuchten Exemplare stammen jeweils von unterschiedlichen lokalen Formen. Die Messungen zeigen, daß sich der Anstieg des Stirnprofils je nach Art in einem relativ kleinen Bereich befindet. Der Anstieg des Stirnprofils könnte eine Methode sein, Arten voneinander abzugrenzen. Natürlich sind auch hier weitere Untersuchungen an weitaus mehr Exemplaren nötig, um diese Aussage zu bestätigen.

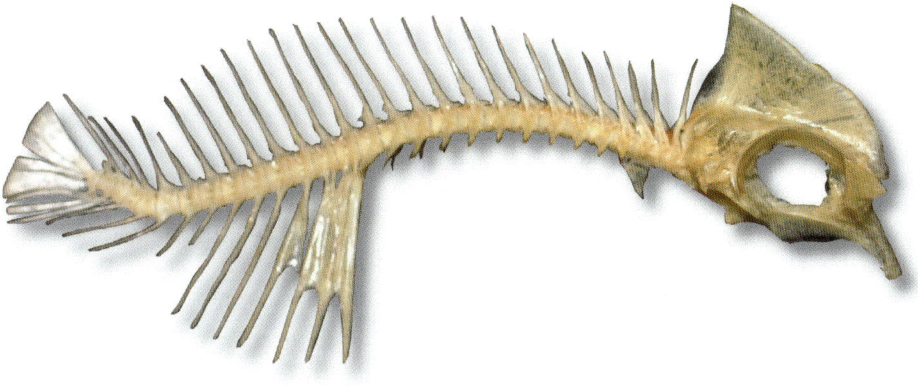

Skelett von *Uaru amphicanthoides*, Männchen. [PD]

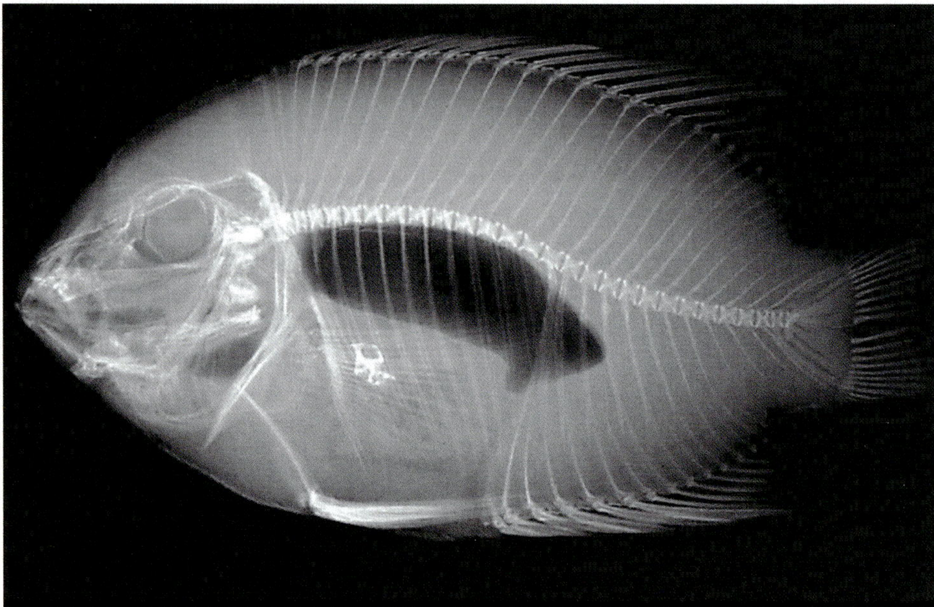

Röntgenbild eines männlichen *Heros liberifer*. [KR]

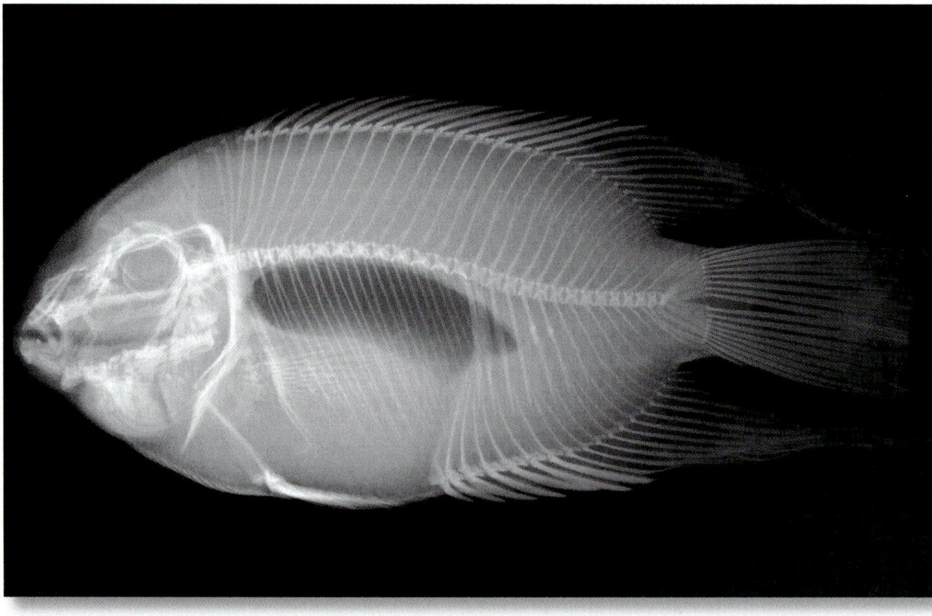

Röntgenbild eines männlichen *Heros notatus*. [KR]

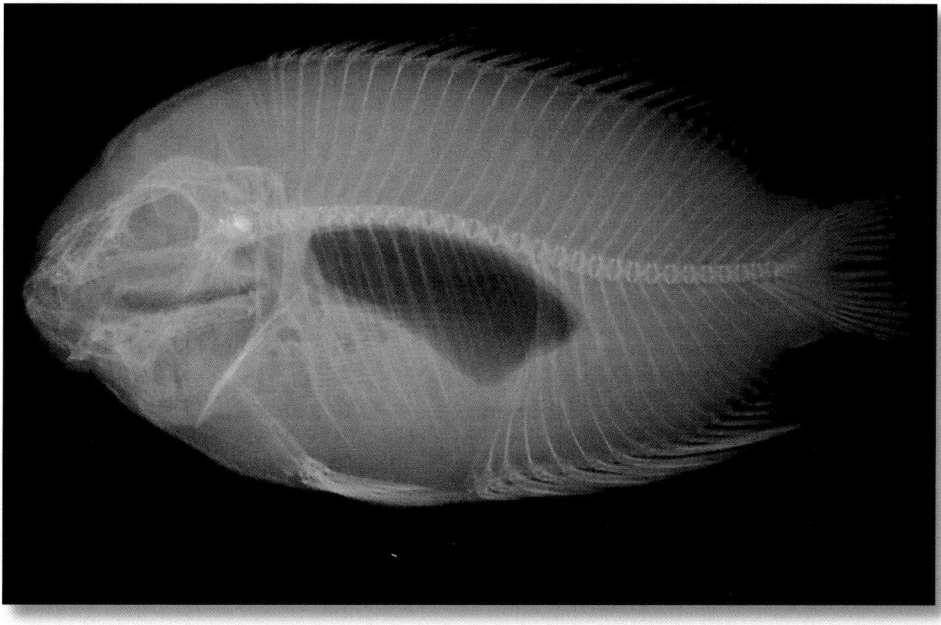

Röntgenbild eines männlichen *Heros appendiculatus*. [KR]

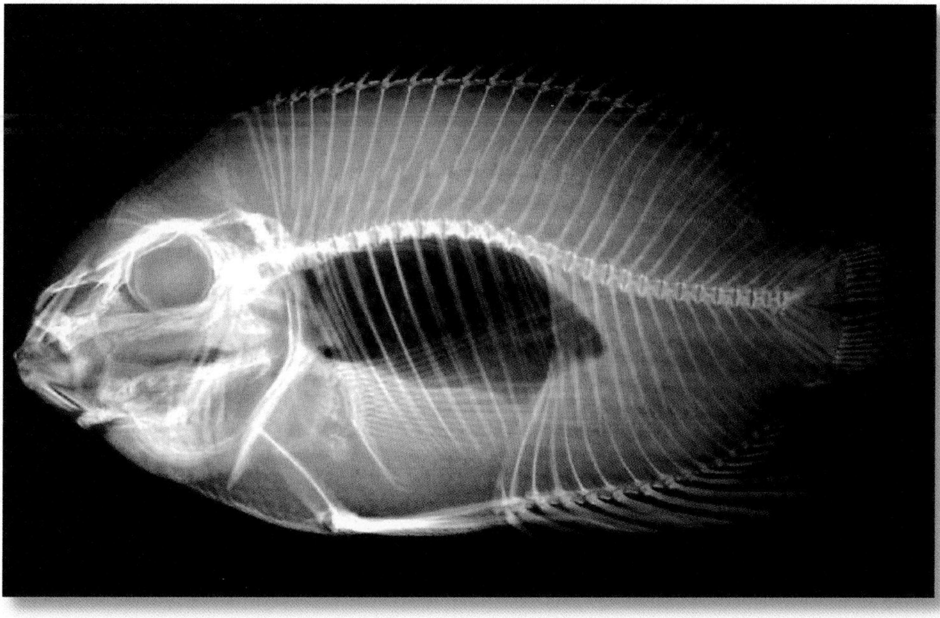

Röntgenbild eines männlichen *Heros appendiculatus* ‚Rotkeil'. [KR]

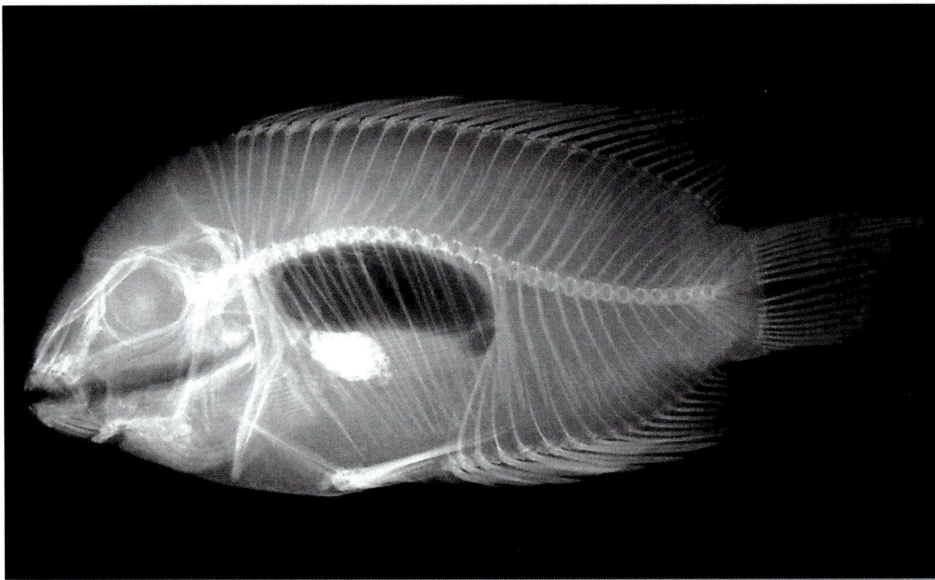

Röntgenbild eines männlichen *Heros* sp. ‚Xingu'. [KR]

Röntgenbild eines männlichen *Heros* sp. ‚Gold'. [KR]

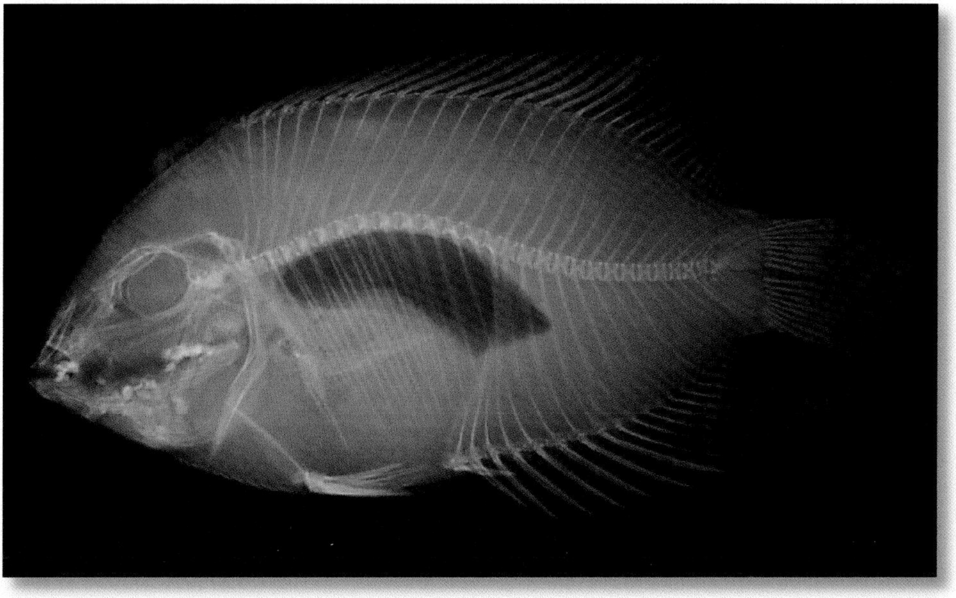

Röntgenbild eines männlichen *Heros* sp. ‚Rio Negro'. [KR]

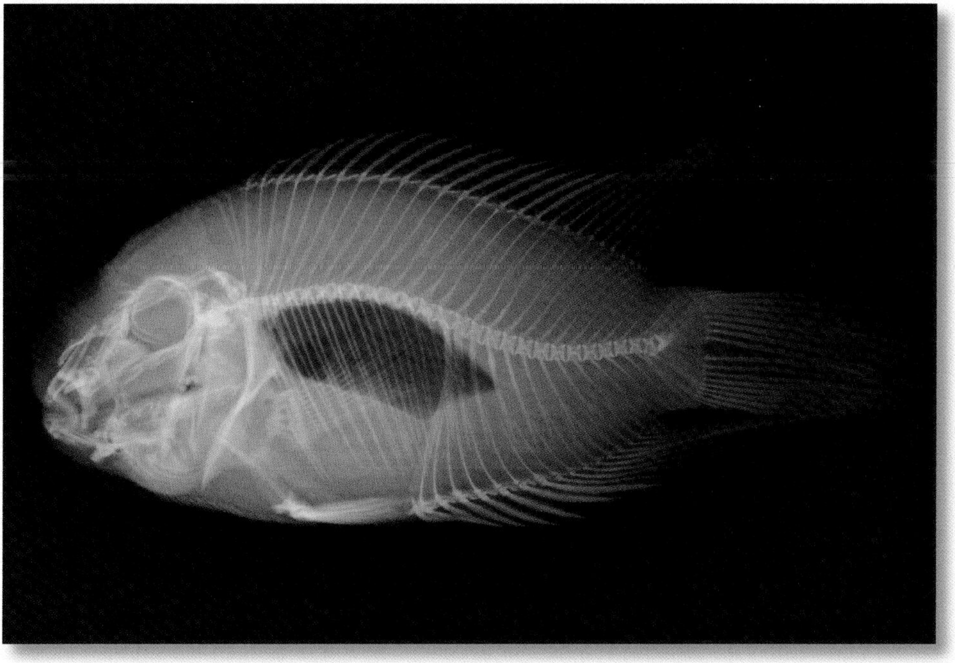

Röntgenbild eines männlichen *Heros* sp. ‚Blau'. [KR]

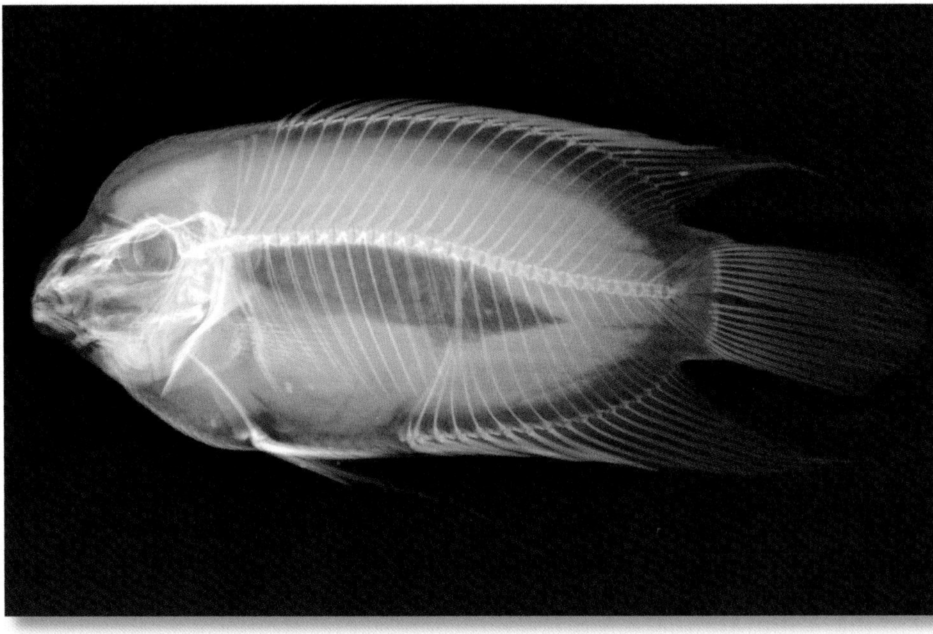

Röntgenbild eines männlichen Flaggenbuntbarsches, *Mesonauta insignis*. [KR / AD]

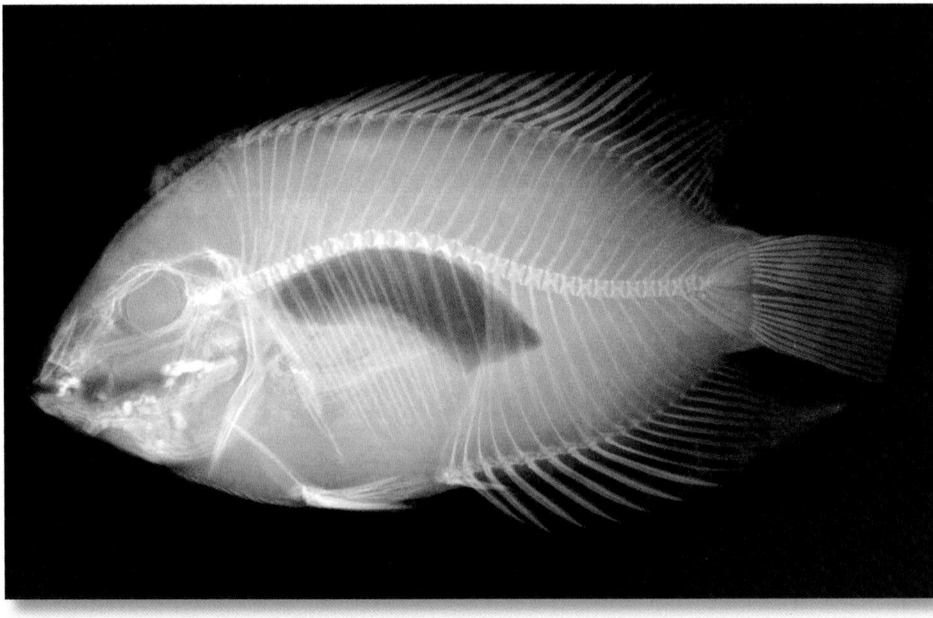

Röntgenbild eines weiblichen *Hypselecara temporalis*. [KR / AD]

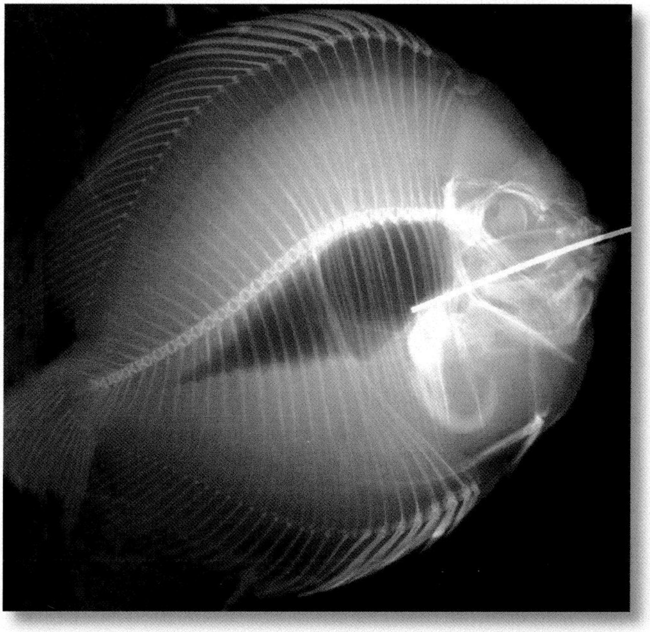

Röntgenbild eines Diskusfisches, *Symphysodon discus*, bei der Medikation. [NM]

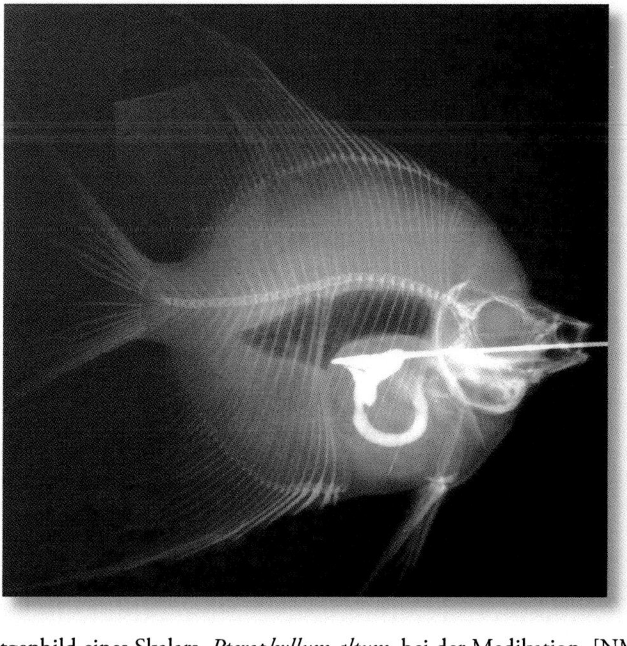

Röntgenbild eines Skalars, *Pterophyllum altum*, bei der Medikation. [NM]

Vergleichstabelle - Färbung der *Heros*-Arten

Heros severus. [JA]

Heros appendiculatus. [UW]

Heros efasciatus. [PD]

Heros fasciatus. [JA]

Heros notatus. [PD]

Heros liberifer. [PD]

	Heros severus	***Heros appendiculatus***
Kopfzeichnung	♂: Ausgeprägtes Punktbeziehungsweise Wurmlinienmuster auf den Kiemendeckeln und am Kopf unterhalb der Linie Auge-Mundwinkel, darüber ein Muster aus roten, teilweise unterbrochenen Linien. Ausgefärbte ♀: kein Punkt- oder Linienmuster; Grundfarbe: Oberhalb der Verbindung Auge-Maul grau-beige, darunter gelb-grün	♂: Mehr oder weniger ausgeprägtes Punktmuster auf den Kiemendeckeln, Wurmlinienmuster am Kopf unter der Linie Auge-Mundwinkel, darüber Muster aus roten, gelegentlich unterbrochenen Linien. ♀: keine Kopfzeichnung; Grundfarbe: Blaugrün.
Bindenzeichnung	9 Binden. Dritte Binde ist gekürzt, bei einigen Exemplaren nur als Fleck an der Basis der achten Binde erkennbar; durchgehend von oben bis unten (außer Binde 3).	9 Binden. In Normalfärbung Binden nur auf unterer Körperhälfte bis zur Mitte der Flanken immer sichtbar; in Schreckfärbung durchgehend von oben bis unten. Teilweise vor der 1. Binde einen Schwanzwurzelfleck.
Flankenfärbung	Ganze Flanke von grünlich bis goldgelb irisierenden Glanzschuppen bedeckt. Nach Alter und Stimmung der Tiere rotbraune Flecken auf den Flankenschuppen, vorwiegend am Rücken.	Unterhalb der Seitenlinie und im hinteren Körperbereich grünlich irisierend. Grundfärbe bläulich bis grünlich.
Afterflosse	Grundfarbe Rauchgrau, mit roten oder rotbraunen Punkten und grünlich irisierenden Streifen.	Grundfarbe Orange, einige rotorange bis bräunliche Punkte im weichstrahligen Teil.
Bauchflossen	Rotbraun bis braunschwarz.	Orange.
Flossen	Nicht außergewöhnlich stark ausgezogen.	Ausgezogene Rücken- After- und Bauchflossen.

Heros efasciatus	***Heros fasciatus***	***Heros notatus***	***Heros liberifer***
♂: Eine nur sehr schwach ausgeprägte Kopfzeichnung. Einige Schuppen auf den Kiemendeckeln sind etwas dunkler gefärbt. ♀: Keinerlei Zeichnung.	♂: Wenige Punkte, keine linienförmigen Zeichnungen. Schnauze und Nase haben keine Punkte. Kiemendeckel können leicht orange gefärbt sein. ♀: Keine Kopfzeichnung. Grundfarbe: grünlich bis bläulich.	♂: Ausgeprägtes Punkt oder Wurmlinienmuster auf den Kiemendeckeln und am Kopf unterhalb der Linie Auge-Mundwinkel, darüber ein Muster aus roten, teilweise unterbrochenen Linien. Ausgefärbte ♀: Kein Punkt- oder Linienmuster. Grundfarbe: Oberhalb der Verbindung Auge-Maul grünlich, türkis, bläulich, darunter gelb-grün (je nach Lokalform).	♂ einiger Lokalformen: Kleine rote Punkte, zwischen den Augen und auf der Nase oft eine zügelförmige Zeichnung. ♀: Keine oder nur sehr schwach ausgeprägte rote Punkte, während der Brutpflege, zügelförmige Zeichnung zwischen den Augen und auf der Nase. ♂♀: Zwei deutliche schwarze Flecken um die Augen. Je nach Erregungszustand nur ein Fleck sichtbar. Stark ausgeprägte dunkle Maulspaltenzeichnung.
9 Binden. Bei beiden Geschlechtern nur im absolut aggressiven Erregungszustand sichtbar.	9 Binden. In Normalfärbung sind die Binden immer, wenn auch schwach, sichtbar. Binde 4-7 teilweise als Flecken ausgebildet. In Schreckfärbung durchgehend von oben bis unten.	7-9 Binden. in Normalfärbung sind die Binden 3-6 nur auf der unteren Körperhälfte immer als Flekken sichtbar; in Schreckfärbung durchgehend von oben bis unten.	7-9 Binden. Deutlicher Schwanzwurzelfleck vor der 1. Binde. Binden stets deutlich sichtbar. Selten ist die 3. Binde verkürzt. In den ersten Binden oftmals türkisfarbene Glanzschuppen.
Die Flanken bei ♂♀ sind gräulich mit leicht bräunlichen Stich gefärbt. ♂ können wenige bräunliche Punkte zeigen.	Grünlich bis sandfarben, keine Glanzschuppen. ♂ zeigen Punktreihen die vor der dritten Binde enden.	Je nach Lokalform Grundfärbung Grünlich bis Gelb. ♂: Regelmäßige Reihen aus roten bis bräunlichen Punkten. ♀: Keine Punktreihen.	Grundfärbung: gräulich bis sandfarben. In der unteren Körperhälfte stets horizontal verlaufende Reihen roter Punkte. Je nach Lokalform mehr oder weniger intensiv gefärbt.
Grundfarbe orange, nur im weichstrahligen Teil einige bräunliche Punkte	Grundfarbe Orange, einige rotorange bis bräunliche Punkte im weichstrahligen Teil.	Je nach Lokalform gefärbt wie der Körper. Während Brutpflege: Gelblich bis orange.	Grundfarbe. beige bis leicht orange, im weichstrahligen Teil oft Glanzpunkte.
Orange.	Orange.	Nach Lokalform schwarz bis orange.	Orange bis rötlich.
Bei ♂ weiter ausgezogen.	Ausgezogene Rücken-, After- und Bauchflossen.	Ausgezogene Rücken-, After- und Bauchflossen.	Nicht verlängert, überragen nicht Schwanzflosse.

Präparation

Um die Teile der Skelette zu präparieren, die für dieses Buch benötigt wurden, reichten meine Grundkenntnisse zur Anatomie der Fische aus. Da ich lediglich den Schädel und einen Teil der Wirbelsäule benötigte mußte ich nicht allzu filigrane Arbeiten bewältigen. Um diese jedoch zu erhalten, mußten das Fleisch sowie das übrige verwesungsfähige Gewebe sorgfältig entfernt werden. Die Fäulnisprozesse hätten sonst zu Verfärbungen und dem Zerfall der Skelette geführt.

Hierzu habe ich die tiefgekühlten Tiere aufgetaut. Schon im halb aufgetauten Zustand ließen sich die Fischleichen so positionieren, daß ich sie vermessen und verschiedenste Zählwerte ermitteln konnte, was auch aus den hier gezeigten Photos ersichtlich sein sollte.

Um aber an die gewünschten Skelettsektionen zu gelangen müssen, wie erwähnt, das Fleisch, die Innereien und so weiter entfernt werden. Hierzu habe ich die Leichen einfach gekocht. Schon während des Kochens lösen sich große Teile vom Fisch. Allerdings ist diese Arbeit nicht ganz angenehm. In der Regel hat man keine frischen Fische im Eisfach, denn sie sind ja vorher irgendwann gestorben, meisten lagen sie vor der Entnahme aus dem Aquarium schon einige Stunden im relativ warmen Aquarienwasser, was den Verwesungsprozeß

Vor der Präparation wird der Fisch ausgespannt und sorgfältig vermessen. [PD]

beschleunigt. Somit rochen die Tiere schon nach Verwesung. Das Aas nicht besonders gut riecht weiß jeder, der schon tote Fische aus dem Aquarium sammeln mußte. Dieser Geruch tritt sofort nach dem Auftauen wieder auf. Wer auf diese Gerüche sensibel reagiert sollte besser keine Präparate anfertigen oder zumindest darauf achten, daß der Weg zur Toilette nicht zu weit ist. Glauben Sie mir, ich weiß wovon ich rede! Wenn sich im kochenden Wasser die ersten Teile lösen kann man mit der eigentlichen Arbeit beginnen. Dazu legt man den gekochten Fisch auf eine wasserundurchlässige Unterlage und beginnt das grobe Gewebe zu entfernen. Irgendwann steht man dann vor einem Skelett, an welchem allerdings noch eine ganze Menge ‚Zeugs' hängt. Nun kommen Werkzeuge wie Pinzetten, feine Bürsten und Schaber zum Einsatz. Um das nun schon gut entfleischte Skelett zu entfetten habe ich es in eine Lösung aus Wasser und handelsüblichem Waschpulver gelegt. Nach etwa 24 Stunden wird das entfettete Skelett nochmals mit einer feinen Bürste (zum Beispiel eine weiche Zahnbürste) geputzt. Nach dieser Arbeit habe ich das Präparat nochmals für 24 Stunden in Bleiche eingelegt. Sollte keine Bleiche vorhanden sein kann man auch Domestos-Konzentrat mit etwas Wasser vermischen. Das hat zur Folge, daß die Präparate nicht braun und unansehnlich werden. Nach diesem Vorgang erhält man relativ schöne und vorzeigbare Präparate.

Eine weitere Möglichkeit der Präparation bildet der Einsatz von Speckkäfern, die zur Familie Dermestidae gehören. Die Käfer und ihre Larven fressen das fleischliche Gewebe und die Haut vollständig von den Gräten, und lassen dabei selbst die feinsten

Das Abkochen ist eine wenig appetitliche Angelegenheit. [PD]

Speckkäfer, Gattung *Dermestes*. [OZ]

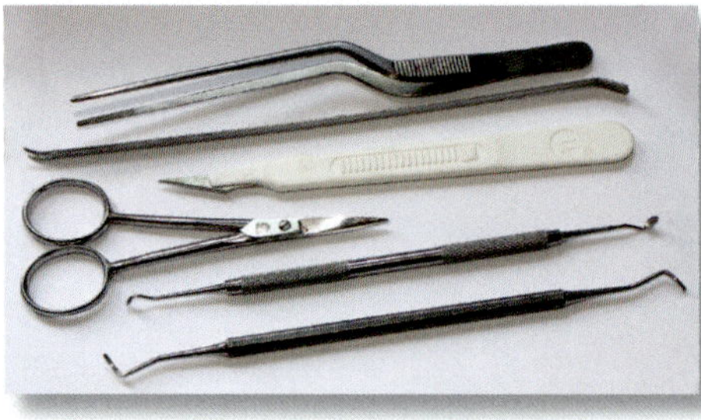

Präparationsbesteck. [OZ]

verknöcherten Strukturen unbeschädigt. Man gibt die zu präparierenden Teile einfach in eine Schüssel mit feinen Buchenspänen, in dem sich auch die Käfer und Larven befinden, und schon beginnen die Käfer ihr Werk. Die Schüssel sollte dabei abgedeckt sein, da Speckkäfer das Licht meiden. Anschließend führt man wie oben beschrieben die Entfettung durch.

Der Autor bei der Arbeit. [PD]

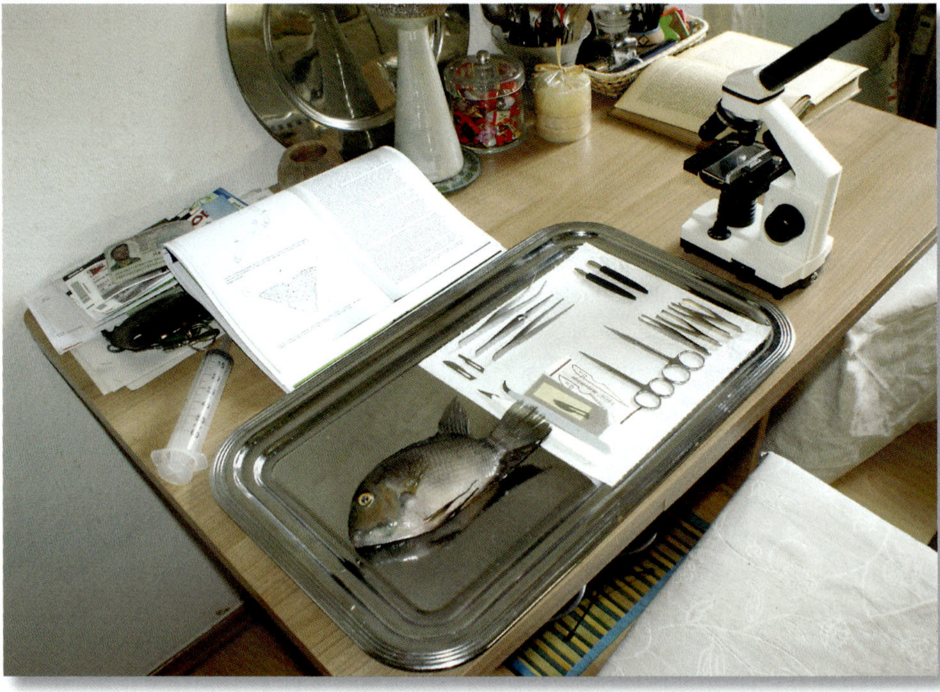

Präparationsbedarf. [PD]

Ein frisch entfleischtes Skelett muß noch entfettet und gebleicht werden, sonst fault es! [PD]

Am Ende müssen die Präparate beschriftet und sorgfältig eingelagert werden. [PD]

Verbreitung & Lebensräume

Heros-Arten und Formen sind weit über das tropische Südamerika verbreitet. Sie sind in den unterschiedlichsten Habitaten anzutreffen. Man findet sie in kleinen Restwassertümpeln genauso wie in den großen Hauptströmen. Sie kommen in allen möglichen Wassertypen, also Schwarz-, Weiß- sowie Klarwasser vor. *Heros*-Buntbarsche leben ebenso zwischen Totholzarealen wie in Bereichen mit Geröll- oder Fels-Litoralen. Auch in Flüssen und Bächen mit reinem Sandufer oder Fallaubzonen sind sie anzutreffen.

Gern halten sie sich unter den sogenannten schwimmenden Wiesen auf, wo sie ein großes Nahrungsangebot vorfinden. (Junk, 1973; Smith, 1981).

Zur Regenzeit leben sie, wie viele andere Fische auch, in den Überflutungsgebieten zwischen Bäumen und Gestrüpp.

Sie sind seltener im Freiwasser der größeren Ströme und Flüsse anzutreffen. Stawikowski & Werner (1998) geben an, daß sie *Heros*-Buntbarsche in einigen Uferseen mit Überschwemmungswald am mittleren Rio Tefé vom Boot aus fingen, dieses waren

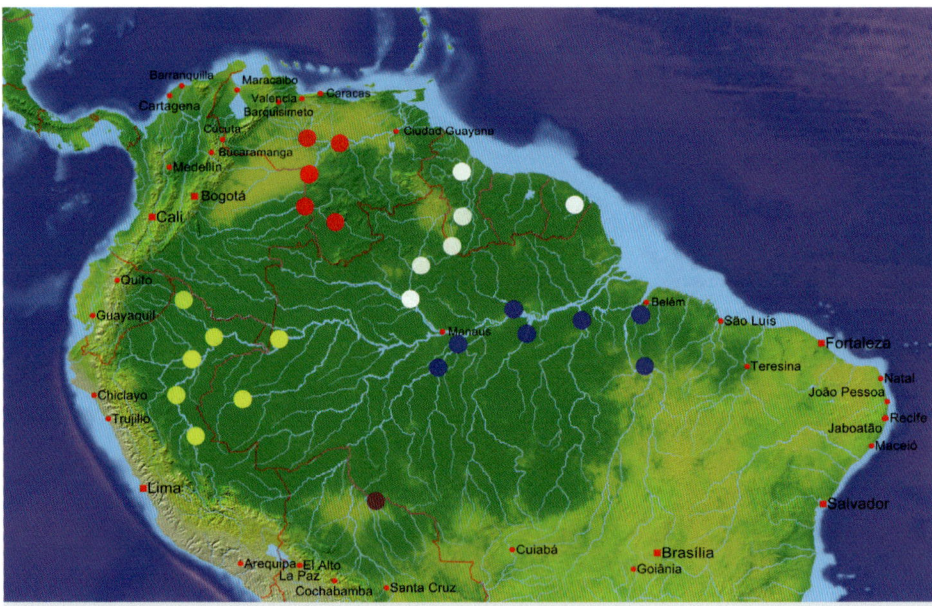

Grob vereinfachte Darstellung der natürlichen Verbreitung der Gattung *Heros*.
• *Heros severus* -, *Heros liberifer* - Gruppe. • *Heros notatus* - Gruppe, Französisch-Guyana - *Heros*. • *Heros appendiculatus* - Gruppe. • *Heros efasciatus* -, *Heros fasciatus* - Gruppe.
• *Heros spurius* - Gruppe.

In einigen Lebensräumen kommen auch mehrere Formen der Gattung *Heros* miteinander vergesellschaftet vor. [RR]

An diesem Fundort in Venezuela am Rio Atabapo waren es beispielsweise *Heros* sp. ‚Atabapo' (links) und *Heros liberifer* (rechts). [RR]

ausnahmslos erwachsene Tiere, die sich in den tieferen Freiwasserbereichen aufhielten. Lüling (1963; 1980) fing *Heros appendiculatus* in ruhigen, grasbewachsenen Uferbereichen der Yarina Cocha, seltener dagegen im freien und tieferen Wasser der Seemitte. Ähnliches berichtet Hohl (2012, persönliche Mitteilung). Das weist darauf auch hin, daß *Heros*-Buntbarsche geschützte Areale bevorzugen.

Auch an die Wasserqualität stellen die meisten Arten der Gattung keine sehr hohen Ansprüche. Sie kommen sowohl in sehr weichem und sauren als auch in mittelharten Wasser vor.

Auch die jahreszeitbedingten Schwankungen der Wasserqualität stecken die Buntbarsche gut weg. In den Trockenperioden müssen sie oft desolate Wasserwerte überstehen, die in Restwassertümpeln entstehen können. Die Temperaturen können dort dann weit über 30 °C steigen, demzufolge sinkt auch der Sauerstoffgehalt des Wassers.

Stawikowski & Werner (1998) geben eine schöne Beschreibung eines Fundortes von *Heros severus*. In diesem Zitat ist mit *Heros severus* sicherlich der maulbrutpflegende *Heros liberifer* gemeint. Um das Zitat in der Ursprungsform zu belassen, bleibt die ‚falsche' Bezeichnung hier erhalten: „Das Banjo von Aripao ist ein von einem Klarwasserbach gespeister, gegen Ende der Trockenzeit immerhin noch fast zwei Meter tiefer Teich mit dichter Ufervegetation, sandigem, steinfreien Untergrund, stellenweise üppigem submersen Pflanzenwuchs und fein verzweigtem, ineinander verflochtenem Wurzelgestrüpp.". Sie fingen „in dem örtlich nahezu undurchdringlichen Pflanzengewirr" nur Jungtiere von *Heros severus*. Weiterhin berichten sie, daß sie *Heros*-Buntbarsche im Caño Agujón fingen, an dem sie die folgende Wasserwerte maßen: 30-35 °C; pH 5-5,5; Gesamt- und Karbonathärte nicht meßbar. Durch teilweise in diesen Restwassertümpel verendete Tiere steigen die Konzentrationen an Giftstoffen, die durch den Verwesungsprozeß entstehen. Natürlich überleben das nicht alle Tiere.

In ihrer Heimat werden Augenfleckbuntbarsche in Aquakulturen gehalten, um die Verbreitung submerser Vegetation einzudämmen. Verschiedene *Heros*-Arten wurden auch in Seen und Flüssen in der Nähe großer Städte beobachtet. Teilweise werden in diese Gewässer die Abwässer der jeweiligen Städte eingeleitet. Allerdings bleibt festzustellen, daß Augenfleckbuntbarsche saubere Gewässer bevorzugen. Das sollte natürlich auch für die Haltung im Aquarium beachtet werden.

Hinsichtlich der Verbreitung kommen Buntbarsche der Gattung *Heros* im gesamten Amazonastiefland vor, von der Mündung des Amazonas in den Atlantik bis über seinen gesamten Stromverlauf mit den vielen Zuflüssen hinein nach Peru. In Richtung Norden lassen sich *Heros*-Buntbarsche bis in die Guyana-Länder nachweisen. Der bisher bekannteste südliche Fundort liegt in Bolivien im Guaporé-Gebiet.

Frisch gefangener *Heros liberifer*. [RR]

Gebraten schmeckt er auch! [RR]

Schwarzwasser-Biotop in einem Seitenarm des Rio Atabapo in Venezuela. [RR]

Felsformationen am venezuelanischen Rio Atabapo. [RR]

Ein Seitenarm mündet in den Rio Atabapo. [RR]

Sandufer am Rio Atabapo. [RR]

Klarwasserbach in Venezuela. [RR]

Glattgeschliffene Felsblöcke im Rio Atabapo. [RR]

Der Fluß geht direkt in den Dschungel über. [RR]

Seitenarm des Rio El Naure, ebenfalls in Venezuela. [RR]

Zivilisationsabfall betrifft auch *Heros*-Habitate. [RR]

Vom Aussterben bedroht: Aquarianer mit Freiland-Erfahrung. [MM]

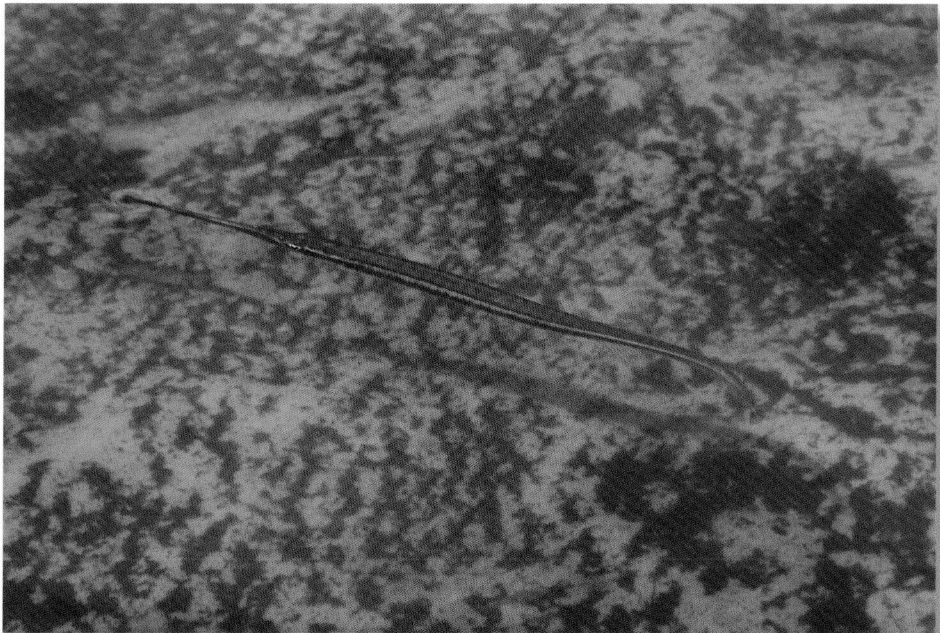
Halbschnabelhecht im Flachwasser mit Detritus. [RR]

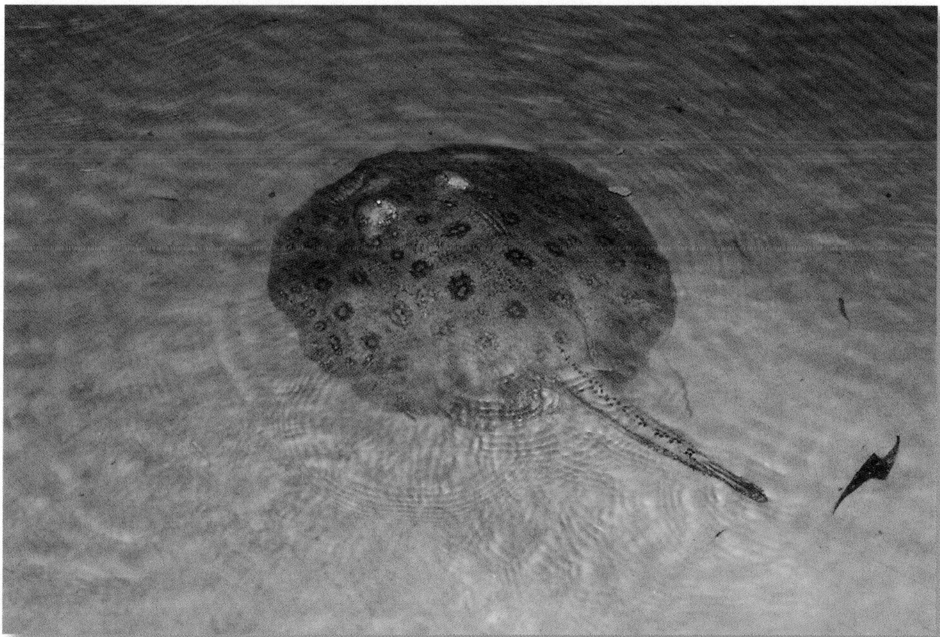
Rochen kommen nachts direkt ans vegetationslose Ufer, hier in einem Schwarzwasserfluß. [RR]

Eindrücke aus *Heros*-Lebensräumen. [RR]

Heros-Arten leben nicht alleine. [RR]

Faunenregionen Südamerikas

Südamerika wird grob in acht unterschiedliche Faunenregionen unterteilt. Allerdings bietet nur eine davon anscheinend optimale Lebensbedingungen für die *Heros*-Arten.

(1) Guyana – Amazonas, verbunden mit den Regionen (2) und (3)
(2) Orinoko – Venezuela
(3) Paraná
(4) Magdalena
(5) Die Transandine Region
(6) Die Anden
(7) Patagonien
(8) Die Ostbrasilianischen Küstenflüsse

Die Guyana-Amazonas-Region ist diejenige mit der höchsten Artenvielfalt, nicht nur auf die Fischfauna bezogen! Allerdings zeigt dieser Bereich gerade hinsichtlich der Süßwasserfischfauna wohl die beeindruckendste Vielfalt der Erde.
Und in diesem Gebiet sind auch die Vertreter der Gattung *Heros* beheimatet.
Amazonien ist vielen ein Begriff und wird mit seinen undurchdringlichen tropischen Regenwäldern entlang des Amazonas und seiner Zuflüsse in Verbindung gebracht. Allerdings werden meistens auch noch die Flüsse Amapá, Pará und der Norden Maranhãos mit dazu gezählt (Fittkau, 1964). Als ökologische und biogeographische Einheit schließt das südamerikanische äquatoriale Waldgebiet auch den oberen Orinoko, die Guyanas, die Orinokomündung und die Oberläufe der amazonischen Flüsse mit ein, deren Talwälder weit in die Savannen Zentralbrasiliens reichen, sodaß weder im Norden noch im Süden eine scharfe Abgrenzung möglich ist. Hylaea (von griech. hyle, Wald), nannte Alexander von Humboldt das riesige Urwaldgebiet im Stromgebiet von Amazonas und Orinoko. Der Terminus wird in der Biogeographie mitunter noch verwendet, um das Gebiet des tropischen Regenwalds von den Anden bis zum Atlantischen Ozean und von den Quellen des Orinoko bis zum Rande des brasilianischen Tafellandes zu beschreiben.
Allerdings sind die biogeographischen Grenzen der aquatischen Lebensräume nur sehr schlecht abzugrenzen, da die Bewohner vieler Flußsysteme, wie zum Beispiel die des Rio Madeira, Rio Tapajós oder des Tocantins, welche direkt mit dem Amazonas verbunden sind, in andere in den Amazonas mündende Systeme abwandern können. Die verschiedenen Flußsysteme bieten teilweise recht unterschiedliche Bedingungen, an die sich die Fische in etlichen Jahrtausenden angepaßt haben. Viele Arten beweisen ihre Anpassungsfähigkeit auch durch eine relativ hohe Toleranzgrenze hinsichtlich der unterschiedlichen Wasserparameter.
Die Vertreter der Gattung *Heros* sind zum Beispiel in allen drei für Südamerika typischen Gewässerarten anzutreffen, in Schwarzwasser führenden Flüssen genauso wie in solchen mit Klar- und Weißwasser.
Im Folgenden erhalten Sie Informationen über die Unterschiede dieser drei recht verschiedenen Wassertypen.

Schwarzwasser

Schwarzwasserflüsse werden in der Landessprache ‚Rios de agua preta' genannt. Sie sind leicht an ihrer Färbung zu erkennen. In der Regel haben sie die Farbe von Tee oder auch Kaffee, manchmal sind sie auch olivfarben. Schwarzwasserflüsse sind sehr arm an Mineralien und härtebildenden Substanzen wie Calcium-, oder Magnesiumsalzen. Durch verrottendes pflanzliches Material wie Blätter werden Huminsäuren freigesetzt, die den pH-Wert senken. Schwarzwasserflüsse sind in der Regel Gewässer, die sehr weiches Wasser führen und deren elektrische Leitfähigkeit äußerst niedrig ist.

Ein Beispiel, welches dieses verdeutlicht: Einem Freund von mir ist während eine Expedition zum Rio Capanaparo (Venezuela) seine Digitalkamera durch eine Unachtsamkeit in das Wasser gefallen. Zum Überfluß war diese auch noch geborgt. Normalerweise kann man eine ins Wasser gefallene Digitalkamera oder auch ein Mobiltelefon in den Müll schmeißen, da sie irreparabel geschädigt werden. Der Guide, welcher die Expedion begleitete sagte zu meinem Freund „Leg die Kamera für ein paar Stunden in die Sonne ...", natürlich glaubte mein Freund nicht, daß es irgendetwas bringen würde, aber was hatte er schon zu verlieren ... Nach einigen Stunden in der prallen Sonne wagte er einen Versuch, er legte den Akku ein

Der berühmte Zusammenfluß des Schwarzwassers des Rio Negro und des Weißwassers des Rio Solimões bei Manaus illustriert die Gewässertypen Brasiliens. [OZ]

und schaltete das Gerät ein, es funktionierte einwandfrei!

Um als Schwarzwasser bezeichnet zu werden, muß ein Wasser die folgenden chemischen Werte aufweisen: pH < 4,3; Leitfähigkeit < 12 µS/cm; organische Substanzen als KMnO4-Verbrauch > 50; Ca++ und Mg++ unter 1 mg / l (GEISLER & ANNIBAL, 1984).

Typische Schwarzwasserflüsse sind der Rio Negro, der Rio Atabapo und der Rio Capanaparo.

Weißwasser

Im Gegensatz zu Schwarzwasserflüßen sind Weißwasserflüße (‚Rios de agua branca') eher trübe milchige Flüsse, in denen die Sichtweite selten über 50 cm beträgt. Durch die hohe Niederschlagsmenge in den Anden, wo die Weißwasserflüße entspringen, wird eine große Menge Sediment in die Quellflüsse gespült, was den Gewässern eine lehmige Färbung verleiht. Die Böden der Anden sind sehr lehmhaltig und bestehen größtenteils Teil aus Braunlehmen.

Typische Weißwasserflüsse sind der Caquetá, der Japurá, der Solimões, der Amazonas, der Rio Madeira, der Rio Purus und der Rio Juruá.

Folgende Wasserparameter sind typisch für Weißwasserflüsse: pH 6,5-6,9; KH °dH 0,2-0,4; GdH ° 0,6-1,2.

Zwar haben sich an den Ufern von Amazonas, Madeira und anderen andine Braunlehmsedimente abgelagert (‚Varzea'), doch läßt das ruhige Relief dieser Landschaft keine nachhaltigen Verwitterungen zu. Bestenfalls kurzzeitig trüben manche Flüsse und Bäche nach besonders heftigen Regenfällen stärker ein (SIOLI & KLINGE, 1961).

Klarwasser

(Nach STAWIKOWSKI & WERNER, 1998)

Die seit langem abgetragenen alten Schilde mit ihrer gegen Verwitterung beständigen, durch eine dichte Walddecke gegen Erosion geschützen (Braunlehm-)Oberfläche geben kaum noch Sedimente ab, sodaß hier entspringende Flüsse Sichttiefen von 0,5-4,5 Metern erreichen, und nur wenige anorganische Nährstoffe enthalten. Klarwasserflüsse sind Tocantins, Xingú, Tapajós, und die meisten rechtseitigen Nebenflüsse des mittleren und unteren Amazonas. Ihr stabiles Bett, oft mit Stromschnellen, füllt das gesamte Flußtal aus; die großen Mündungsseen mit ihren weißen Sandstränden grenzen direkt an die ‚Terra firme'. Klarwasserbäche sind überall in Amazonien häufig – auf den Streifen der paläozonischen Meeresablagerungen ebenso wie im amazonischen Hochwald oder in manchen Graslandschaften (Campos).

Hydrogeographische Regionen. [PD]

Flußtyp	Wasserfarbe	Quellgebiet	Böden	Vegetation	Beispiele
Weißwasser (água branca)	lehmgelb, trüb	Anden, Serra Parima	Braunlehme	Andiner Hochwald	Amazonas, Madeira
Klarwasser	gelb- bis oliv-grün, klar, transparent	Brasilianischer Schild, Guyana-Schild, tertiäre Terra firme	Braunlehme	Amazonischer Hochwald	Tapajós, die meisten Terra firme-Bäche Amazoniens
Schwarwasser (água preta)	oliv bis kaffeebraun, transparent	Verebnungen im allgemeinen	Podsole	Caatinga, sandiger Campo, Campina	Negro, Campina-Bäche

Überblick über die wesentlichen Merkmale der drei ‚klassischen' amazonischen Gewässertypen. (nach Stawikowski & Werner, 1998)

	Weißwasser	Klarwasser	Schwarzwasser
Beispiel:	Amazonas	Tapajós	Negro
Wasserfarbe	lehmtrüb	grün, klar	braun, klar
pH-Wert	6,5 – 6,9	4,6 – 6,6	3,8 – 5,3
Karbonathärte*, °dH	0,2 – 0,4	0 – 0,3	0 – 0,1
Gesamthärte, °dH	0,6 – 1,2	0,3 – 0,8	bis 0,1
mg / l CO2		höher	
Huminsäuren	fehlend	gering	erheblich
Chlorid, mg / l Cl-	0 – 0,3	0,1 – 0,5	0 - Spuren
Leitfähigkeit µS/cm bei 28 °C	30 - 70	15 - 30	6,8 – 10,36 /Jahresmittel 8,2)
Nitrat, mg / l NO-3	0 – 0,2	0 - 2	unter 0,1
Ammonium mg/l NH4+	Spuren	bis 0,1	Spuren
Sichttiefe, Meter **	0,15	> 4,0	1,0 – 1,5

Chemische Beschaffenheit der drei ‚klassischen' amazonischen Gewässertypen.
(nach Stawikowski & Werner, 1998)

*) °KH berechnet aus dem Säurebindungsvermögen, SBV

**) Ermittelt mit Hilfe einer Secchi-Scheibe: Eine weiße Porzellanscheibe von 18 Zentimeter Durchmesser wird so weit gesenkt, bis ihre Umrisse nicht mehr eindeutig zu erkennen sind; die von der Wasseroberfläche gemessene Tauchtiefe ist dann die Sichttiefe (Geisler 1996a; Tabelle leicht verändert aus Geisler, 1964, ergänzt nach Ungemach, 1972).

Namen der Flüsse Südamerikas.

Die meisten Zierfische, so auch die Augenfleckbuntbarsche, kommen im Amazonastiefland vor. Streng genommen bezieht sich der Begriff ‚Amazonien' also auf das Gebiet des mit tropischem Regenwald bewachsen Einzugsgebietes des Amazonas. Meistens werden aber noch Amapá, Pará und der Norden Maranhãos mit dazu gezählt. Allerdings schließt das südamerikanische äquatoriale Waldgebiet auch den Orinoko, die Guyanas, die Orinoko-Mündung und die Oberläufe der amazonischen Flüsse mit ein. [PD]

Schwimmende Wiese am Tapajós. [MS]

Stromschnellen am Casiquiare. [SH]

Haltung im Aquarium

Das Aquarium

In erster Linie sollte es oberstes Gebot sein, den Tieren das Leben im Aquarium so angenehm wie möglich zu gestalten, und in einem Aquarium können wir optimale Bedingungen schaffen, was in der freien Natur eigentlich unmöglich ist. Freßfeinde, die Suche nach Verstecken und Laichplätzen, Krankheiten, wechselnde Wasserwerte und die ständige Suche nach Nahrung machen den Fischen in Freiheit das Leben schwer. Im Aquarium hingegen können wir den Fischen Lebensbedingungen schaffen, von denen sie in Freiheit nur träumen können. Und wir können eine ganze Menge dafür tun, ein Aquarium so naturgetreu wie möglich einzurichten. Grundsätzlich ist zu beachten, den Tieren weitesgehend die natürlichen Lebensbedingungen zu schaffen. Dazu gehören die entsprechende Einrich-

In diesem Aquarium des Autors leben zwei *Heros*-Arten mit verschiedenen Welsen. [PD]

Eines der Biotop-Aquarien des Autors. [PD]

tung mit ausreichend Rückzugsmöglichkeiten, aber auch ausreichender Schwimmraum, die entsprechenden Wasserparameter, die richtige Temperatur und entsprechend der Lebensweise in der Natur die angemessene Beleuchtung des Aquariums. Auf den ersten Blick erscheinen selbst Behälter mit mehreren tausend Litern Fassungsvermögen im Verhältnis zur Natur als winzige Lebensräume. Das bedeutet allerdings nicht, daß sich die gepflegten Fische nicht wohl fühlen können, ganz im Gegenteil! Aquarienfische werden in der Regel wesentlich älter als ihre Artgenossen in freier Wildbahn, da sie weniger unberechenbarer Faktoren wie Umweltverschmutzungen, Fischfang, Naturkatastrophen und ganz besonders den natürlich Freßfeinden ausgeliefert sind. Wenn man die im Folgenden aufgeführten Ratschläge einhält, kann man aber viele Jahre Freude an seinen Pfleglingen haben.

Wer sich also tatsächlich dazu entschließt, Buntbarsche der Gattung *Heros* zu pflegen sollte sich bewußt sein, daß sie zu den sogenannten Großcichliden gehören. Rechnen Sie fairerweise damit, daß die Fische eine Endgröße von gut und gerne 25 cm erreichen können. Wenn Sie allein diese Tatsache berücksichtigen wird Ihnen klar, daß Sie sich einen Behälter mit mindestens 120 cm Länge bereitstellen müssen. Dazu ist zu sagen, daß 120 x 60 x 60 cm als Mindestmaß anzusehen ist. In einem solchen Behälter ist es durchaus möglich, ein harmonierendes Paar zu pflegen. Allerdings reicht dieses Maß wirklich lediglich für ein Paar, und vielleicht einige Beifische wie mittelgroße Salmler und bodenbewohnenden Fische wie Panzerwelse oder Harnischwelse. Da Augenfleckbuntbarsche im Verhältnis zur ihrer Länge relativ hochrückig werden ist eine Höhe des Aquariums von 50 cm ebenfalls als Minimum anzusehen, besser sind Höhen von 60 oder 70 cm.

Es ist natürlich anzuraten einen Behälter zu wählen, den man strukturreich einrichten kann, natürlich wählen die meisten Leute

Wer *Heros*-Buntbarsche halten möchte, sollte sich über eines im Klaren sein:

Dieses ist die durchschnittliche Endgröße gut gepflegter Tiere! [PD]

Echinodorus sp., Amazonas-Schwertpflanze.

Echinodorus sp.

Anubias sp., ein Speerblatt.

Microsorium sp., ein Javafarn.

Cryptocoryne sp., ein Wasserkelch.

Ein weiterer Wasserkelch.

Für *Heros*-Aquarien geeignete Wasserpflanzen. [PD]

das Aquarium aber entsprechend des verfügbaren Platzes ihres Zuhause aus, aber glauben Sie mir wenn ich sage, daß in jeden Haushalt ein Aquarium mit den Maßen 200 x 60 x 60 cm paßt! So ein Aquarium ist natürlich die bessere Wahl, da man es relativ naturnah gestalten kann. Für kurzfristige Haltungszyklen, wie man sie zum Beispiele zur Zucht oder Vermehrung benötigt, sind Aquarien von 80 x 40 x 50 cm durchaus ausreichend. Dies setzt allerdings voraus, daß man die Elterntiere, nachdem die Jungtiere etwa vier Wochen frei schwimmen, herausfängt, da sie durchaus in der Lage sind, einen erneuten Fortpflanzungsversuch zu unternehmen. Wer allerdings keine Ambitionen hat die Fische zu vermehren, sondern sie lediglich als ‚Haustiere' pflegen möchte, sollte von vornherein ein wesentlich größeres Aquarium wählen! Die Einrichtung eines solchen Aquariums ist natürlich dem Geschmack des Pflegers überlassen, allerdings sollten Sie gewisse Dinge beachten und sie auch umsetzten!

Eine Bepflanzung ist auch bei *Heros* durchaus möglich. [PD]

Eine Kokosnuß als Topf schützt vor dem Ausgraben. [PD]

Und hier ein Tip aus der Praxis: Viele Zoo‚fach'händler haben die unsinnige Angewohnheit, ihren Kunden mit irgendwelchen noch unsinnigeren Faustformeln den Kauf der Fische zu ‚erleichtern'. Bitte beachten Sie Formeln wie „Pro Zentimeter Fisch ein Liter Aquarienwasser" nicht! Das ist nämlich wirklicher Unsinn, denn der Platzbedarf eines Fisches richtet sich ausschließlich nach dessen natürlichen Verhaltensmustern. Stellen Sie dem Fachhändler die einfache Frage wie er diesen einen Zentimeter definiert. Beispiel: Ein Dornauge *Pangio kuhlii* wird etwa zehn Zentimeter lang bei einem Körperumfang von einem Zentimeter. Nach dieser oben genannten Faustformel benötigt dieser Fisch also zehn

Liter Wasser; ein Augenfleckbuntbarsch mit zehn Zentimeter Länge und zehn Zentimeter Höhe benötigt nach dieser Faustformel ebenfalls nur 10 Liter Wasser. Das dies so nicht stimmen kann, sollte jedem einleuchten.

Die Einrichtung

Im Folgenden beschreibe ich die Einrichtung eines Aquariums mit den folgenden Maßen: 120 x 60 x 60 cm.

Ich setze voraus, daß Sie sich Gedanken über den Besatz gemacht haben und schlage in diesem Beispiel einen passenden und naturnahen, aber nicht biotopgetreuen Besatz vor. Als Hauptfische haben Sie vielleicht ein Paar Augenfleckbuntbarsche der Art *Heros notatus* gewählt, als attraktive Beifische haben sich die Erdfresser der Gattung *Geophagus* erwiesen, in diesem Beispiel haben Sie sich für eine Gruppe von 5 Tieren *Geophagus* sp. entschieden. Weitere Beifische sind ein Schwarm von 25 Kirschflecksalmlern *Hyphessobrycon erythrostigma*, ein kleiner Trupp Panzerwelse der Gattung *Corydoras* und einige Harnischwelse zum Beispiel der Gattung *Ancistrus*. Gegebenfalls haben Sie sich noch für ein Paar kleinerer Buntbarsche entschieden, hier eignen sich zum Beispiel *Krobia*- oder auch *Apistogramma*-Arten. Mit diesem gewählten Besatz sind alle Bereiche des Aquariums abgedeckt, da diese Fische ganz spezielle Vorlieben für bestimmte Zonen im Becken zeigen:

Die *Heros*-Buntbarsche sind Freiwasserbewohner, aber auch bodenorientiert.

Die *Geophagus*-Buntbarsche sind meist bodenorientiert.

Die *Apistogramma*-Buntbarsche sind eher bodenorientiert.

Die *Hyphessobrycon*-Salmler sind reine Bewohner des Freiwassers.

Die *Corydoras*-Panzerwelse sind rein bodenorientiert.

Die *Ancistrus*-Saugwelse sind bodenorientiert und recht versteckt lebend.

Biotop-Aquarium des Autors mit etwa 600 l Inhalt. [PD]

Einrichtungsmaterialien für ein *Heros*-Aquarium: Holz, Steine, Kokosnuß, Sand, ... [PD]

Der Materialbedarf

35 - 40 kg Bodengrund (Aquariensand).
10 - 15 Flußkiesel oder kleinere Steine.
2 - 3 größere Stück Holz (Moorkien, abgestorbene Kiefer, Weide, Erle, Buche, Eiche).
und /oder
10 - 12 große Feldsteine (kein kalkhaltiges Lochgestein und keine Steine mit metallischen Einschlüssen).
3 - 4 Höhlen für die Welse und Zwergbuntbarsche (halbierte Kokosnußschalen).

Somit steht der geplante Besatz fest, dementsprechend muß das Aquarium dimensioniert und eingerichtet werden.
Beginnen möchte ich mit dem ‚richtigen' Bodengrund. Da Sie sich für die Erdfresser der Gattung *Geophagus* entschieden haben, müssen sie die Freßgewohnheiten dieser Fische natürlich berücksichtigen und kennen. ‚*Geophagus*' bedeutet nichts anderes als ‚Erdfresser', was bedeutet, daß diese Fische überwiegend damit beschäftigt sind, das Substrat nach Freßbaren zu durchsuchen. Dieses tun sie, indem sie mit ihrem Maul in den Bodengrund stoßen, diesen im Maul aufnehmen, durchkauen und alles Freßbare heraus filtern. Anschließend spucken sie den unverwertbaren Teil wieder aus, teilweise durch das Maul, aber auch durch die Kiemendeckel.
Damit sich die Fische beim Fressen nicht verletzen ist es wichtig einen Bodengrund zu wählen, der keine scharfen Kanten aufweist. Entsprechenden Bodengrund bekommen Sie in jedem gut sortiertem Zoofachgeschäft. Wichtig ist hierbei, daß Sie auf den Aufdruck ‚pH-Neutral' achten und das es sich um echten Flußsand handelt, der im Gegensatz zu Flugsand gerundete Körner aufweist! Die Korngröße sollte im folgenden Bereich liegen: 0,4 - 1,5 mm, je feiner, desto besser! Für das gewählte Aquarium ist eine Aquariensandmenge von 35-40 kg durchaus ausreichend. Bitte waschen Sie den Aquariengrund gründlich, bevor sie ihn in das Aquarium einbringen, um Verunreinigungen und Schwebstoffe zum größten Teil zu entfernen. Sie müssen den Kies allerdings nicht abkochen!

Die Technik

Da es sich, wie schon erwähnt, um relativ große Fische handelt, die natürlich einen dementsprechenden Stoffwechsel haben, ist eine gute Filterung sehr wichtig. Empfehlenswert sind Aussenfilter mit drei oder mehr Filterkammern. Gut funktionieren auch großzügig dimensionierte sogenannte ‚Hamburger Mattenfilter', wenn die Filtermedien regelmässig, am besten bei jedem Wasserwechsel, mit einem Schlauch abgesaugt werden. Auf diese Weise setzen sich die Filtermatten trotz des hohen Stoffwechsels von Großcichliden nicht zu. Empfehlenswert ist eine leistungsfähige Heizung, da es sich um Fische handelt, die aus den Tropen stammen, und daher auch warmes Wasser benötigen. Sie sollten allerdings darauf achten, daß der Heizstab einen Schutz gegen Glasbruch hat, denn diese Buntbarsche zerren auch am Heizstab herum, falls er sie in ihrem Revier stört. Es gibt Schutzgitter für Heizstäbe zu kaufen. Das erspart Ihnen gegebenenfalls die unangenehme Erfahrung

Ein Außenfilter sollte lieber zu groß als zu klein bemessen sein. [PD]

Hochwertiger Torf kann zur Ansäuerung im Filter verwendet werden. [PD]

eines Stromschlags! Auf die Beleuchtung ist weniger zu achten, es sei denn Sie bepflanzen das Aquarium. Augenfleckbuntbarsche benötigen keine zu helle Beleuchtung, im Gegenteil: Sie lieben es eher schattig! Im Artenteil dieses Buches sind die benötigten Wasserparameter aufgeführt. Achten Sie darauf, wenn Sie sich für Arten entscheiden, die sehr weiches Wasser benötigen.

Falls Sie zum Beispiel Wildfänge von *Heros liberifer* pflegen möchten, kommen Sie nicht darum herum, sich eine Umkehrosmoseanlage anzuschaffen, wobei es selbstverständlich auch auf Ihr Ausgangswasser ankommt. Wenn es schon mit weniger als 300 µS/cm aus der Leitung läuft, sind Sie bestens gerüstet, auch für die Haltung von

Heizer mit Schutzhülle. [OZ]

Tieren aus Weichwasserbiotopen.

Der Einrichtungsprozeß

Installieren Sie vor dem Einrichten bitte alle technischen Geräte wie Aussenfilter und Heizstab, beachten Sie dabei unbedingt die von den Herstellern vorgegebenen Installationshinweise!

Stellen Sie Temperatur am Heizstab auf 27 °C ein.

Bringen Sie als erstes die größeren Holzstükke oder die großen Feldsteine in das Aquarium ein. Fangen Sie an der Rückscheibe des Aquariums an. Falls Sie sich für die Feldsteine entscheiden, beachten Sie folgenden Ratschläge. Wenn Sie die Möglichkeit haben, so schneiden Sie die Feldsteine in der Mitte durch, sodaß Sie eine flache Seite haben. Das erleichtert den stabilen Einbau.

Ein großvolumiger Tank für Osmosewasser erleichtert den Wasserwechsel. [PD]

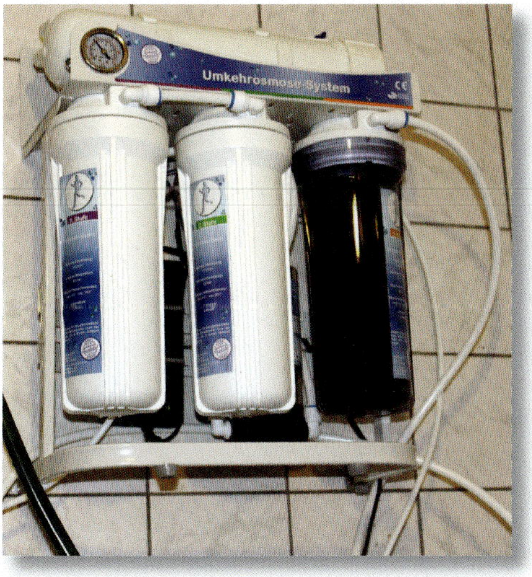

Unentbehrlich ist für die erfolgreiche Haltung von Weichwasserfischen eine moderne Umkehrosmoseanlage. Zur Durchlüftung mehrerer Aquarien empfehlen sich aufgrund der höheren Leistung Kompressoren mehr als Membranpumpen. [PD]

Ein Kompressor sollte stets oberhalb der Wasserlinie stehen. Deutlich leiser wird das Gerät, wenn es an einer Feder aufgehängt wird. [PD]

Sollten Sie diese Möglichkeit nicht haben, legen Sie eine Moosgummiunterlage oder Schaumstoffplatte auf die Bodenscheibe des Aquariums. Wie viele Buntbarsche, so neigen auch Augenfleckbuntbarsche dazu, während der Laichzeit und der Balz große Mengen Substrat, in unserem Fall also Aquariensand, um das Laichsubstrat zu entfernen. Dadurch besteht die Gefahr, daß die Fische den Bodengrund unter den Feldsteinen entfernen und somit die Stabilität der Steinaufbauten gefährdet. Dies kann dazu führen, daß alles in sich zusammenbricht und das Aquarienglas beschädigt oder zerstört! Ordnen Sie also Ihre Dekoration so sicher an, daß dieses Risiko auf ein Minimum reduziert wird.

Wenn Sie sich allerdings für Holz entscheiden, ist in der Regel keine zusätzliche Sicherung nötig. Das Holz, welches Sie vorzugsweise im Vorfeld gut wässern, um das Aufschwimmen zu verhindern, birgt in der Regel keinerlei Gefahr für die Aquarenscheiben. Egal für welche Dekoration Sie sich entschieden haben, ordnen Sie diese so an, daß Sie den Fischen von vorn herein Reviere anbieten, achten Sie auch darauf, daß es genügend Spalten und Räume gibt, in welche sich unterdrückte Fische zurückziehen können. Ordnen Sie die Dekoration

Teil der Zuchtanlage des Autors. [PD]

strukturreich an. Achten Sie darauf, daß im vorderen Teil des Aquariums genügend Schwimmraum für die Erdfresser vorhanden ist. Nachdem Sie nun die Hauptdekoration so angeordnet haben, daß es Ihren Ansprüchen und natürlich denen der Fische gerecht wird, bringen Sie den bereits gewaschenen Aquariensand in das Aquarium. Fangen Sie auch hierbei wieder im hinteren Bereich an. Achten Sie darauf, daß keine Freiräume bleiben. Pressen Sie den Aquariensand an die eingebrachten Dekorationsgegenstände und verteilen Sie diesen gleichmäßig im Aquarium. Ratsam ist es, den Bodengrund mit einem deutlichen Gefälle von hinten nach vorn zu verteilen. Dadurch gestaltet Sie sich die Reinigung, die ab und an erforderlich sein wird, wesentlich einfacher, da sich der Mulm aus Pflanzenresten und und anderen Stoffen an einer Stelle sammeln wird, die relativ flach ist.

Nachdem Sie den Aquariensand verteilt haben, können Sie nun die übrigen Dekorationsgegenstände frei nach Ihrem Geschmack im Aquarium verteilen. Versuchen Sie auch mit den kleineren Kieselsteinen natürliche Barrieren zu schaffen. Die für die Zwergbuntbarsche vorgesehenen halbierten Kokosnußschalen verteilen Sie so, daß die Fische zumindest nach drei Seiten genügend Deckung haben.

Nun können Sie das Aquarium bepflanzen. Anschließend können Sie das Wasser einlassen. Beachten Sie dabei, daß es sich bei denen von mir als Beispielbesatz gewählten Fischen um das Weichwasser bewohnende Fische handelt.

Es ist ohnehin ratsam Augenfleckbuntbarsche in weichem, leicht sauren Wasser zu pflegen, dieses gilt für die meisten Fische aus Südamerika! Um den Aquariensand nicht unnötig durch das einlaufende Wasser aufzuschwemmen, legen Sie einen flachen Teller in das Aquarium, über welchen Sie das Wasser langsam in das Aquarium laufen lassen. Verwenden Sie nach Möglichkeit nur kaltes Wasser, wenn sie es direkt aus der Leitung nehmen und nicht vorher schon abgefüllt haben oder es aus ihrem Umkehrosmosewasserauffangbehälter kommt. Oftmals sind Warmwasserleitungen aus Kupfer, durch das warme oder sogar heiße Wasser können sich leichter Schadstoffe lösen, die dann ungehindert in das Aquarium gelangen. Auch beim späteren wöchentlichen Teilwasserwechel von 30 - 40 % verwenden Sie bitte stets nur kaltes Wasser, die Tiere können das gut verkraften. Natürlich können Sie diverse Biostarter aus dem Zoofachhandel nach dem Befüllen des Aquariums hinzugeben. Ich aber habe, solange ich Aquarianer bin, noch nicht einen Tropfen dieser Präparate verwendet. Aber das bleibt natürlich Ihnen überlassen. Nachdem das Aquarium eingerichtet ist nehmen Sie die technischen Geräte in Betrieb. Achten Sie dabei unbedingt auf die von den Herstellern vorgeschriebenen Abläufe. Nachdem alles einwandfrei funktioniert, lassen Sie das Aquarium nun mindestens drei Wochen lang ohne jeglichen Fischbesatz einlaufen. Es ist sehr wahrscheinlich, daß das Aquarienwasser in den ersten Tagen milchig-trüb ist. Dieses ist ein ganz natürlicher Vorgang, der sich von ganz allein erledigt. Führen Sie keine Wasserwechsel durch und kippen Sie nicht Unmengen irgendwelcher Zaubermittelchen aus dem Zoofachgeschäft in das Aquarium. Haben Sie einfach etwas Geduld! Lassen Sie das Aquarium so einfahren, als wären tatsächlich schon Fische darin, also mit eingeschalteter Beleuchtung. Schalten Sie niemals den Filter ab, auch wenn noch keine Fische im Aquarium sind. Es ist gut möglich oder sogar wahrscheinlich, daß sich auf den Einrichtungsgegenständen und an den Innenseiten der Aquarienscheiben ein flaumiger weißer Belag bildet, dieser ist nicht schädlich! Sie können den unschönen Belag mit einem Schwamm, den Sie selbstverständlich nur für das Innere eines bestimmten Aquariums benutzen, leicht von den Scheiben wischen. Nach der Einlaufphase von drei Wochen ist es nun Zeit für die ersten Fische. Ratsam ist es zuerst die Welse, etwa *Ancistrus*-Saugwelse oder verwandte Arten einzusetzen. Diese sorgen dafür, daß der organische Belag von den Dekorationsgegenständen verschwindet. Sie müssen die Welse in den ersten Tagen nicht zusätzlich füttern. Auch jetzt kann es passieren, daß das Wasser erneut leicht milchig wird, und wieder müssen Sie nichts tun außer etwas Geduld aufzubringen, denn auch diese Trübung verschwindet von allein.

Für die Zukunft noch ein weiterer Tip: Reinigen Sie den Filter oder die Filtermedien erst dann, wenn der Wasserdurchfluß deutlich abgenommen hat. Kochen Sie die Filtermedien nie ab, spülen Sie diese einfach mit klarem Wasser durch. Noch besser ist Aquarienwasser dazu geeignet. Reinigen Sie den Filter nicht im Zusammenhang mit einem Teilwasserwechsel, dadurch gehen zuviele wichtige Bakterien verloren, und das Aquarienwasser wird wiederum trüb oder milchig. Gute Außenfilter haben eine Standzeit von mindesten sechs Monaten. Um diese Standzeit zu verlängern gewöhnen Sie sich einen festgelegten Fütterungsrythmus an. Ein Mal pro Tag reicht vollkommen aus. Füttern Sie soviel, daß die Fische das gebotene Futter innerhalb von maximal fünf Minuten auffressen. Die Welse können Sie separat nach dem Abschalten der Beleuchtung mit entsprechenden Tabs oder Tabletten füttern. Wenn Sie die hier geschilderten Ratschläge beachten, steht einer langen Pflege Ihrer Aquarienfische nichts im Wege.

Selbstverständlich darf man den Filter, die Heizung und die Lüftung nachts nicht abschalten!

Das Wasser

Augenfleckbuntbarsche sind Weichwasserfische. Das bedeutet, daß in ihren natürlichen Lebensräumen Wasserbedingungen vorherrschen, die sich für die meisten von uns grundsätzlich von der Wasserqualität unterscheiden, die wir von unseren Wasserversorgern beziehen. Einige Regionen in Deutschland bekommen aus dem Wasserhahn fast perfektes Wasser geliefert, welches sich zur nahezu optimalen Pflege von Fischen aus dem Weichwasser eignet. Weichwasser zeichnet sich durch sehr geringe bis nicht meßbare Härtegrade (GdH, KH) sowie durch eine extrem niedrige elektrische Leitfähigkeit (µS/cm) aus, weiterhin ist es sehr arm an Mineralien. In der Regel führen die meisten Flüße Südamerikas weiches Wasser. Viele Flüße, in denen Augenfleckbuntbarsche heimisch sind, weisen zudem auch sehr niedrige pH-Werte auf, also ist das Wasser nicht nur weich, sondern auch sauer. Die meisten Augenfleckbuntbarsche kann man aber auch problemlos in mittelhartem Wasser mit einem neutralen pH- Wert dauerhaft gesund pflegen. Allerdings gibt es auch Arten wie zum Beispiel *Heros liberifer*, die sich in mittelharten Wasser nicht wohl fühlen, es kann zur Lochbildung im Kopfbereich kommen. Heutzutage gibt es gute und günstige Möglichkeiten, das für die Pflege von Weichwasserfischen nötige Wasser selbst zu produzieren. Die einfachste und vor allem kostengünstigste Methode an optimales Wasser zu gelangen ist das Auffangen von Regenwasser. Natürlich sollten Sie nicht unbedingt in der Einflugsschneise eines Flughafens oder an einer stark befahrenen Straße wohnen, wo die Umgebung stark mit Abgasen belastet ist. Eine technische Methode hierfür ist die Verwendung einer Umkehrosmoseanlage. Das Filtrationsprinzip der Umkehrosmose bei der Wasseraufbereitung beruht auf einem Prozess, bei dem flüssige Stoffe durch eine Membrane oder Hülle wandern. Diese Membran ist halbdurchlässig, das heißt, sie läßt nur bestimmte Stoffe und Moleküle hindurch. Der Prozess der Osmose wird durch die unterschiedlichen Konzentration an gebundenen Molekülen zweier wässriger Emulsionen in Gang gesetzt. Dort wo die Konzentration an gebundenen Stoffen niedrig ist, dringt das Wasser durch die UO-Membrane und sorgt so für einen Konzentrationsausgleich.

Bei der Umkehrosmose wird dem natürlichen Prozess der Osmose entgegengewirkt, indem künstlich ein Druck auf der Seite erzeugt wird, wo die Konzentration an gelösten Stoffen niedriger ist. Durch diesen Überdruck diffundiert das ungereinigte Leitungswasser im Wasserfilter entgegen seiner eigentlichen Bestrebung durch die Membran (Filter) auf die Seite, wo sich das klare und reine Wasser sammeln soll. Auf dem Weg

Im natürlichen Lebensraum ist das Wasser durch Huminsäuren bräunlich gefärbt.
Dies läßt sich mit Torf oder Holz auch im Aquarium nachstellen. [PD]

durch die Membran werden die im Wasser gelösten Schadstoffe vom Wasserfilter zurückgehalten. Wenn die halbdurchlässige Filtermembrane die maximale Menge an Schadstoffen aufgenommen hat, muß der Filter getauscht werden. Um eine Beschädigung dieser feinen Membrane während des Vorgangs der Molekularfiltration durch größere Partikel zu verhindern, werden Vorfilter eingesetzt. Sie reinigen das spätere gefilterte Aquarien- oder auch Trinkwasser von groben Verunreinigungen, schonen die nachgelagerten Filter und verbessern das Ergebnis bei der Umkehrosmose.

Kurz gesagt, das Wasser wird vollentsalzt und enthält keinerlei härtebildende Stoffe mehr. Es ist daher ratsam, das Wasser soweit aufzuhärten, bis die gewünschten Parameter erreicht sind. Hier gibt es mehrere Möglichkeiten. Die einfachste ist das gewonnene Umkehrosmosewasser mit Leitungswasser zu verschneiden. Um das gewünschte Wasser zu erhalten ist es nötig die Ausgangswasserwerte zu kennen, die vom Wasserversorger auf den entsprechenden Internetseiten angegeben sind. In der Regel reicht ein Verhältnis von 1:2, also ein Teil Umkehrosmosewasser zu zwei Teilen Leitungswasser aus, um die Bedingungen erheblich zu verbessern. Eine weitere Möglichkeit ist die Zugabe von Präparaten aus dem Zoofachhandel. Fragen Sie den Fachhändler nach Mineralien zur Aufhärtung von Umkehrosmosewasser, viele Züchter von Diskusbuntbarschen wählen diese Variante. Haben Sie die optimalen Wasserwerte erreicht GdH < 8, KH < 5, pH < 7, µS/cm < 80, ist es sinnvoll das Wasser anzusäuern. Die einfachste Methode hierfür ist die Zugabe von säurebildenden Stoffen wie Torf, die Fruchtstände der Schwarzerle, oder Buchen- oder Eichenlaub. Auch hierfür gibt es im gut sortierten Fachhandel diverse Präparate, zu empfehlen ist Eichenextrakt. Wie bei jeglicher Zugabe von Fremdstoffen ist auch hierbei genau auf die Dosierungsangaben des Herstellers zu achten! Bei der Zugabe von Naturstoffen kommt es in der Regel zu einer Färbung des Wassers, dies ist für viele ein unschöner Nebeneffekt, welcher sich allerdings in keinster Weise schädigend auf die Fische auswirkt. Um diese Verfärbung zu minimieren kann man kurzfristig einen Außen- oder Innenfilter mit Aktivkohle bestücken. Die Aktivkohle filtert die Farbstoffe aus dem Aquarienwasser, läßt die Wasserwerte aber unberührt. Aktivkohlefilter entziehen dem Wasser auf physikalische Weise (Adsorption) Schadstoffe; ihre Aufnahmekapazität ist begrenzt, weswegen die Aktivkohle regelmäßig erneuert werden muß. Auch für das Entfernen von Farbstoffen gibt es neuere Methoden, so zum Beispiel den Einsatz eines Ozongenerators.

Die wichtigsten Wasserwerte

Der pH-Wert ist in der Aquaristik ein sehr wichtiger Wasserwert. Er drückt das Verhältnis zwischen sauren und alkalischen Inhaltsstoffen des Wassers aus; genauer gesagt das Verhältnis von Wasserstoffionen und Hydroxidionen. Herrscht eine Überzahl an Wasserstoffionen, so spricht man von einer Säure (sauer, pH-Wert < 7), überwiegen die Hydroxidionen, so spricht man von einer Base (alkalisch, pH-Wert > 7). Lebewesen haben einen unterschiedlich großen Toleranzbereich für den pH-Wert und können außerhalb von diesem nicht überleben. Die Überprüfung, ob eine Tierart in einem

Aquarium geeignete Überlebensbedingungen findet, orientiert sich in aller Regel zuerst am pH-Wert. Der Toleranzbereich von Pflanzen ist meist etwas größer als der von Tieren.

Der pH-Wert wird auf einer logarithmischen Skala mit Werten zwischen 1 und 14 gemessen. Wasserwerte im Aquarium liegen zwischen 4 und 9,5, wobei beides Extremwerte darstellen. Ein pH-Wert von sieben gilt als ‚neutral', also weder als ‚alkalisch' noch als ‚sauer'. Logarithmisch bedeutet dabei, daß Wasser mit einem pH-Wert von sechs bereits 10 mal mehr Säuren als solches mit einem pH-Wert von 7 enthält. Wasser mit einem pH-Wert von fünf enthält bereits 100 mal mehr Säuren als solches mit einem Wert von 7. Sogenannte Schwarzwasseraquarien, in denen südamerikanische Fische wie etwa Augenfleckbuntbarsche oder der häufig gehaltene Rote Neon gut gedeihen, haben beispielsweise pH-Werte im Bereich von 5,5 bis 6,5.

Zur Messung des pH-Wertes gibt es verschiedene Möglichkeiten:

1. pH-Teststreifen oder Indikatorpapier: Die zu messende Lösung wird auf einen solchen Teststreifen oder auf das Indikatorpapier getropft und die Verfärbung mit einer Tabelle verglichen, und somit der pH-Wert ermittelt. Dies ist eine einfache und schnelle Möglichkeit, den pH-Wert zu messen, sie ist jedoch relativ ungenau.
2. pH-Tropfentest: Bei dieser Meßmethode werden in eine bestimmte Menge einer zu messenden Lösung Tropfen einer Reagenz gegeben, die einen Indikator enthält, und die Verfärbung wird ebenfalls mit einer Tabelle verglichen. Diese Meßmethode nimmt etwas mehr Zeit in Anspruch und ist in der Regel auch etwas teurer, aber dafür auch wesentlich genauer als der Nachweis mit Indikatorpapier.
3. elektronisches Meßgerät: Hier wird in die zu messende Lösung eine Elektrode getaucht und ein elektronisches Anzeigegerät ermittelt aus verschiedenen Faktoren einen pH-Wert. Der Vorteil dieser Meßmethode ist, daß die Lösung auch verfärbt oder anderweitig verunreinigt sein kann.

Die Karbonathärte (KH) bezeichnet die Menge an Karbonat- und Hydrogencarbonat-Ionen. Damit diese Anionen als Karbonathärtebildner fungieren können, muß eine entsprechende Anzahl von Calcium- und Magnesium-Kationen vorhanden sein. Die Karbonathärte stellt im Wasser einen Säurepuffer dar, der eine starke und schnelle Veränderung des pH-Wertes verhindert. Wasser mit einem niedrigen KH-Wert hat im Allgemeinen einen niedrigen pH-Wert, während Wasser mit einem hohen KH-Wert normalerweise alkalisch ist.

Die Gesamthärte (GH) bezeichnet die Summe aller im Wasser gelösten Ionen der Erdalkalimetalle. Zu diesen zählen neben Magnesium und Calcium (ca. 80 %) unter anderem Strontium und Barium. In der Aquaristik spielt die Gesamthärte meist eine geringere Rolle als die Karbonathärte. Normalerweise ist die Karbonathärte geringer als die Gesamthärte.

Mit dem Elektrischen Leitwert wird die Summe aller gelösten Salze im Wasser bezeichnet. Je mehr Salze im Wasser gelöst sind, desto besser ist die elektrische Leitfähigkeit. Vollentsalztes Wasser leitet kaum

noch Strom, eine geringe Leitfähigkeit ist durch die Eigendissoziation aber immer gegeben. Der Leitwert wird in Mikrosiemens pro cm angegeben: µS / cm.
Der Leitwert spielt insbesondere bei der Zucht von Weichwasserfischen eine Rolle.
Das Redoxpotential (rH-Wert) sagt aus, wie hoch das Wasser mit organischen Substanzen belastet ist, und welchen Gehalt an Sauerstoff es aufweist. Hohe Werte deuten auf einen hohen Sauerstoffgehalt und einen geringen Gehalt an organischen Stoffen hin. Gemessen wird der rH-Wert mit elektronischen Meßgeräten. Bei der Ermittlung der Werte müssen auch der pH-Wert sowie die Wassertemperatur berücksichtigt werden.
Die Stickstoffumwandlung, die durch Pflanzen und Mikroorganismen, einschließlich denen im Filter, im Aquarium stattfindet, wird gelegentlich auch als Stickstoffkreislauf bezeichnet. Bei den wenigsten Aquarien liegt jedoch tatsächlich ein Kreislauf vor, bei dem keine Eingriffe mehr notwendig sind. Die Lebewesen im Aquarium sind in der Regel auf Futter angewiesen und zur Nitratreduzierung ist ein regelmäßiger Teilwasserwechsel notwendig.
Über die Kiemen und aus dem Urin der im Aquarium gepflegten Lebewesen sowie dem unverbrauchtem Futter wird zunächst das giftige Ammoniak freigesetzt. In nicht zu alkalischem Wasser liegt diese Stickstoffverbindung überwiegend als Ammonium vor. Dieses ist für die Fische und Wirbellosen des Aquariums weniger schädlich. Für Pflanzen stellt es sogar einen wertvollen Dünger dar. Lediglich bei hohen pH-Werten und Temperaturen überwiegt Ammoniak. Für Fische stellt Ammoniak ein starkes Gift dar. Ist Ammoniak im Wasser hoch konzentriert, sind diese nicht mehr in der Lage, über die Kiemen Ammoniak abzuatmen.
Das Ammonium, das von den Pflanzen nicht als Nährstoff verbraucht wird, wird von Mikroorganismen wie beispielsweise *Nitrosomonas*-Bakterien, die sowohl im Aquarium als auch im Filter vorhanden sind, in Nitrit abgebaut. Nitrit ist wie Ammoniak für Fische giftig, und bereits ab Werten von einem Milligramm pro Liter tödlich. Ein plötzliches Hin- und Herschießen der Fische im Aquarium, apathisches Verhalten oder hektisches Atmen weisen auf eine mögliche Vergiftung durch Nitrit hin. Nitrit wird allerdings durch *Nitrobacter*-Bakterien in der nächsten Stufe zu Nitrat umgewandelt. Dieser Prozeß, bei dem unter Verbrauch von Sauerstoff Ammonium zu Nitrit und dann zu Nitrat umgewandelt wird, wird als Nitrifikation bezeichnet. Nitrat ist für Fische nicht giftig. Sein Anteil sollte jedoch gering gehalten werden, um eine (teilweise) Denitrifikation im Aquarium oder Körper des Fisches zu vermeiden, die letztlich wieder Nitrit freisetzen würde. Nitrat wird daher durch den regelmäßigen Teilwasserwechsel aus dem Aquarienwasser entfernt. Neben der Nitrifikation findet noch ein weiter Prozeß statt, bei dem von Mikroorganismen Nitrat als Ersatz für Sauerstoff veratmet wird. Diesen anaerob ablaufenden Prozess bezeichnet man als Denitrifikation. Er findet in den meisten Aquarien kaum statt. Für die Entfernung von Nitrat kann bei Bedarf auch ein spezieller Nitratfilter eingesetzt werden.

Die Ernährung

Viele Menschen glauben, daß Buntbarsche stets räuberisch leben und nur mit lebenden

Futter wie kleinen Fische oder Insekten zu ernähren sind. Das ist so nicht ganz richtig. Trotz ihrer Endgröße von maximal 35 cm (unter optimalen Bedingungen) sind Augenfleckbuntbarsche recht einfach zu ernähren: Flockenfutter, Sticks, Pellets, Granulat und jedes Frostfutter sind vollkommen ausreichend. Natürlich kann man *Heros*-Arten auch mit lebendem Futter ernähren, aber das ist nicht zwingend notwendig. Ab und an einen Regenwurm oder ein Grashüpfer oder auch Heimchen sind als Lebendfutter zu empfehlen. Selten habe ich beobachtet, das Augenfleckbuntbarsche gezielt jagen. Ich habe in jedem Aquarium, in welchem *Heros* schwimmen, auch immer ‚eine Hand voll' Lebendgebährende wie Guppies schwimmen. In der Regel vermehren diese sich dort ohne Probleme. Es ist gut möglich, daß sich die Augenfleckbuntbarsche hin und wieder mal einen frisch geborenen Guppy schnappen, die ausgewachsenen Tiere werden jedoch nicht gefressen.

Es ist allerdings eine ganz andere Ausgangssituation, wenn Sie in ein mit *Heros* besetztes Aquarium ‚maulgerechte' lebende Fische, etwa einen Schwarm Salmler, einsetzen. Dann kann es sein, daß der Jagdinstinkt der Buntbarsche geweckt wird und sie den kleinen Fischen gezielt nachsetzen. Wichtig für eine gesunde Ernährung von *Heros* ist pflanzliche Nahrung. In einigen Ländern wurden Augenfleckbuntbarsche gezielt in Fischzuchtbetrieben ausgesetzt, um den submersen Pflanzenbestand kurz zu halten oder ganz zu beseitigen. Füttern Sie deshalb ab und zu eine Scheibe Gurke oder ein Stück Paprika. Erbsen, Salat, Spinat, Löwenzahn, Rosenkohl oder auch Brokkoli sind ebenfalls gut geeignete pflanzliche Futtermittel. Tiefkühlgemüse aus dem Supermarkt ist geeignet. Bitte achten Sie darauf, falls Sie Spinat aus der Tiefkühltruhe ihres Supermarktes füttern, daß er keinen ‚Blubb frischer Sahne' enthält. Es gibt im Handel auch Trocken- und Frostfutter, welches auf pflanzlichen Rohstoffen basiert und gerne gefressen wird.

Die erfolgreiche Vermehrung

Die Vermehrung beziehungsweise Zucht von Augenfleckbuntbarschen bereitet unter normalen Umständen keine Probleme. Wenn zwei harmonierende Tiere zur Verfügung stehen, kann man die Fortpflanzung kaum vermeiden. Allerdings scheint es von großer Bedeutung zu sein, daß die Tiere wirklich harmonieren! Zu einem solchen Paar gelangt man am besten durch Aufzucht einer kleinen Gruppe von Jungtieren, aus der sich Paare selber finden können. Willkürlich zusammengestellte Paare sind oftmals sehr schlechte Brutpfleger. Die meisten *Heros*-Arten sind typische Offenbrüter, die ihre Gelege an festen Substraten wie Steinen oder Wurzeln, gelegentlich auch an den Scheiben des Aquariums anheften. Maulbrutpflege ist bislang nur von *Heros liberifer* bekannt.

Vergesellschaftung

Die Buntbarsche der Gattung *Heros* lassen sich im allgemeinen recht gut mit anderen Fischen zusammen pflegen. Wer verschiedene Fische miteinander vergesellschaften möchte sollte darauf achten, daß diese annähernd die gleichen Ansprüche an die Wasserqualität, die Temperatur, die Strömungsbedingungen, die Einrichtung des Aquariums oder auch die Ernährung stellen. Von der Vergesellschaftung mit Tieren, die unbedingt Pflanzen benötigen, ist abzuraten, da *Heros* in der Regel den Pflanzenbestand vernichten. Allerdings gibt es einige robuste Pflanzen, die sich durchaus eignen, aber dennoch werden die Augenfleckbuntbarsche versuchen daran zu knabbern oder sie auszubuddeln. Das bedeutet, daß die Pflanzen in der Regel nicht besonders hübsch anzuschauen sind, aber auch hier gilt: Ausnahmen bestätigen die Regel. Es ist zwar nicht unbedingt nötig oder überlebenswichtig, aber dennoch sollte man Fische zur Vergesellschaftung wählen, die in etwa aus dem selben Biotop stammen.

Viele Aquarianer suchen ihren Aquarienbesatz lediglich nach dem Aussehen aus, manchen ist es egal, ob sie Buntbarsche aus beispielsweise dem Malawisee mit Buntbarschen aus dem Amazonas vergesellschaften. Viel schlimmer ist aber, daß es auch vielen Zoofachhändlern egal zu sein scheint, denn diese verkaufen den Kunden wirklich alles, was sie gerade gern hätten. Da kann es schon vorkommen, daß Verkäufer einen großwerdenden Rotflossen-Antennenwels *Phracto-*

Eine hochwertige und abwechslungsreiche Ernährung ist wichtig. [PD]

cephalus hemioliopterus (Bloch & Schneider, 1801) zusammen mit einem Schwarm Roter Neonfische *Paracheirodon axelrodi* (Schultz, 1956) für das erste Aquarium der ‚kleinen Lisa' verkaufen. Das ist nicht nur verwerflich den Tieren gegenüber, sondern auch Betrug am Kunden. Es muß weiterhin darauf geachtet werden, daß die zu vergesellschaftenden Fische nicht zu groß oder zu klein sind und sich gegenseitig als Beute betrachten. Auch das Temperament sollte Beachtung finden, es ist zum Beispiel nicht ratsam *Heros* mit Diskus oder Skalaren zu vergesellschaften, da beide ein vollkommen unterschiedliches Freßverhalten haben. Das Ergebnis einer solchen Vergesellschaftung kann so aussehen, daß die Skalare und Diskusfische vermutlich stark unterernährt sein werden. In Großaquarien ab 1.000 Liter wird das sicherlich nicht passieren, da sich das Futter großflächiger verteilen kann. Bewährt haben sich mittelgroße Salmler oder auch Scheibensalmler. Die Vergesellschaftung mit anderen Buntbarschen stellt auch kein Problem dar. Arten der Gattungen *Geophagus*, *Aequidens*, *Krobia*, *Sata-*

Die tägliche Nahrung für *Heros*-Buntbarsche. [PD]

noperca oder auch *Uaru* haben sich sehr gut bewährt. Ausserdem eignen sich die Arten vieler Gattungen der Harnischwelse wie *Ancictrus*, *Baryancistrus* oder auch *Peckoltia* und viele andere für ein *Heros*-Aquarium. Je nach den Ausmaßen des Behälters lassen sich auch *Cichla*-Arten, größere *Crenicichla* oder verschiedene Salmler und Welse mit *Heros*-Arten vergesellschaften. Dabei ist allerdings die zu erwartende Endgröße der Fische zu berücksichtigen! Weiterhin lassen sich auch Wirbellose wie größere Garnelen, Krebse oder auch Schnecken mit *Heros* vergesellschaften. Sollten sich Fische, Garnelen oder Krebse im Gesellschaftsaqaurium vermehren, bieten die Nachkommen eine gute Nahrungsergänzung für Augenfleckbuntbarsche.

Crenicichla zebrina. [PD]

Aequidens tetramerus ‚Ecuador‘. [PD]

Krobia xinguensis. [PD]

Geophagus abalios. [PD]

Pserudohemiodon laticeps. [OZ]

Apistogramma cacatoides. [PD]

Globale Verbreitung

Globale Verbreitung von *Heros*-Arten

Mittlerweile ist die Aquaristik in vielen Ländern ein populäres Hobby.

Oft werden Tiere einfach in die Natur entlassen, sei es, weil der Halter sich nicht mehr um sie kümmern möchte, oder weil sie zu groß geworden sind.

Dieses Vorgehen ist nicht nur äußerst verantwortungslos und fahrlässig, sondern auch verboten. Manchmal ist es aber durchaus möglich, daß diese Tiere sich nicht nur in unserem Klima halten, sondern sogar vermehren und stabile Populationen bilden.

Auch *Heros*-Arten wurden bereits in einigen Ländern nachgewiesen. In den meisten Veröffentlichungen über diese Neozoen wird von *Heros severus* berichtet.

Ich bezweifle jedoch, daß es sich bei allen diesen Meldungen tatsächlich um *Heros severus* handelt; daher wähle ich hier die neutralere Bezeichnung *Heros* sp., also eine unbestimmte Art.

Verbreitung in den USA

Erstmal wurden exotische Buntbarsche in den frühen 70er Jahre des vergangenen Jahrhunderts in Nevada nachgewiesen (Roger Spring: Hubbs & Deacon, 1964). Noch in den 70er Jahren wurde eine *Heros*-Art unter den exotischen Fischarten der südlichen USA gelistet (Lachner et al., 1970; Schrey, 1976). Zu diesen Arten gehörten unter anderen auch *Cichla temensis*, *Geophagus brasiliensis* und *Heros severus* (?). Seit

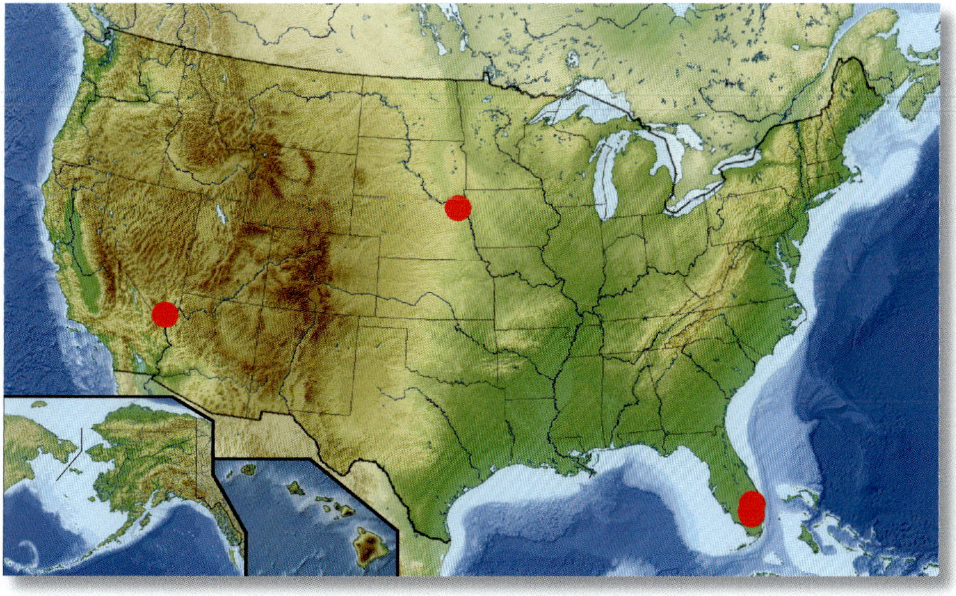

Vorkommen in den USA. [PD]

1986 geht man davon aus, daß diese Arten auch stabile Population in den Everglades gebildet haben. Allerdings gibt die Florida Game and Fish Commission (FGFC) in einem ihrer letzten Statusberichte an, daß sich *Heros* sp. zwar erfolgreich fortpflanzt, aber nicht als stabile Population angesehen wird. Diese Aussage ist eigentlich kaum nachvollziebar, wenn man davon ausgeht, daß es *Heros* sp. seit mehr als 30 Jahren dort gibt. Eine weitere Ausbreitung ist nicht zu erkennen.

Die Ansicht verschiedener dortiger Behörden und Wissenschaftler über den Zeitpunkt der Etablierung scheinen weit auseinander zu gehen. Vermutungen der frühen 1970er Jahre stehen Beobachtungen der FGFC von 1993 gegenüber.

Auch aus der Gegend um Las Vegas wurden vereinzelt *Heros* gemeldet, möglicherweise sind das aber keine stabilen Vorkommen. Bisher eindeutig nachgewiesene Fundorte in den USA sind:

Dade County, Florida inklusive Tamiami Kanal, westlich von Miami und Snapper Creek (Shafland, 1976, 1995, 2007, 2008;

Vorkommen in Australien. [PD]

Nico, unveröffentlichte Daten). Ein einzelner *Heros* wurde am 8. Dezember 1963 in den warmen Quellen von Roger Spring in der Nähe von Overton gefunden und weitere in einem Zufluss zum Lake Mead, Clark County, Nevada, (Courtenay & Deacon 1982; Hubbs & Deacon 1964). Im Lake Mead im südlichen Nevada, und an weiteren Stellen in Nevada (Vinyard, 2001).

Ebenso wurde im Bedok Reservoir in Singapur eine stabile Population einer *Heros*-Art nachgewiesen, die nachweislich aus aquaristischer Haltung in die Natur gelangt ist.

Die Liste der invasiven Arten in Australien ist, was die Süßwasserfische betrifft, um einiges länger. Auch dort wurden die meisten nachgewiesenen Arten, die nicht eindeutig australischer Herkunft sind, höchstwahrscheinlich von Aquarianern ausgesetzt. Eine stabile Population einer *Heros*-Art wurde im Ross River (Queensland) nachgewiesen. (Corfield et al., 2008). In Australien denkt man mittlerweile darüber nach, das Halten von Aquarienfischen zu verbieten, auf der sogenannten ‚Grey List' sind alle Arten verzeichnet, die nicht legal importiert werden dürfen, da sie, wenn sie in die Natur gelangen, einheimische Arten gefährden können.
Weiterhin gibt es Anzeichen, beziehungsweise wissenschaftlich nicht verifizierte Angaben, über diverse Cichliden-Funde aus weiteren Regionen Südostasiens, dort werden viele größer werdende Fische auch aus Südamerika in Gewässer ausgesetzt, die Sportangler anziehen sollen. Es gibt Photos im Internet, die unter anderen auch dort geangelte unbestimmte *Heros*-Arten zeigen.
Nicht nur die Vermutung, daß eingeschleppte Arten die einheimischen verdrängen können macht den Wissenschaftlern Sorgen, auch die Tatsache, daß diese Arten Parasiten und / oder Krankheiten in die fremden ökologischen Systeme bringen, birgt eine große Gefahr für die dort natürlich vorkommende Fauna.

Als ‚Invasive Arten' werden Arten bezeichnet, die sich nach einer Verschleppung in ein Gebiet dort ausbreiten und einen negativen Einfluß auf die dort ursprünglich heimische Fauna und Flora zeigen.

Zuchtformen

Wie entstehen Zuchtformen?

Auch in der Natur kommt es zu Hybridisierungen oder Mutationen! Genauer betrachtet sind alle heute lebenden Gattungen / Arten auf natürliche Mutationen zurückzuführen. Natürlich setzt sich nicht jede auf natürliche Weise entstandene Mutation durch, wenn sie sich als nicht nützlich für die entsprechende Gattung oder Art erweist. Ein gutes Beispiel hierfür sind die albinotischen oder xanthoristischen Mutationen - zum Thema Albinismus oder Xanthorismus, siehe unten.

Die bekannten Zuchtformen von Augenfleckbuntbarschen sind *Heros* sp. ‚Gold' beziehungsweise ‚Gelb' und *Heros* sp. ‚Red Scribbled'. Diese Formen sind auf albinotische und / oder xanthoristische oder teilxanthoristische Individuen zurückzuführen. Ich konnte bei einer Brut von *Heros* sp. ‚Französisch-Guyana' beobachten, daß sich zwei Jungfische vom Rest der Brut deutlich unterschieden. Ab einer Länge von etwa 1,5 cm färbten sich die zwei anders als der Rest. Während sich 98 % der Brut vollkommen normal entwickelten, blieben die beiden erwähnten Tiere komplett gelb. Nimmt man nun solche Tiere und verpaart sie später mit ihresgleichen oder mit normal gefärbten Tieren derselben oder einer anderen Art / Form (innerhalb der selben Gattung) können unter Umständen entweder reingelbe Farbformen entstehen oder solche, die neben ihrer gelben Grundfärbung

Eltern verschiedener Farbformen bei der Brutpflege. [PD]

noch rote Farbpigmente ausbilden. Bisher gab es bei komplett gelb gefärbten Individuen keinerlei Probleme bei der Vermehrung, allerdings stellt sich die Vermehrung bei der ‚Red Scribbled' - Zuchtform als wesentlich schwieriger dar. Mir sind bisher keine Nachzuchterfolge bekannt - das läßt entweder darauf schließen, daß diese Tiere auf irgendeine Weise behandelt werden, um sie unfruchtbar zu machen und damit eine Nachzucht zu verhindern, oder daß es sich um eine kreuzungsbedingte natürliche Sterilität handelt. Welcher Fall auch vorliegt, die Produzenten dieser Farbform freut es, denn so behalten sie auch weiterhin das Monopol für diese zugegebenermassen recht attraktive Zuchtform!

Generell erweisen sich Mutationen bei Zuchtformen, die die natürliche Kommunikation von Tieren behindern oder

Albinismus / Xanthorismus

Im Gegensatz zum Albinismus, bei welchem jegliche für die Färbung verantwortlichen Gene ausgeschaltet oder defekt sind, sind beim Xanthorismus / Teilxanthorismus nur jene Pigmente, die für die schwarzen Anteile (Melanophoren) der Färbung verantwortlich sind, defekt oder deaktiviert. Dadurch treten jene Pigmente für gelbe Farbanteile (Xanthophoren) in den Vordergrund. Bei diesem Defekt unterscheidet man noch zwischen Teilxanthorismus, bei welchem der Defekt nur teilweise auftritt, und Totalxanthorismus. Hierbei tritt der Defekt auf dem ganzen Körper auf. Beide Defekte, also Albinismus und Xanthorismus, sind angeboren und können vererbt werden. Oftmals tritt Xanthorismus nicht bei allen Nachkommen auf, und auch nicht sofort.

fast ganz unterbinden, als störend bei der Fortpflanzung. Ein hervorragendes Beispiel hierfür sind Diskus-Zuchtformen, denen die Bindenzeichnung weggezüchtet wurde. Diese Zeichnung spielt allerdings eine zentrale Rolle bei der Kommunikation, sowohl zwischen adulten Tieren im Paar und in der Gruppe, als auch zwischen Eltern und Jungfischen. Mit zunehmendem Grad der Verunstaltung sind solche Tiere nicht mehr in der Lage, sich auf natürliche Weise fortzupflanzen und müssen durch ‚Ammenpaare' oder künstliche Aufzucht vermehrt werden. Es bleibt zu hoffen, daß ein Trend zu ‚Pidgeon-Blood-Rotkeilen' oder ‚Flächentürkis-*notatus*' der Gattung *Heros* erspart bleibt.

Zuchtform *Heros* sp. ‚Red Scribbled', der Rotgesprenkelte Augenfleckbuntbasch. [PD]

Beschaffung von *Heros*-Arten

Im Fachhandel sind Buntbarsche der Gattung *Heros* eher selten anzutreffen.
Am einfachsten ist die Beschaffung, wenn man direkten Kontakt zu Züchtern sucht:

DCG - Deutsche Cichliden Gesellschaft
http://www.dcg-online.de/
Der Initiative von †Klaus Grom, Werner Rexroth und Jochen Paulo ist es zu verdanken, daß am 7. Februar 1970 in Frankfurt-Höchst die Deutsche Cichliden-Gesellschaft e. V. gegründet wurde.
Heute sind es nicht nur Aquarianer aus dem gesamten Bundesgebiet, sondern aus vielen europäischen Ländern, die sich in der DCG zusammengefunden haben, um im größten Aquarienverein der Welt ihrer Leidenschaft zu frönen - Cichliden in Aquarien zu halten, zu vermehren und die dabei gewonnenen Erkenntnisse Gleichgesinnten mitzuteilen.
Um das erworbene Wissen innerhalb der Gesellschaft zu verbreiten, riefen bereits die Gründungsväter die ‚DCG-Informationen', das monatlich erscheinende Organ der DCG, ins Leben.
Im Laufe der Jahre hat sich die Zeitschrift zu einem reichhaltig bebilderten Druckwerk (heute Vereinszeitschrift genannt) von hohem Niveau entwickelt, das weltweit keinen Vergleich zu scheuen braucht.

Die DCG gibt die Zeitschrift ‚DCG-Informationen' heraus.

Arbeitskreis Großcichliden der DCG

Der Arbeitskreis Großcichliden ist 1984 als Untergruppe ‚Großcichliden' der vormaligen ZAG Cichliden entstanden. Im Jahre 1991 hatte der Arbeitskreis Großcichliden mit der Deutschen Cichliden Gesellschaft (DCG) einen Verband gefunden unter, dessen Dach es möglich war, diese erfolgreiche Arbeit fortzusetzen. Der Arbeitskreis Großcichliden widmet sich überregional den größerwerdenden Buntbarschen mit Ausnahme der Malawi- und Tangangjikasee-Arten und der Diskusbuntbarsche. Diese Beschränkung ist historisch entstanden und in den speziellen Problematiken dieser Cichlidengruppen begründet. Ziel ist es, an diesen Fischen besonders interessierte Aquarianer zusammenzuführen und so das Wissen über Vorkommensgebiete und Verbreitung, die Bedingungen im natürlichen Lebensraum und besonders die erfolgreiche und artgerechte Haltung und Vermehrung im Aquarium zu bündeln. Während der zweimal jährlich stattfindenden Zusammenkünfte werden Vorträge gehalten (vom Kurz- bis zum 90-minütigen Vortrag), Fische getauscht und natürlich viele Erfahrungen im persönlichen Gespräch ausgetauscht.

Interessengemeinschaft amerikanischer Großcichliden der DCG

Ziele dieser Interessengemeinschaft sind die Steigerung des Wissens über die Vermehrung, Verbreitung und erfolgreiche Haltung größerer Arten der Buntbarsche aus dem süd- und mittelamerikanischem Raum. Viele Mitglieder reisen regelmäßig in die Herkunftsgebiete dieser Fische und tragen so erheblich zur Kenntnis ihrer Lebensweise bei, was für eine erfolgreiche Haltung wichtig ist. Durch den Beitrag der Mitglieder wurden auch wichtige Grundlagen zur wissenschaftlichen Diskussion über die taxonomische Stellung mehrer Arten ermöglicht. Interessenten finden hier kompetente und auskunftsfreudige Ansprechpartner.

VDA - Verband Deutscher Vereine für Aquarien- und Terrarienkunde e.V. gegr. 1911

http://www.vda-aktuell.de/

Der VDA ist der deutsche Verband für alle deutschen Aquarianer schlechthin und setzt sich für die Interessen und Rechte aller Vivarianer ein. Dazu gehört auch die Erarbeitung einer Sachkunde mit den Ziel der bundeseinheitlichen Anerkennung. Der alljährlich stattfindende Bundeskongress bietet allen Aquarianern mit einem hochkarätigen Rahmenprogramm die Möglichkeit zum Erfahrungsaustausch. Mitglieder erhalten pro Jahr vier Ausgaben der Verbandszeitschrift ‚VDA-aktuell', die über das Geschehen im Verband und den Vereinen sowie gesetzliche Änderungen informiert und auch vivaristisch interessante Arten sowie die technischen Hilfsmittel zu ihrer Haltung vorstellt.

... und den Autor treffen Sie hier,

Aquarienfreunde Berlin Tegel 1912 e.V.

oder kontaktieren Sie ihn persönlich über seine Internetpräsenz

http://www.augenfleckbuntbarsche.de/!

Dort finden Sie alles rund um die Pflege, die Zucht und über die verschiedenen Standortvarianten der Gattung *Heros*!

Selbstfang

Wenn man sich aber wirklich intensiver mit dieser Gruppe beschäftigen möchte, wird es einen irgendwann in die Herkunftsgebiete der *Heros*-Arten selbst ziehen.

So einfach wie der Transport vom Fachhandel ins heimische Becken ist dies nicht.
Eines ist besonders zu beachten: Sie benötigen in fast allen Ländern eine Genehmigung für den Fang und die Ausfuhr. Diese sollte auch in jedem Fall vorliegen, auch wenn sie oft schwierig zu bekommen ist.
Die Gefängnisse tropischer Länder haben mit dem deutschen Hotelvollzug nichts gemein!
Sie müssen sich also bereits im Vorfeld darüber Gedanken machen, welche Menge an Zierfischen und welche Arten Sie transpor-

tieren möchten und können. Sinnvoll ist es, so kleine Tiere wie möglich zu sammeln, es hat sich durchaus bewährt führenden Eltern einige Jungfische zu stehlen.
Nutzen Sie die Möglichkeit, die Wasserparameter des natürlichen Lebensraumes so ausführlich wie möglich zu dokumentieren! Schon während der eigentlichen Fangreise müssen die Jungtiere so versorgt werden, als wären sie bereits im heimischen Aquarium. Sie benötigen Futter und natürlich regelmäßige Wasserwechsel. Dabei sollte unbedingt darauf geachtet werden, daß beispielsweise Tiere aus extrem weichem und sauren Wasser vorsichtig an andere Wassertypen gewöhnt werden müssen. Auf die Qualität des Wassers ist gründlichst zu achten! Auch an den entferntesten Plätzen dieser Erde muß man bereits mit Umweltverschmutzung rechnen. Vergewissern Sie sich im Vorfeld, daß auch die von Ihnen benutzten Transportbehälter absolut sauber sind.
Irgendwann geht jede Reise zu Ende. Für den Transport über weite Entfernungen und über längere Zeiträume müssen besondere Vorkehrungen getroffen werden. Bedenken Sie, daß die Tiere länger als 36 Stunden unterwegs sein können.
Hier einige Tips zum Transport:
Verpacken Sie, soweit möglich, jedes Tier einzeln, zum Beispiel in einer handelsüblichen Wasserflasche. Luft ist wichtiger als Wasser. Segelflosser oder auch Diskusbuntbarsche überstehen Transporte auch wenn

Direktimport vom 12.03.2013. [PD]

In die Flaschen darf nicht zu viel Wasser eingefüllt werden, sonst mangelt es an Sauerstoff! [PD]

sie flach auf der Seite liegen.

Vermeiden Sie Fische unterschiedlicher Familien zusammen in einem Behälter zu transportieren. *Corydoras*-Arten zum Beispiel können unter Streß Giftstoffe absondern, die für andere Fische tödlich sind.

Halten Sie stets alle erforderlichen Papiere und Genehmigungen griffbereit und beachten Sie genau die angegebenen genehmigten Transportmengen und erlaubten Arten!

Beachten Sie die jeweiligen Jahreszeiten. Verpacken Sie die Tiere in stabilen und vor allem gut isolierenden Transportkisten (Styroporboxen).

Wenn Sie die Möglichkeit haben, führen Sie auch während des Transportes Wasserwechsel durch, oder öffnen Sie die Behälter, um einen Sauerstoffaustausch vorzunehmen.

Jungfische sind am einfachsten zu transportieren. [PD]

Zum Artenteil

Die *Heros severus* - Gruppe
Heros severus Heckel, 1840
Heros sp. ‚Casiquiare'
Heros sp. ‚Curare'
Heros sp. ‚Uaupés'

Die *Heros liberifer* - Gruppe
Heros liberifer Staeck & Schindler, 2015
(früher bekannt als *Heros severus*)
Heros sp. ‚Autana II'
Heros sp. ‚Inirída Rot'

Die *Heros appendiculatus* - Gruppe
Heros appendiculatus (Castelnau,1855)
Heros sp. ‚Rotkeil'
Heros sp. ‚Peru'
Heros sp. ‚Madeira'
Heros sp. ‚Ucayali'
Heros sp. ‚Paraconi'
Heros sp. ‚Nanay'
Heros sp. ‚Ecuador'
Heros sp. ‚Yarinacocha'
Heros sp. ‚Cano de Paca'

Die *Heros notatus* - Gruppe
Heros notatus (Jardine, 1843)
Heros sp. ‚Rio Negro'
Heros sp. ‚Manaus'
Heros sp. ‚Rio Branco'
Heros sp. ‚Guyana'
Heros sp. ‚Essequibo'

Die *Heros spurius* - Gruppe (Guaporé-*Heros*)
Heros spurius Heckel, 1840
Heros coryphaeus Heckel, 1840
Heros modestus Heckel, 1840

Die *Heros efasciatus* - Gruppe
Heros efasciatus (Heckel, 1840)

Heros perpunctatus (Miranda Ribeiro, 1918)

Die *Heros fasciatus* - Gruppe
Heros fasciatus (Castelnau,1855)
Heros sp. ‚Belém'
Heros sp. ‚Araguia'
Heros sp. ‚Rio Trombetas'

Nicht zugeordnete *Heros*-Formen
Heros sp. ‚Rio Atabapo'
Heros sp. ‚Inirída'
Heros sp. ‚Rio Jauaperi'
Heros sp. ‚Autana I'
Heros sp. ‚Französisch-Guyana'
Heros sp. ‚Riviére Comté'
Heros sp. ‚Laguna Piranha I'
Heros sp. ‚Laguna Piranha II'
Heros sp. ‚Santarem'
Heros sp. ‚Tapajos'
Heros sp. ‚Tapajos I'
Heros sp. ‚Xingú'
Heros sp. ‚Blau'

Zuchtformen
Heros sp. ‚Gold'
Heros sp. ‚Red Scribbled'
Heros sp. ‚Berlin'

Die *Heros severus* - Gruppe

Heros severus ist die Typusart der Gattung *Heros*. Als eines der wichtigsten diagnostischen Merkmale gilt die verkürzte 3. Binde. Mit *Heros severus* kommen mindestens drei Arten oder Formen syntop vor. *Heros liberifer*, *Heros* sp. ‚Atabapo' und *Heros severus* ‚Casiquiare'. Allerdings lassen sich die genannten Formen sehr gut morphologisch voneinander unterscheiden. Die größte Ähnlichkeit mit *Heros severus* besitzt *Heros severus* ‚Casiquiare'. Auf den ersten Blick sehen diese beiden Arten gleich aus - allerdings zeigt *Heros severus* ‚Casiquiare' keine verkürzte dritte Binde. Auch wenn sie sich den gleichen Lebensraum (zumindest im Rio Casiquiare) teilen, so halten sie sich doch in separaten Schulen auf. *Heros liberifer*, der ebenfalls syntop mit beiden vorherig genannten Formen vorkommt, unterscheidet sich wie im Kapitel *H. liberifer* beschrieben durch eine ganze Reihe morphologischer Merkmale und durch die Form der Brutpflege. Unterwasseraufnahmen aus dem Rio Casiquiare belegen jedoch, daß auch einige Exemplare von *Heros liberifer* eine verkürzte 3. Binde zeigen. Einige morphologische Merkmale können auf eine Verwandtschaft schließen lassen, jedoch belegen phylogenetische Untersuchungen, daß wohl keine der hier genannte Arten oder Formen näher mit *Heros severus* verwandt ist. Genetisch scheint *Heros severus* am ehesten mit *Heros notatus* ‚Rio Negro' verwandt zu sein.

Leider lag für die phylogenetische Untersuchung nur ein einzelnes Exemplar von *Heros severus* vor. Intensivere Forschungen werden möglicherweise andere Resultate liefern. Osteologische Untersuchungen zeigen, daß sich die Standardzählwerte zumindest bei *Heros severus* und *Heros severus* ‚Casiquiare' bei den von mir untersuchten Exemplaren unterscheiden. Weitere Details finden Sie in den jeweiligen Beschreibungen.

Heros severus

HECKEL, 1840

Rotrücken-Augenfleckbuntbarsch

Erstbeschreiber: J. J. HECKEL, 1840.
Quelle: Annalen des Wiener Museums der Naturgeschichte 2: 362, Tafel 29: 1.
Typus-Lokalität: Marabitanas am Rio Negro [Brasilien].
Typus-Material: Naturhistorisches Museum Wien, Österreich. Sammlungsnummer NMW 17638.
Etymologie: *severus*, lateinisch für ernst, streng, würdevoll.

Heros severus ist die Typusart der Gattung *Heros*, jedoch wurde sie nicht durch HEKKEL selbst festgelegt. Dies holten JORDAN & GILBERT im Jahre 1882 nach, also erst 42 Jahre später. Da HECKEL *Heros severus* als erste Art seiner Gattung *Heros* aufführt gehe ich davon aus, daß dies der Grund für JORDAN & GILBERT war, diese Art als Typusart festzulegen.

Entdeckungsgeschichte

In der Aquaristik wurden alle *Heros* viele Jahre lang pauschal als *Cichlasoma severum* und später dann als *Heros severus* bezeichnet. In vielen englischsprachigen Ländern wird noch heute in Bezug auf die Gattung von „severums“ gesprochen.

Als ich das erste Mal ein Photo dieser Art sah (siehe Photographie von WERNER) hielt ich diesen Cichliden zunächst für den be-

Nach diesem Exemplar beschrieb HECKEL die Art *Heros severus* im Jahre 1840.
Es handelt sich um den Holotypus aus dem Naturhistorischen Museum in Wien. [NHMW]

reits bekannten *Heros* cf. *appendiculatus* ‚Rotkeil', mit der Information von Uwe Werner (2013, persönliche Mitteilung), daß dieser Fisch im Rio Negro gesammelt wurde, war klar, daß es sich nicht um den Rotkeil-*Heros* handeln kann.

Da die Typus-Art viele Jahre falsch identifiziert wurde, sind einige Worte zum Problem um die Identifizierung nötig. Kullander (1983) bezeichnete *Heros* als monotypische Gattung mit der einzigen Art *Heros severus*. Bereits drei Jahre später koppelt er *Heros appendiculatus* (Castelnau, 1855) von *Heros*

Verbreitung von *Heros severus*, darunter auch seine Lokalformen.

Dieses adulte Exemplar von *Heros severus* hat Uwe Werner in Frankreich bei Antoine Seva photographiert. Nach dessen Angaben wurde dieses Tier im Rio Negro gefangen. Deutlich ist die verkürzte dritte Binde zu erkennen. Dieses Männchen zeigt für alle offenbrütenden *Heros* die typische Maskenzeichung in Form von kleinen Wurmlinien. [UW]

Roland Rietsch hat dieses Exemplar aus dem Rio Casiquiare in Venezuela nach Deutschland importiert. Deutlich zu erkennen ist die verkürzte dritte Binde. Auf den ersten Blick erinnert diese Form an *Heros* sp. ‚Rotkeil'. [PD]

severus ab und beschreibt die Art neu. Er vergleicht *Heros severus* und *Heros appendiculatus* mit folgendem Satz, frei übersetzt:
„Der Unterschied zu *Heros severus* ist sehr deutlich. Diese Art aus dem oberen R. Negro und oberen R. Orinoko, ist wesentlich schlanker, hat einen deutlichen Caudalfleck (wie einige *H. appendiculatus*), deutliche Vertikalbinden, die außer bei einigen großen Exemplaren alle bis auf die 7. Binde verblassen. Die 7. Binde erreicht nicht die Afterflosse. *Heros severus* hat schmalere Lippen. Die 6. Binde von *Heros severus* reicht normalerweise nicht soweit an die Rückenflosse wie an die Afterflosse."
Welche Art beschreibt Kullander da tatsächlich? Diese Frage ist nicht so einfach zu beantworten, da er diagnostische Merkmale gleich zweier Arten beschreibt. Zum einen beschreibt er, als er auf die Ausprägung zumindest der 6. Binde eingeht, ein Merkmal von *Heros severus*. Zum anderen beschreibt er, als er auf die schlankere Gestalt und den deutlichen Caudaulfleck eingeht, die Art, die heute als *Heros liberifer* bekannt ist (Staeck & Schindler, 2015).
Nun ist es so, daß auf Unterwasseraufnahmen, die Sven Hofmann & Roland Rietsch im Einzugsgebiet des Rio Negro und Rio Orinoko aufgenommen haben, einige (wenn auch wenige) Exemplare von *Heros liberifer* zu sehen sind, die tatsächlich

Roland RIETSCH konnte mir für meine Untersuchungen konservierte Exemplare aus Venezuela mitbringen. Dieses Foto zeigt eine Detailaufnahme der dritten Binde und ist exakt das gleiche Individuum, welches auch für die Feldaufnahme von Roland RIETSCH verwendet wurde. [PD]

Diese Feldaufnahme wurde direkt nach dem Fang angefertigt. Deutlich ist die nur halb ausgebildete dritte Binde zu erkennen. Die *Heros severus* - Population aus dem Rio Casiquiare scheint eine dunklere Grundfärbung zu besitzen als die Form aus dem Rio Negro. [RR]

die von KULLANDER aufgezählten Merkmale zeigen. Also die verkürzte 3. Binde, den schlankeren Körperbau und den deutlichen Caudalfleck. Wir wissen aus den Aufzeichnung HECKELS, daß er die Arten an jeweils einem Exemplar beschrieben hat. Wenn nun HECKEL tatsächlich ein Exemplar von NATTERER bekam, das ausgerechnet die von KULLANDER beschriebenen, und für *Heros liberifer* eher ungewöhnlichen, Merkmale aufwies, so könnte es durchaus sein, daß KULLANDER 1986 tatsächlich *Heros severus* mit *Heros appendiculatus* verglichen hat. Das würde im Umkehrschluß bedeuten, daß *Heros liberifer* als Synonym gewertet werden müßte. Auch die räumliche Nähe zum Typus-Fundort ist gegeben. Die Tatsache, daß *Heros liberifer* ein recht großes Verbreitungsgebiet hat spräche ébenfalls dafür. Wer ist dann aber der *Heros*, den ich hier als *Heros severus* vorstelle?

Bei der weiteren Betrachtung von HECKELS Diagnose zu *Heros severus* fällt allerdings auf, daß HECKEL die Anzahl der Hartstrahlen in der Dorsale mit 16 beziffert, was an sich noch nicht weiter bemerkenswert ist, aber die Tatsache, daß *Heros liberifer* in der Regel lediglich 15 Hartstrahlen aufweist schon.

Ich konnte unter den von mir untersuchten Exemplaren von *Heros liberifer* lediglich ein Exemplar finden, welches tatsächlich 16 Hartstrahlen in der Dorsale aufwies. Nun ist es nicht ungewöhnlich, daß es bei den Standardzählwerten eine gewisse Variationsbreite gibt, daher ist die Anzahl der Hart- und Weichstrahlen kein echtes diagnostisches Merkmal, sondern kann allenfalls als Richtwert gesehen werden.

Der von HECKEL hinterlegte Holotypus gibt auch nur bedingt Aufschluß, allerdings

Totale eines Männchen von *Heros severus* ‚Casiquiare',
dieses Exemplar zeigt ebenfalls eine recht kurze dritte Binde. [JA]

ist die verkürzte Binde recht gut erkennbar. Auf den hochauflösenden Photographien des Holotypus von *Heros severus*, die mir das Naturhistorische Museum Wien dankenswerterweise zur Verfügung stellte, läßt sich im Nackenbereich, entlang der Kiemendeckel bis hin zu den Bauchflossen eine bräunliche Schattierung erkennen, die etwas dunkler erscheinende Partie könnte ein weiterer Hinweis auf die Identität dieses Fisches sein.

Verbreitung

Heros severus wurde bisher im oberen Orinoko in folgenden Flüssen nachgewiesen: Rio Casiquiare, Rio Negro, Rio Uaupés, Rio Inirída.

Merkmale

Der in diesem Buch als *Heros severus* bezeichnete Cichlide zeigt in der Brustregion eine kräftige Rotfärbung. Bedenkt man, daß der Holotypus nun schon seit fast 180 Jahren konserviert ist, und daß in so langen Zeiträumen Zeichnungsmerkmale verblassen können, so ist es wahrscheinlich, daß es sich beim Holotypus mit der Bezeichnung Nat. Mus. Wien 17638 und dem hier als *Heros severus* bezeichneten Cichliden um die gleiche Art, nämlich den tatsächlichen *Heros severus* HECKEL, 1840, handelt.

Heros severus besitzt 26 Wirbel, 16 Hart- sowie 13 Weichstrahlen in der Rückenflosse. Die Afterflosse weist 7 Hart- und 12 Weichstrahlen auf. Die Schwimmblase reicht bis zum vierten Hämalbogen. Die ersten beiden Hämalbögen sind stark miteinander verwachsen. Leider können momentan noch keine weiteren Meßdaten angegeben werden, da das einzige vorliegende Exemplar für weitere wissenschaftliche Bewertungen benötigt wird.

Totale eines Weibchen von *Heros severus*, dieses Exemplar zeigt eine sehr stark verkürzte dritte Binde. [JA]

Detail des Kopfes des Fisches oben. [JA]

Heros severus weist neun Vertikalbinden auf. Die erste Binde umschließt den Schwanzstiel. Die zweite Binde verbindet die weichstrahligen Teile der Rücken- und Afterflosse, und bildet dort jeweils einen schwarzen Fleck. Diese Flecken sind etwas breiter als die Binde an sich. Die dritte Binde ist nur halb ausgebildet und reicht bis etwa zum hinteren Teil des Seitenlinienorgans. Die Binden 4 - 7 enden allesamt innerhalb der Rückenflosse. Die achte Binde verläuft, angefangen vor der Rückenflosse, abwärts über den Kiemendeckel, um unterhalb des Kiemendeckels in Richtung Bauchflosse abzuknicken. Die neunte Binde verläuft über den Kopf durch das Auge und endet an der Maulspalte.

Generell erscheinen die Binden vor allem im Bereich unterhalb der Seitenlinie aus eher groben, schwarzen, unregelmäßigen Flecken aufgebaut zu sein. Diese bei *H.*

Im Vordergrund ist das Männchen zu sehen. Im Gegensatz zum Weibchen, welches im Hintergrund abgebildet ist, zeigt es eine deutliche Maskenzeichnung.
Diese Tiere sind Wildfänge, die Jörg Albering bereits erfolgreich vermehren konnte.
Wie sich nun belegen läßt, handelt es sich um Offenbrüter. [JA]

severus aus dem Casiquiare gemachten Beobachtungen treffen auch für Tiere aus dem Uaupés und dem Rio Negro zu (siehe dazu Dittrich, 2014 a).

Betrachtet man dagegen die Bindenzeichnung eines adulten *Heros*. sp. ‚Casiquiare', so erscheint bei dieser Form die Bindenzeichung etwas homogener und deutlich abgegrenzter zu sein. Allerdings fehlt auch hier noch eine statistische Absicherung, es müßten wesentlich mehr Exemplare untersucht werden.

Das bis zur Fertigstellung dieses Buches einzige zur Verfügung stehende Weibchen trägt auf den ersten Blick lediglich insgesamt acht Vertikalbinden. Es fällt jedoch auf, daß am unteren Ende der 8. Binde ein ‚Schatten' zu sehen ist, der auf die rudimentäre 7. Binde hinweist. Ob dies eine stets zutreffende Eigenschaft ist, muß sich erst noch erweisen.

Diese für *Heros* ungewöhnlich bunte Art zeigt eine kräftig rote Färbung. Diese ist besonders stark vom Nacken aus abwärts in Richtung Bauchflossen ausgeprägt, die vordere Bauchregion ist ebenfalls kräftig rot gefärbt.

Der Kopf von *Heros severus* weist ein relativ steiles Profil auf. Männliche Tiere zeigen

Etwa 4 cm langer Jungfisch von *H. severus*.
Die verkürzte Binde ist bei allen Jungfischen schon sehr früh erkennbar. [PD]

eine schöne Zeichnung aus roten Linien und Punkten am Kopf, der Unterkieferstreifen ist im Vergleich zu *Heros* sp. ‚Casiquiare' etwas breiter. Da *Heros severus* eine für Offenbrüter typische Zeichnung im Kopfbereich zeigt war zu vermuten, daß die Weibchen keinerlei oder nur schwach ausgeprägte Zeichnungen im Bereich des Kopfes und der Kiemendeckel zeigen. Dank der 2016 von PANTA RHEI AQUATICS, Wedemark-Bre-

Totale eines Männchen von *Heros severus*, dieses Exemplar zeigt ebenfalls eine recht kurze dritte Binde. [JA]

Auf dieser Kopfstudie eines weiblichen *Heros severus* aus dem Rio Casiquiare kann man sehr gut erkennen, daß dem Weibchen jegliche Zeichnung im Kopfbereich fehlt, ein sicheres Erkennungsmerkmal für ein Weibchen dieser Art. Auch fehlt eine intensive rote Färbung des Nackenbereiches, welche die männlichen Tiere deutlich zeigen. [JA]

Heros sp. ‚Casiquiare' zeigt im Gegensatz zu *H. severus* keine verkürzte 3. Binde. Beide Formen kommen oft syntop miteinander vor, halten sich jedoch in getrennten Schulen auf. [RR]

lingen, importierten Tiere ist nun klar, daß die Weibchen von *Heros severus* keinerlei Zeichnungsmuster im Kopfbereich aufweisen. Die Vertikalbinden reichen bis in die Rückenflosse und bilden dort dunkle Bereiche. Zwei Reihen dunkler Punkte verlaufen im oberen Drittel der Rückenflosse, im weichstrahligen Teil zeichnen diese Punktreihen einen Bogen in Richtung Schwanzstiel, in diesem Bereich fächern sich die zwei Punktreihen in vier bis fünf Reihen auf sodaß zwischen den Weichstrahlen jeweils drei bis fünf dunkle Flecken entstehen. Bei männlichen Tieren ist die Rückenflosse lang ausgezogen. Auch die Afterflosse der männlichen Tiere zeigt drei bis vier Reihen aus braunroten Punkten, die jedoch unregelmäßiger angeordnet sind als diejenigen in der Rückenflosse. Die Afterflosse ist dunkel umrandet und bei Männchen orangebraun gefärbt. Bei weiblichen Tieren ist die Anale deutlich farbiger, sie ist ebenfalls dunkel umrandet, aber im Gegensatz zu männlichen Tiere leuchtend rotbraun gefärbt und trägt im weichstrahligen Teil ein Muster aus unregelmäßigen Punkten und Linien. Die Brustflossen beider Geschlechter sind nicht gefärbt. Die Bauchflossen sind relativ lang, zurückgelegt reichen sie maximal bis zur dritten Binde zurück. Der vordere Rand ist dunkelbraun bis schwarz gefärbt, der Rest je nach Stimmung hell bräunlich bis schwach orange. Die Bauchflossen weiblicher *H. severus* sind ebenfalls schwarz umrandet, weisen aber im Rest der Flosse die gleiche rotbraune Färbung wie in der Anale.

Anmerkungen

Es handelt sich um einen typischen Offenbrüter, der sein Gelege sowohl an waagerechten als auch schräg stehenden Substraten heftet. Das vertikal ausgerichtete Substrate verwendet werden wurde bisher nicht beobachtet.

Heros sp. ‚Uaupés'

Erste Erwähnung: Römer (1998).
Fundort: Rio Uaupés, Brasilien.
Erstimport: Wohl Minde, 1997.

Entdeckungsgeschichte

Uwe Römer stellte 1998 eine bis dahin unbekannte *Heros*-Form vor. Diese wurde erstmals von Warzel (2003) als *Heros* sp. ‚Uaupés' bezeichnet. Er erwähnt, daß diese Tiere wahrscheinlich erstmals 1997 durch Minde nach Deutschland importiert wurde. Im Jahre 1999 sollen dann weitere Exemplare für den Zoofachhandel nach Deutschland gelangt sein. Staeck (2009) berichtet, daß er diese Form 2006 in Venezuela im unteren Rio Casiquiare an der Einmündung der Rio Pasimoni in der Umgebung des Dorfes El Niñal beobachtete und fangen konnte.

Verbreitung

Als besonderes Merkmal dieser Form gibt Staeck an, daß der dritte Querstreifen (die-

Heros sp. ‚Uaupés'. [PD]

se werden von hinten beginnend gezählt) stets schräg verläuft und nur auf die untere Körperhälfte begrenzt ist.

Merkmale

Semiadulte Exemplare von *Heros* sp. ‚Uaupés' haben eine weinrote Brust und einen grünlich schimmernden Kopf, auf dem zahlreiche orangebraune Flecken liegen, die den Weibchen fehlen. Eines der markantesten Merkmale ist eine kräftig rot gefärbte Zone hinter dem Kopf, die stark an *Heros* sp. ‚Rotkeil' erinnert. Besonders erwähnenswert ist es STAECK, daß er bei El Niñal noch eine zweite *Heros*-Art fing, die syntop mit *Heros* sp. ‚Uaupés' vorkommt und sich problemlos anhand ihres Zeichnungsmusters unterscheiden ließ, den im Orinoko-Einzug, aber auch im oberen Rio Negro bis in die Mündung des Rio Uaupés verbreiteten *Heros severus*, heute *Heros liberifer*.

Verbreitung von *Heros* sp. ‚Uaupés'

Anmerkungen

Mittlerweile ist die Identität von *Heros* sp. ‚Uaupés' geklärt. Es handelt sich um *Heros severus*.

Heros sp. ‚Uaupés'. [PD]

Die *Heros liberifer* - Gruppe

Alle Formen und Arten, die in die *Heros liberifer* - Gruppe gehören, haben im Gegensatz zu den anderen *Heros*-Arten einen relativ spitzen Kopf, sie erscheinen langgestreckter und weniger hochrückig. Die Lippen sind nicht so fleischig wie bei beispielsweise *Heros appendiculatus* und *Heros notatus*. Das Maul erscheint kleiner. Weitere Erkennungsmerkmale sind: Der sehr stark ausgeprägte Unterkieferstreifen und die höhere Anzahl der Vertikalbinden. Die zweite Binde ist stets sichtbar. Die Grundfärbung ist beigefarben, sie besitzen meistens in der unteren Körperhälfte bis etwa zum Seitenlinienorgan unterschiedlich stark ausgeprägte Reihen, die aus roten Punkten bestehen. Sie haben vergleichsweise kurze Bauchflossen die, wenn man sie zurück klappt, selten über den dritten Stachel der Afterflosse hinaus reichen. Vertreter der *Heros liberifer* - Gruppe bestitzen keinen ausgeprägten Sexualdimorphismus, Männchen und Weibchen erreichen in großen Behältern annähernd die gleiche Größe. Anders als in der Artbeschreibung angegeben, sind rötliche Punkte im Kopf - und Kiemenbereich kein sicheres Geschlechtsmerkmal. Verschiedene Lokalformen zeigen eine unterschiedliche Ausprägung der Punktreihen auf den Körperflanken. Ein besonders stark ausgeprägte Rotfärbung zeigt die Lokalform aus dem Rio Inirída in Kolumbien.

Alle Vertreter dieser Gruppe sind biparentale, larvophile Maulbrüter. Das Frontaldrohen wird in der Regel und im Gegensatz zu anderen *Heros*-Arten mit geschlossenem Maul durchgeführt. Die Gattentreue ist stärker ausgeprägt als bei allen anderen *Heros*-Arten. Vetreter der *Heros liberifer* - Gruppe kommen ausschließlich in relativ saurem und mineralarmen Schwarz- und Klarwasserflüssen vor. Sie sind über das gesamte Gebiet des Orinoko und seiner Zuflüsse verbreitet.

H. liberifer mit erweiterter Gelbfärbung. [RR]

Heros liberifer mit verkürzter 3. Binde. [PD]

Heros liberifer

Staeck & Schindler, 2015

Maulbrütender Augenfleckbuntbarsch

Erstbeschreiber: Staeck & Schindler, 2015.
Quelle: Bullettine of Fish Biology 15(1/2): 121-136.
Typus-Lokalität: Venezuela, Laguna Piranha, ein See am unteren Rio Manapiare.
Typus-Material: Museum für Tierkunde, Dresden. Holotypus MTD F 33463, Paratypen: MTD F 33464-33468.
Ersteinfuhr: Unbekannt.

Etymologie: ‚*liberifer*' setzt sich aus den lateinischen Wörtern ‚liberi', also Kinder, und ‚ferre', tragen, zusammen, und nimmt Bezug auf das Fortpflanzungsverhalten dieser Art.

Entdeckungsgeschichte

Die Art *Heros liberifer* wurde die letzten 22 Jahr möglicherweise falsch als *Heros severus* bezeichnet. Die Frage, ob der maulbrüten-

Auf diesem Photo sind alle morphologischen diagnostischen Merkmale erkennbar. [PD]

de Augenfleckbuntbarsch tatsächlich *Heros severus* ist, wurde seitdem nicht mehr diskutiert. Aufgrund meines Artikels „Eine Frage Herr HECKEL, wer ist denn ihr *Heros severus*?“ (DITTRICH, 2014), wurde das Thema wieder aktuell.Allerdings ist dieser Aufsatz nicht der erste, der sich mit der Identität von *Heros severus* beschäftigt. In einer Dissertation aus dem Jahre 2008 diskutieren die Autoren dieses Thema und bezeichnen den maulbrütenden *Heros* als unbeschriebene Art (DA GRAÇA, 2008). Wenngleich diese Dissertation keine wissenschaftliche Publikation darstellt, belegt sie doch, daß die Frage DITTRICHS nicht unbegründet war, STAECK & SCHINDLER haben sich möglicherweise auch durch den in den DCG Informationen erschienen Artikel dazu entschlossen, sich dieser Systematik anzunehmen und beschrieben die neue *Heros*-Art ‚*Heros liberifer*‘.

Verbreitung

Interessanterweise kommen *Heros liberifer* und *Heros severus* syntop miteinander vor. Dieses wurde erstmals von STAECK (2009) geäußert, allerdings mit der zum damaligen Zeitpunkt gängigen Meinung, daß es sich beim maulbrütenden *Heros* um *H. severus* handelt und der echte *H. severus* als *H.* sp. ‚Uaupés‘ (RÖMER, 2006) bezeichnet wurde. Die Autoren geben als Typusfundort den Laguna Piranha an, einen See am unteren Rio Manapiare.

Das bisher bekannte Verbreitungsgebiet von *Heros liberifer* ist auf Venezuela und Kolumbien begrenztund kommt in den folgenden Flüssen und deren Einzugsgebieten vor: Rio Negro, Rio Atabapo, Rio Orinoko. Weitere Fundorte sind der Aurauca-Zufluß Rio Cunaviche und der Rio Caura (FERNANDEZ-YÉPEZ, 1969); der Rio Vichada (CALA, 1977) und der Rio Casiquiare (KÖPKE, 1987). HOFER et al. (1995) fingen *H. liberifer* im Cano el Toro in Venezuela. Darüber hinaus wurde *Heros liberifer* am Rio Guárico, einem nördlichen Zufluß des Rio Orinoko nachgewiesen (LENZ, 1994; WEIDNER, 1995), laut STAWIKOWSKI & WERNER (1998) handelt es sich um den bisher östlichsten bekannten Fundort dieser Art.

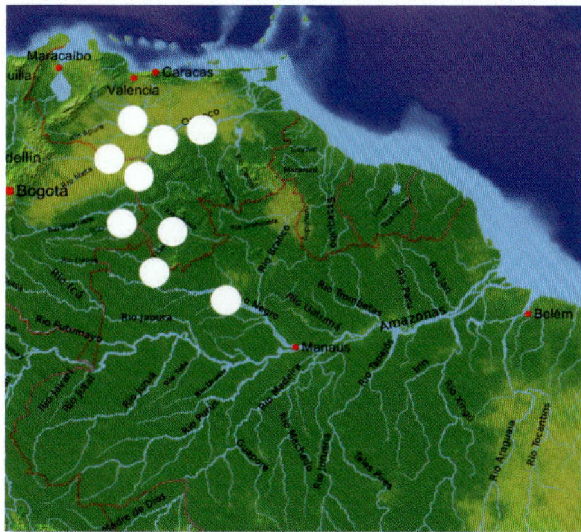

Verbreitung von *Heros liberifer*.

Merkmale

H. liberifer ist relativ leicht von anderen Vertretern der Gattung zu unterscheiden, nicht nur durch äußere Merkmale wie der Kopfform und der Maulpartie, sondern auch am Fortpflanzungsverhalten. Charakteristisch für *H. liberifer* sind die roten Punkte auf den Schuppen unterhalb der Seitenlinie. Dieses Muster erstreckt sich auf jede zweite Schuppenreihe vom Bauch aus gesehen in Richtung Seitenlinie. Auf halbem Wege zwischen Bauchlinie und Seitenlinie scheint sich die Anzahl der roten Punkte zu halbieren, ab hier sieht es so aus, als wäre nur noch

Innerhalb der Gattung *Heros* zeigt nur *Heros liberifer* diese deutlich hervortretenden Flecken um die Augen. [PD]

auf jeder zweiten Schuppe ein roter Fleck. Dem ist aber nicht so, es ändert sich lediglich die Farbintensität.

In der Beschreibung von *Heros liberifer* wurde ein wichtiges Artmerkmal übersehen, welches ich hiermit ergänzen möchte: Ein Merkmal aller Formen von *H. liberifer* ist die bisher für *Heros* einzigartige Zeichnung am und um das Auge herum. Hierfür wird mittlerweile die Bezeichnung ‚Mascara Spots' verwendet, deutsch also ‚Maskaraflecken'. Da ich die Bezeichnung ‚Maskarazeichnung' bevorzuge, werde ich diese hier verwenden.

In der Regel besteht diese Maskarazeichnung aus zwei schwarzen Flecken, von denen einer etwas über dem Auge liegt und der andere sich etwa im Vier- bis Fünf-Uhr-Bereich enger an das Auge schmiegt, bei einer Ansicht links zur Schwimmrichtung. Wenn der Fisch mit dem Kopf nach rechts zeigt, ist der untere Fleck im Sieben- bis Acht-Uhr Bereich, der obere dementsprechend im Ein- bis Zwei-Uhr Bereich. Keine andere bekannte *Heros*-Form zeigt diese Maskarazeichnung, daher kann sie als zuverlässiges Erkennungsmerkmal dieser Art angesehen werden.

Die Flecken treten besonders kräftig bei starker Erregung der Tiere hervor, sind aber eigentlich immer sichtbar. Stimmungsabhängig ist manchmal nur einer dieser Flecken zu sehen, auch können dieser oder beide etwas blasser erscheinen.

Heros liberifer besitzt in der Regel 15 Hart- und zwischen 12 und 16 Weichstrahlen in der Rückenflosse, gelegentlich sind auch 16 Hartstrahlen vorhanden, allerdings scheint dies eher selten der Fall zu sein. Die Afterflosse weist meistens 6 oder 7 Hartstrahlen und 10 bis 12 Weichstrahlen auf. Die Färbung der Flossen ist der Körperfärbung angepaßt, in der Regel ist dieser beige oder bräunlich gefärbt. Stimmungsabhängig sind 7 Vertikalbinden auf den Flanken auf verteilt, die erste umschließt die Schwanzwurzel, die Zweite verbindet die weichstrahligen Teile der Rücken- und Afterflosse und ist stets sehr deutlich ausgeprägt. Die Binden 3-7 verteilen sich gleichmäßig auf den Flanken. Die 7. Binde verläuft vom ersten Stachel der Rückenflosse, über den Kiemendeckelrand bis zur Wurzel der Brustflosse, diese Binde reicht nur selten bis zur Bauchlinie hinab. Während der Balz und der Brutpflege ist die Afterflosse kräftig orange gefärbt.

Anmerkungen

Wie auch bei anderen Vertretern dieser Gattung haben sich bei *Heros liberifer* Lokalformen entwickelt. 2008 wurde eine interessante Farbvariante von *Heros liberifer*

im Rio Inirída gefunden und nach meinen Recherchen durch AMAZON AQUATICS in Rednitzhembach importiert. Eine weitere Form stammt aus dem Rio Autana in Venezuela.
Die Bezeichnung Mascara-Spots geht auf Jason BALL (USA) zurück, er erwähnte diese Bezeichnung während einer Diskussion, bei der es um diese markante Zeichnug ging.

Heros liberifer mit einer relativ hochreichenden Rotzeichnung auf den Flanken, photographiert am Rio Manapiare in Venezuela. [RR]

Die Maulbrutpflege wird von beiden Eltern übernommen, hier werden die Larven übergeben. [UW]

Heros sp. ‚Autana II'

Blauglänzender Augenfleckbuntbarsch

Erste Erwähnung: Staeck, 2015 (als *Heros liberifer*).
Quelle: DCG-Informationen 46 (10): 250-255.
Fundort: Venezuela: Rio Autana.
Ersteinfuhr: 2015 durch R. Rietsch.

Diese Form kommt syntop mit der ebenfalls in diesem Buch vorgestellten Form *Heros* sp. ‚Autana 1' vor. Bisher ist mir nur dieses Exemplar bekannt. Rietsch importierte diesen *Heros* im Jahre 2015, er befand sich in einer Gruppe *Heros* sp. ‚Autana I'.

Heros sp. ‚Autana II' ist eine schöne Art, die durch die vielen irisierenden Schuppen auf dem Rücken auffällt. Sie teilt einige diagnostische Merkmale von *Heros liberifer*, wie den deutlichen Schwanzwurzelfleck und die leuchtend roten Augen. Diese Art scheint aber weniger Vertikalbinden zu haben. [PD]

Merkmale

Auf den ersten Blick hat dieser *Heros* große Ähnlichkeit mit *Heros liberifer*, er zeigt alle von Staeck & Schindler angegebenen diagnostischen Merkmale. Weiterhin zeigt er einen deutlichen Fleck auf der Schwanzwurzel und hat gleichmäßig verlaufende Linien roter Punkte auf den Flanken, diese scheinen aber eher kleiner als bei *H. liberifer* zu sein. Die Punktreihen enden unterhalb der oberen Seitenlinie, zwischen der zweiten und dritten Binde scheint diese Art keine Punkte zu haben. Da bisher nur dieses einzelne Tier bekannt ist, läßt sich über die Variationsbreite nichts aussagen. Die Iris ist leuchtend rot gefärbt.

Diese hier als *Heros* sp. ‚Autana II' vorgestellte Art trägt acht Binden auf dem Körper, von denen sich Binde 1 und 2 auf dem Schwanzstiel befinden. Die 3. Binde verbindet die weichstrahligen Teile der Rücken- und Afterflosse. Die Binden 4 bis 7 verlaufen gerade über die Flanken, am oberen Ende reichen sie bis an die Basis der Rückenflosse, wogegen sie am unteren Ende nicht die Basis der Afterflosse erreichen. Die Binde scheint nur hinter dem Kopf schemenhaft sichtbar zu sein, sie durchläuft nicht das Auge. Die Grundfärbung dieser Art ist beige, oberhalb der oberen Seitenlinie zeigt sie viele bläulich irisierende Schuppen, im Gegensatz zu *Heros liberifer*. Die Rückenflosse zeigt ebenfalls viele irisierende Flecken, in der Afterflosse scheinen sich irisierende Flecken lediglich auf den weichstrahligen Teil zu beschränken. Die Brustflossen sind kräftig Orange gefärbt und scheinen länger zu sein als bei *H. liberifer*. Da dieses das einzige bekannte Tier ist, konnte ich keine weiteren Zählwerte ermitteln.

Verbreitung von *Heros* sp. ‚Autana II'

Anmerkungen

Wenn man allein die Beschreibung von *Heros liberifer* zugrunde legt, gäbe es keinen Grund diese hier vorgestellte Form nicht *Heros liberifer* zuzuordnen. Betrachtet man den hier vorgestellten *Heros,* so fällt auf, daß diese Form keine dunklen Flecken um die Augen trägt, wie sie bei *Heros liberifer* zu sehen sind. Möglicherweise handelt es sich bei diesem *Heros* um eine Lokalform von *Heros liberifer* oder aber um eine neue Art. Auch hier sind weitere Untersuchungen und Feldforschungen nötig.

Heros sp. ‚Inirída Rot'

Erste Erwähnung: Dittrich, 2013.
Quelle: DCG Informationen 44(9): 310-314.
Fundort: Venezuela: Rio Inirída.
Ersteinfuhr: Vermutlich 2008.

Verbreitung

Diese Form ist nur aus dem venezuelanischen Rio Inirída bekannt.

Merkmale

Charakteristisch sind für *H. liberifer* ‚Inirída Rot' die roten Punkte auf den Schuppen. Diese Muster erstreckt sich wesentlich weiter zur Rückenflosse als bei *Heros liberifer*. Daher erscheint der Fisch an sich in einem kräftigem Rot, was auch den deutschen Trivialbezeichnung begründet.

Er zeigt im Rückenbereich eine größere Anzahl an Glanzschuppen als andere Lokalfor-

Das Rot ist größerflächig ausgebildet, die Anzahl der Glanzschuppen ist ebenfalls höher als bei der Typusform der Artengruppe, *Heros liberifer*. [PD]

men von *Heros liberifer*.

Diese *Heros*-Form besitzt in der Regel 15 Hartstrahlen und zwischen 12 und 16 Weichstrahlen in der Rückenflosse, gelegentlich sind auch 16 Hartstrahlen vorhanden, allerdings scheint das eher selten der Fall zu sein. Die Afterflosse weist meistens 6 oder 7 Hartstrahlen und 10 bis 12 Weichstrahlen auf.

Die Färbung der Flossen ist der Körperfärbung angepaßt. In der Regel ist dieser beige oder bräunlich gefärbt. Stimmungsabhängig sind sieben Vertikalbinden auf den Flanken verteilt, die erste umschließt die Schwanzwurzel, die Zweite verbindet die weichstrahligen Teile der Rücken- und Afterflosse und ist stets sehr deutlich ausgeprägt. Die Binden 3 - 7 verteilen sich gleichmäßig auf den Flanken. Die 7. Binde verläuft vom ersten Stachel der Rückenflosse über den Kiemendeckelrand bis zur Wurzel der Brustflosse, sie reicht nur selten bis zur Bauchlinie hinab. Während der Balz und der Brutpflege ist die Afterflosse kräftig orange gefärbt.

Die Geschlechter sind schlecht zu unterscheiden, manchmal tragen Männchen dieser Art rote Pünktchen auf den Kiemendeckeln und im Wangenbereich, aber nicht immer. Es ist gut möglich, daß nur das dominanteste Tier diese Punkte zeigt. Männchen und Weibchen lassen sich am sichersten an der Form der Genitalpapille unterscheiden. Während die Laichpapille der Weibchen länger und spitzer ist, haben Männchen eine relativ kurze und stumpfe.

Anmerkungen

Heros liberifer ist ein larvophiler Maulbrüter, der sein Gelege meistens an horizontal ausgerichteten Substraten heftet.

Verbreitung von
Heros sp. ‚Inirída Rot'.

Heros liberifer ‚Inirída Rot'. [PD]

Die *Heros appendiculatus* - Gruppe

Erste Erwähnung: DITTRICH (2017).
Quelle: In diesem Buch.
Verbreitung: Peru: Rio Ucayali und Zuflüsse; Ekuador; Brasilien, eventuell Venezuela.

Merkmale

Die Vertreter der Gruppe zeigen in der Regel 7-8 Vertikalbinden. Die erste Binde umschließt den Schwanzwurzelstil, die zweite verbindet die weichstrahligen Teile der Rükken- und Afterflosse, die dritte Binde kann bei einigen Lokalformen nur verkürzt ausgebildet sein, die Binden 4 bis 7 verteilen sich gleichmäßig auf den Flanken, die 7. Binde verläuft zwischen der Basis der Bauchflosse bis hin zum ersten Strahl der Rückenflosse. Bei einigen Lokalformen verläuft die 8. Binde über den Kopf durch das Auge bis etwa zur Maulspaltenzeichnung. Zum Teil zeigt sich zwischen der ersten und der dritten Binde ein kleiner Fleck. KULLANDER und andere Autoren bezeichnen diesen als Binde oder Caudalfleck. Dieser Fleck kann aber nicht als Merkmal für die gesamte Gruppe gewertet werden. Ob sich Arten anhand der Anzahl der Binden abgrenzen lassen, muß genauer untersucht werden, auszuschließen ist es allerdings nicht. Auch die Grundfärbung des Körpers variiert von Lokalform zu Lokalform. Ein Merkmal verbindet aber alle Lokalformen dieser Art: Die Brust und der Bauch färben sich während der Brutpflege gelb bis orange, auch die Bauchflossen nehmen eine kräftige gelbe oder orange Farbe an.

Zu den Standardzählwerten läßt sich sagen, daß diese auch sehr variabel sind, 15 oder 16 Hart- und 12 oder 13 Weichstrahlen in der Rückenflosse, 7 oder 8 Hart- und 12-14 Weichstrahlen in der Afterflosse. Bei den von mir durchgeführten osteologischen Untersuchungen hat sich gezeigt, daß bei *H. appendiculatus* einschließlich aller Lokalformen stets die ersten drei ventralen Verlängerungen der Hämalbögen miteinander verwachsen sind.

Außerdem lassen sich die Vertreter der *Heros appendiculatus* - Gruppe an der im Erregungszustand oder auch während der Brutpflege kräftig gelb bis orange gefärbten Brust- und Bauchregion von anderen *Heros* gut unterscheiden. Allerdings färbt sich die Bauch-Brust-Region auch bei einem *Heros* aus Französisch-Guyana während der Brutpflege kräftig gelb-orange.

Die Geschlechter lassen sich bei dieser Gruppe anhand äußerer Merkmale gut unterscheiden. Die Männchen tragen in der Kopfregion, auf den Kiemendeckeln und über der Schnauze ein Muster aus feinen Linien, welche den Weibchen fehlt. Ab und zu haben auch die Weibchen farbige Zonen über der Schnauze, allerdings nie so stark ausgeprägt wie bei den Männchen. Mehrere Lokalformen von *Heros appendiculatus* zeigen in den Rücken und Afterflossen einige Glanzpunkte, die türkis bis blau gefärbt sind. Werner (2006) gibt als weiteres Erkennungsmerkmal dickere Lippen an.

Folgende Formen gehören in diese Gruppe und werden nachstehend vorgestellt:
Heros appendiculatus (Castelnau, 1855)
Heros appendiculatus ‚Rotkeil'
Heros sp. ‚Peru'
Heros sp. ‚Madeira'
Heros sp. ‚Ucayali'
Heros sp. ‚Paraconi'
Heros sp. ‚Nanay'
Heros sp. ‚Ecuador'
Heros sp. ‚Yarinacocha'
Heros sp. ‚Cano de Paca'

Konserviertes 18 cm langes Männchen von *Heros* sp. ‚Rotkeil'. [PD]

Heros appendiculatus

(Castelnau, 1855)

Blauer Peruanischer Augenfleckbuntbarsch

Erstbeschreiber: Castelnau, 1855, als *Chromys appendiculata*.
Quelle: Castelnau & Guichenot, 1855.
Typus-Lokalität: Peru: Das 18 Zentimeter lange Typus-Exemplar wurde im Rio Ucayali gesammelt.
Typus-Material: Muséum National d'Histoire Naturelle, Paris.
Holotypus: MNHN A.9483.
Ersteinfuhr: Vermutlich vor dem 2. Weltkrieg.
Etymologie: ‚appendiculatus', lateinisch für ‚mit einem Anhängsel versehen'.

Entdeckungsgeschichte

Beschrieben wurde *Heros appendiculatus* ursprünglich als *Chromys appendiculata* im Jahre 1855 durch Castelnau. Der Artname *‚appendiculata*' bezieht sich vermutlich auf die für *Heros*-Arten vergleichsweise langen, fadenförmig ausgezogenen Verlängerungen der Ventralen (Bauchflossen).
Kullander beschrieb diese Art 1986 wieder und erhob sie in den Rang einer gültigen Art. Nur wenige Jahre später revidierte er dieses Vorgehen und synonymisierte sie mit *Heros efasciatus*.
Stawikowski & Werner führen *Heros appendiculatus* im Band 1 ihres Werkes ‚Die Buntbarsche Amerikas' ebenfalls als Synonym zu *Heros efasciatus* auf. Staeck (2009) betrachtet *Heros appendiculatus* hingegen als gültige Art und verweist auf die deutlichen Unterschiede zu anderen Vertretern der Gattung *Heros*, er bestätigt damit meine Ansicht (Dittrich, 2002).

Verbreitung

Rio Ucayali und Zuflüsse (Peru), Ekuador, Brasilien, eventuell auch Venezuela.

Merkmale

Heros appendiculatus unterscheidet sich von vielen anderen Vertretern dieser Gattung dadurch, daß die Längsbinden wie bei *Heros notatus* stets als rudimentäre Flecken auf den Unterseiten der Flanken vorhanden sind. Oftmals sind diese aber deutlich länger als bei *H. notatus* und scheinen sich nach oben hin in Richtung Seitenlinienorgan aufzulösen. Stimmungsabhängig zeigt *H. appendiculatus* aber auch das komplette Streifenmuster. In der Regel zeigt diese Art 7-8 Vertikalbinden, es gibt aber auch Exemplare, die nur 6 Binden zeigen. Die Variationsbreite dieser Art scheint sehr groß zu sein. Im Allgemeinen läßt sich die Bindenzeichnung folgendermaßen beschreiben: Die 1. Binde umgibt die Schwanzwurzel, bei einigen Exemplaren liegt vor der 1. Binde ein einzelner Caudalfleck. Diesen Fleck zeigen gelegentlich auch Exemplare anderer Arten. Die 2. Vertikalbinde verbindet in der Regel die weichstrahligen Teile der Rücken und Afterflosse. Die 3. Vertikalbinde ist bei einigen Lokalformen nur halb ausgebildet, normalerweise jedoch ist auch sie voll ausgebildet und reicht bis zum Ansatz der Rükkenflosse. Die übrigen Binden verteilen sich in der Regel gleichmäßig über die Flanke, meistens verbindet die 6. oder 7. den ersten Stachel der Rückenflosse mit dem Ansatz der Brustflosse. Bei einigen Lokalformen verläuft eine 8. Binde über den Kopf, durch das Auge bis etwa zur Maulspaltenzeichnung. Ob sich Arten anhand der Anzahl der Binden abgrenzen lassen muß genauer untersucht werden. Auch die Grundfärbung des Körpers variiert je nach Lokalform.

Bei *Heros appendiculatus* ist die Maskenzeichnung stets in rötlichen Farben gehalten. Besonders stark ist sie bei einer Lokalform aus Peru ausgeprägt. Bei diesen Tieren erscheint sie als flächig rote Zone, die sich besonders stark auf den unteren Hälften der Kiemendeckeln ausbreiten. Die Art neigt stark zur Ausbildung von Lokalformen.

Gesamtverbreitung von *Heros appendiculatus*.

Männlicher *Heros appendiculatus* mit schwacher Zeichnung nur oberhalb der Oberlippe. Die Herkunft dieser Form ist unbekannt. [PD]

Heros sp. ‚Rotkeil'

Erste Erwähnung: Warzel, 2000.
Quelle: Bunter *Heros* aus Peru. DATZ 53(7): 52.
Fundort: Angeblich Rio Nanay (Peru).
Ersteinfuhr: Aquarium Dietzenbach, 2000.

Entdeckungsgeschichte

Ich hatte das Glück, schon kurze Zeit nach der Ersteinfuhr einige Exemplare der ersten Nachzucht zu bekommen. *Heros* sp. ‚Rotkeil' ist eine für *Heros*-Arten ausgesprochen bunte Form. Man könnte auf den ersten Blick glauben, daß es sich um eine kommerzielle Aquarienzüchtung handelt, wie sie bei vielen Cichliden alle Nase lang entsteht oder produziert wird. Jedoch handelt es sich bei *Heros* sp. ‚Rotkeil' um eine natürlich entstandene Form.

Verbreitung

Der Fundort dieses ausgesprochen schönen Cichliden befindet sich in der Nähe von Iquitos in Peru im oder um den Rio Nanay. Wie es scheint kommen diese Cichliden nur dort endemisch vor, sie sind bisher nur an

Männchen von *Heros* sp. 'Rotkeil'. [JA]

einem einzigen Standort nachgewiesen wurden, und wurden in einem Schwarzwasser führenden Flüßchen gefangen (schriftliche Mitteilung Frank WARZEL).
Erstaunlich ist, daß diese Fische, die aus einem Gebiet stammen, das von reisenden Aquarianern oft besucht und intensiv befischt wurde, erst im Jahre 2000 den Weg in unsere Aquarien gefunden haben.

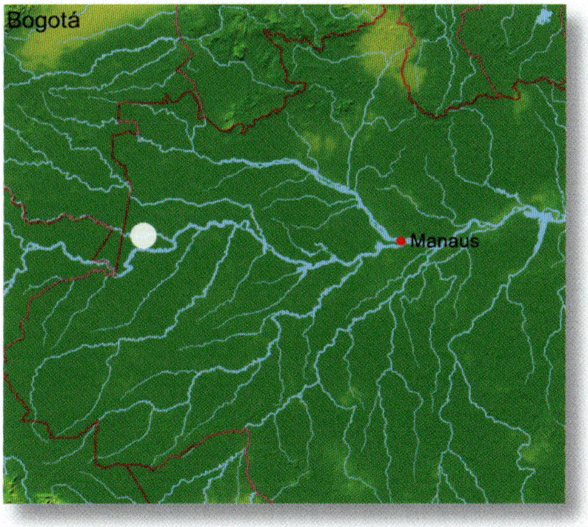

Verbreitung von *Heros* sp. ‚Rotkeil'.

Merkmale

Die Geschlechter sind auch bei *Heros* sp. ‚Rotkeil' recht einfach zu unterscheiden. Die Männchen sind bereits im jugendlichem Alter wesentlich größer als die Weibchen. Die typischen Wurmlinien auf Kopf und Kiemendeckeln bilden sich ab einer Größe von etwa fünf bis sieben Zentimeter. Die Kopfzeichnung ist im oberen Bereich, also zwischen Maul und Augen, recht filigran, im unteren Kiemendeckelbereich jedoch mit zunehmendem Alter eher flächig rot. Beide Geschlechter zeichnen sich durch den farbigen Keil am Nacken aus. Während es bei meinen Fischen deutliche Farbunterschiede zwischen den Geschlechtern gibt

Jüngeres Weibchen in neutraler Färbung. [PD]

Voll ausgefärbtes erwachsenes Weibchen in Brutpflegefärbung. [JA]

Und dazu ein ausgewachsenes älteres Männchen in abklingender Brutpflegefärbung. [JA]

(Männchen: rot, Weibchen: orange), wird dies von anderen Pflegern nicht bestätigt.

Anmerkungen

Dem äußeren Erscheinungsbild sowie dem Vorkommensgebiet nach ordne ich diese Fische der Art *Heros appendiculatus* zu. Es ist aber ebensogut möglich, daß es sich bei *H.* sp. ‚Rotkeil' um eine eigenständige Art handelt. Soweit mir zum jetztigen Zeitpunkt bekannt ist, gibt es Anzeichen für diese Theorie, welche sich wohl im Skelettaufbau niederschlagen. Neben der etwas spitzeren Kopfform haben diese Rotkeil-*Heros* die am weitesten ausgezogenen Flossenenden, die ich bisher bei Augenfleckbuntbarschen gesehen habe, was wiederum die engere Verwandschaft mit *H. appendiculatus* vermuten läßt. Bei einer Körpergröße von etwa zehn Zentimetern messen diese fadenförmigen Verlängerungen bereits drei bis fünf Zentimeter. Außerdem sind bei ihnen die senkrechten Querstreifen nur im unteren Körperbereich immer zu sehen. Erst ab einer Körperlänge von etwa fünf Zentimetern tritt die Rotfärbung ein.

Es ist aber auch nicht ganz auszuschließen, daß es sich bei *Heros* sp. ‚Rotkeil' um eine künstlich erzeugte Art, also um eine Zuchtform, handelt.

Heros sp. ‚Peru‘

Erste Erwähnung: Dittrich, 2013.
Quelle: www.augenfleckbuntbarsche.de.
Fundort: Unbekannt, wahrscheinlich im Rio Ucayali-Einzug in Peru.
Ersteinfuhr: Vermutlich Mitte der 1970er Jahre.

Entdeckungsgeschichte

Hierzu ist nichts Genaueres bekannt, diese Form ist aber mindestens seit Mitte der 1970er Jahre bei uns vorhanden.

Verbreitung

Vermutlich stammt diese Form aus dem Einzugsgebiet des Rio Ucayali in Peru.

Merkmale

Heros appendiculatus sp. ‚Peru' zeigt eine grünlich-türkise Grundfärbung.
In der Regel trägt diese Form 7 - 8 Vertikalbinden, diese verlaufen auf den Flanken und zeigt einen deutlichen Caudalfleck. Im Allgemeinen läßt sich die Bindenzeichnung folgendermaßen beschreiben: Die 1. Binde umgibt die Schwanzwurzel. Bei dieser Form liegt vor der 1. Binde ein einzelner Caudalfleck.
Die 3. Vertikalbinde ist eine voll ausgebil-

Die Weibchen von *Heros* sp. ‚Peru‘ zeigen keinerlei Zeichnungselemente im Kopfbereich. [JA]

dete Binde, die bis zum Ansatz der Rükkenflosse reicht. Die übrigen Binden verteilen sich in der Regel gleichmäßig über die Flanke, meistens verbindet die 7. den ersten Stachel der Rückenflosse mit dem Ansatz der Brustflosse. Die Brust und der Bauch färben sich während der Brutpflege gelb bis orange, auch die Bauchflossen nehmen eine kräftige gelbe oder orange Farbe an. Die Rückenflosse ist beige-bräunlich gefärbt, der Flossensaum trägt eine hübsche türkis irisierende Zone. Auch der Saum der Schwanzflosse ist durch eine türkis irisierende Zone gekennzeichnet. Die Standardzählwerten sind sehr variabel: 15 oder 16 Hart- und 12 oder 13 Weichstrahlen in der Rückenflosse, 7 oder 8 Hart- und 12-14 Weichstrahlen in der Afterflosse. Die Männchen tragen in der Kopfregion, auf den Kiemendeckeln und über der Schnauze ein Muster aus relativ groben rötlich gefärbten Linien, welches

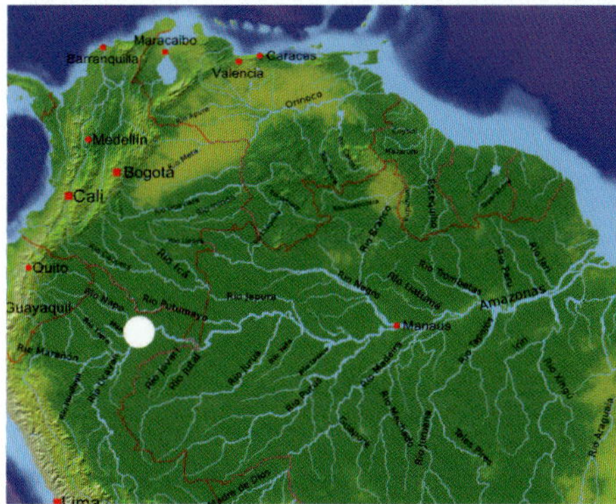

Verbreitung von *Heros* sp. ‚Peru‘.

den Weibchen fehlt. Dieses Muster ist bei der hier vorgestellten Art wie ein Labyrinth ausgeprägt. Die Brust kann bei beiden Geschlechtern weinrot gefärbt sein.

Anmerkungen

Heros sp. ‚Peru‘ ist ein Offenbrüter.

Männchen von *Heros* sp. ‚Peru‘, mit deutlicher Maskenzeichnung. [JA]

Heros sp. ‚Rio Madeira'

Erste Erwähnung: Dittrich, 2017.
Quelle: In diesem Buch.
Fundort: Vermutlich unterer Rio Madeira, Brasilien.
Ersteinfuhr: Vermutlich 2008.

Entdeckungsgeschichte

Zu diesem Thema konnte ich bisher keine genaueren Informationen herausfinden. Es ist unbekannt, wer diese Tiere erstmals gefunden und zu uns gebracht hat.

Verbreitung

Beim brasilianischen Rio Madeira und seinen Zuflüssen handelt es sich um eine bisher ungestätigte Vermutung.

Merkmale

Die Grundfärbung dieser Art ist ein kräftiges Stahlblau. Beim Männchen sind auf

Paar von *Heros* sp. ‚Madeira'. [HS]

den Flanken in unregelmäßigen Abständen schwarze Punkte verteilt, sodaß sich ein dichtes Muster aus diesen Punkten ergibt. 6-7 dunkle Vertikalbinden verlaufen in gleichmäßigen Abständen auf den Flanken. Die erste umgibt den Schwanzwurzelstiel, die zweite verbindet die weichstrahligen Teile der Rücken- und Afterflossen. Die Binden 3-6 reichen von der Bauchlinie bis zur Basis der Rückenflosse. Im neutralen Erregungszustand sind die Vertikalbinden nur rudimentär ausgebildet und erstrecken sich von kurz oberhalb der Bauchlinie bis auf die Höhe der unteren Seitenlinie. Im aggressiven Erregungszustand oder während der Balz sind alle Binden komplett. Manche Individuen zeigen einen kleinen schwarzen Fleck auf dem Schwanzwurzelstil.

In der Dorsale konnten 15-16 Hart- und 13-14 Weichstrahlen gezählt werden, in der Afterflossen sind folgende Werte ermittelt worden: 8 Hart- und 14-15 Weichstrahlen. Wobei auch hier festgehalten werden muß, daß die Anzahl der Hart- und Weichstrahlen aufgrund der Variation kein verläßliches Merkmal ist.

Die Färbung der Rücken- und Afterflossen ist eher unscheinbar schwärzlich.

Die Brust- und Schwanzflossen sind transparent. Der Rückenflossensaum zeigt eine türkis-irisierende Linie. Nur während der Brutpflegefärbung sind die Bauch- und Afterflossen kräftig gelb gefärbt.

Die Geschlechter lassen sich gut unterscheiden, Männchen tragen auf den Körperflanken dunkle Punkte und eine Maskenzeichnung im Kopfbereich, beide Zeichnungsmerkmale fehlen den Weibchen.

Anmerkungen

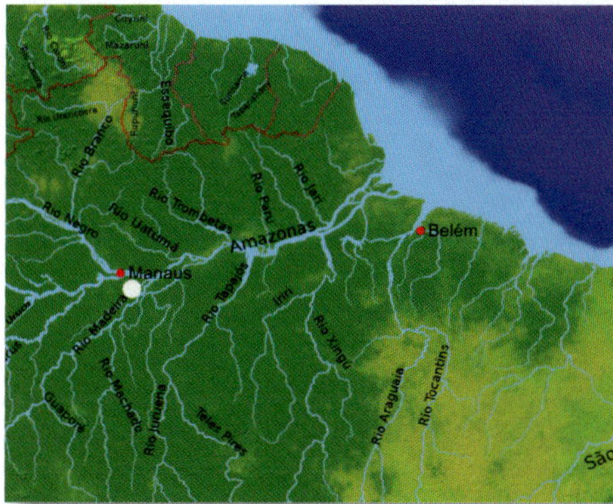

Verbreitung von *Heros* sp. ‚Madeira'.

Heros sp. ‚Madeira' ist ein typischer Offenbrüter.

Männchen. [HS]

Weibchen. [HS]

Heros sp. ‚Ucayali'

Erste Erwähnung: Dittrich, 2017.
Quelle: In diesem Buch.
Fundort: Peru: Rio Ucayali und Zuflüsse; Ekuador; Brasilien, vielleicht Venezuela.
Ersteinfuhr: Wahrscheinlich schon vor dem 2. Weltkrieg.

Entdeckungsgeschichte
Hierzu ist leider nichts bekannt.

Merkmale
Die Grundfärbung variiert zwischen grünlich und türkis, gerade die Kopf- und Nakkenregion kann schön türkis gefärbt sein. In der Regel zeigt *H. appendiculatus* 7-8 Vertikalbinden, es gibt aber auch Exemplare die nur 6 Binden zeigen. Die Variationsbreite dieser Art scheint sehr groß zu sein. Im Allgemeinen läßt sich die Bindenzeichnung folgendermaßen beschreiben: Die 1. Binde umgibt die Schwanzwurzel, bei einigen Exemplaren liegt vor der 1. Binde ein einzelner Fleck, der gemeinhin als Caudal- oder Schwanzwurzelfleck bezeichnet wird. Im neutralen Erregungszustand sind die Vertikalbinden meist nur bis etwa zur Häfte ausgebildet, sie reichen von der Bauchlinie bis auf die Höhe der unteren Seitenlinie.

Männchen von *Heros* sp. ‚Ucayali'. [PD]

Ändert sich der Erregungszustand, können alle Binden komplett ausgebildet sein. Sie reichen dann von der Bauchlinie bis zur Basis der Rückenflosse, teilweise auch darüber hinaus. Bei den vom Autor untersuchten semiadulten Exemplaren konnten folgende Zählwerte ermittelt werden. 15 Hart- und 12 Weichstrahlen in der Rückenflosse, 13 bis 14 Hartstrahlen und 21 Weichstrahlen in der Afterflosse. Männchen lassen sich von den Weibchen durch das Vorhandensein einer deutlichen Maskenzeichung unterscheiden.

Es handelt sich um einen Offenbrüter, der während der Balz- und Brutpflegephase eine sehr attraktive Färbung annimmt. Die untere Bauchregion sowie die Bauch und Afterflossen färben sich kräftig gelb bis tief Orange. Deutlich sind dann auch die leuchtend roten Augen zu erkennen.

Verbreitung von *Heros* sp. ‚Ucayali'.

Anmerkungen

Bei dieser Art handelt es sich wahrscheinlich um die Typus-Form der Gruppe.

Weibchen von *Heros* sp. ‚Ucayali'. [UW]

Heros sp. ‚Paraconi'

Erste Erwähnung: Sabo, 2014.
Quelle: DCG Informationen (45)3: 50-54.
Fundort: Brasilien: Rio Paraconi.
Ersteinfuhr: Vermutlich 2013 durch OF Aquaristik.

Entdeckungsgeschichte

Ob es sich bei dieser Form tatsächlich um eine Lokalform von *Heros appendiculatus* handelt ist fraglich. Aus morphologischer Sicht spricht einiges dafür. Jedoch liegt der Fundort nicht im bisher bekannten Verbreitungsgebiet von *Heros appendiculatus*.

Nach bisherigen Recherchen konnte nicht eindeutig geklärt werden, wer diese Form importiert hat. Möglicherweise war es aber Oliver Frank (OF Aquaristik-Butzbach).

Verbreitung

Der brasilianische Rio Paraconi ist ein Fluß der, von Süden kommend, in den Rio Curupira entwässert, dieser wiederum fließt in den Rio Maués, der dann abschließend in den Amazonas mündet.

Männchen von *Heros* sp. ‚Paraconi'. [PD]

Merkmale

Heros sp. ‚Paraconi' ist eine ausgesprochen farbenfrohe Form. Acht Vertikalbinden verlaufen auf den Körperflanken, die erste umschließt die Schwanzwurzel, die zweite verbindet die weichstrahligen Teile der Rükken- und Afterflossen, die Binden 3-8 sind in gleichmäßigen Abständen auf den Flanken angeordnet, die achte Binde verläuft von der Basis der Bauchflossen, über die Basis der Brustflossen bis zum ersten Stachel der Rückenflosse. Die Binden 5, 6 und 7 sind als große Flecken stets sichtbar, die vierte hingegen nur als kleiner Fleck. *Heros* sp. ‚Paraconi' hat 16-17 Hart- und 13-14 Weichstrahlen in der Rückenflosse, in der Afterflosse konnten 8 Hart- und 12 Weichstrahlen gezählt werden. Die Grundfärbung ist ein kräftiges Grünblau, auf den Flanken sind relativ gleichmäßig horizontal verlaufende Reihen aus rötlichen Punkten zu sehen. Unterhalb des weichstrahligen Teiles der Rückenflosse vereinigen sich die Punktreihen zu einer flächig rotbraunen Zone. Die Bauch- und Afterflossen sind kräftig orange gefärbt. Die Rückenflosse wird von zwei bis drei dunklen Linien durchzogen, ober- und unterhalb der oberen dunklen Linie verlaufen türkis irisierende Linien. Brust- und Schwanzflosse sind transparent. Männchen zeigen eine deutliche Maskenzeichnung, die aus roten Wurmlinien besteht. Die Zwischenräume sind türkis gefärbt.

Weiblichen Tieren fehlt die Maskenzeichnung, jedoch können auch Weibchen Punktreihen auf den Flanken zeigen.

Verbreitung von *Heros* sp. ‚Paraconi'.

Männchen von *Heros* sp. ‚Paraconi'. [PD]

Anmerkung

Heros sp. ‚Paraconi' ist ein typischer Offenbrüter.

Heros sp. ‚Nanay'

Erste Erwähnung: Vermutlich STAECK & LINKE, 1985.
Quelle: Amerikanische Cichliden 2, Große Buntbarsche, S. 121. Tetra Verlag, Melle.
Fundort: Rio Nanay.
Ersteinfuhr: Unbekannt.

Entdeckungsgeschichte

Hierzu liegen leider keine Informationen vor.

Merkmale

Die Grundfärbung variiert zwischen grünlich und türkis, die Nackenregion kann ein rötliches Netzmuster tragen, auch die Region vor den Bauchlossen kann ein Muster aus roten Punkten oder Flecken tragen. 7-8 Vertikalbinden sind in gleichmäßigen Abständen auf dem Körper verteilt. Im Allgemeinen läßt sich die Bindenzeichnung wie folgt beschreiben: Die 1. Binde umgibt die Schwanzwurzel. Im neutralen Erregungs-

Feldaufnahme eines Männchens von *Heros appendiculatus* aus dem Rio Nanay, Peru. [FF]

zustand sind die Vertikalbinden meist nur bis etwa zur Häfte ausgebildet, sie reichen von der Bauchlinie bis auf die Höhe der unteren Seitenlinie. Ändert sich der Erregungszustand können alle Binden komplett ausgebildet sein. Sie reichen dann von der Bauchlinie bis zur Basis der Rückenflosse, teilweise auch darüber hinaus. Bei dem vom Autor untersuchten semiadulten Exemplar konnten die folgenden Zählwerte ermittelt werden: 16 Hart- und 12 Weichstrahlen in der Rückenflosse, sowie 7 und 12 Weichstrahlen in der Afterflosse.

Männchen lassen sich von den Weibchen durch das Vorhandensein einer deutlichen Maskenzeichung unterscheiden.

Es handelt sich um einen Offenbrüter, der während der Balz- und Brutpflegephase eine sehr attraktive Färbung annimmt, die untere Bauchregion, sowie die Bauch und Afterflossen färben sich kräftig gelb bis tief Orange. Deutlich sind dann auch die leuchtend roten Augen zu erkennen.

Anmerkung

Im Rio Nanay kommen verschiedene Lokalformen vor.

Verbreitung von *Heros* sp. ‚Nanay'.

Aquariennachzucht vom Stamm aus dem Rio Nanay, Peru. [PD]

Heros sp. ‚Ecuador'

Erste Erwähnung: SCHMITT et al. 2001; KRAHNEFELD et al. 2001.
Quelle: DCG Informationen 32(5): 102; 35(6): 121.
Fundort: Ekuador: Provinz Napo-Pastaza.
Ersteinfuhr: Unbekannt, wahrscheinlich wurde diese Form erst Mitte der 1990er Jahre erstmalig eingeführt.

Entdeckungsgeschichte
Näheres ist bisher nicht bekannt.

Merkmale
Die Grundfärbung ist relativ dunkel, sie besteht aus einer Mischung zwischen Blau und Grün. die Bauchregion sowie die Bauchflossen sind kräftig gelb gefärbt. 7-8 breite Vertikalbinden sind in gleichmäßigen

Weiblicher *Heros appendiculatus* aus Ecuador mit Jungfischen. Schön zu erkennen sind die lang ausgezogenen Brustflossen und der blaue Kopf. [UW]

Abständen auf dem Körper verteilt. Die Bindenzeichnung läßt sich folgendermaßen beschreiben: Die 1. Binde umgibt die Schwanzwurzel. Im neutralen Erregungszustand sind die Vertikalbinden meist nur bis etwa zur Hälfte ausgebildet, sie reichen von der Bauchlinie bis auf die Höhe der unteren Seitenlinie. Ändert sich der Erregungszustand, können alle Binden komplett ausgebildet sein, sie reichen dann von der Bauchlinie bis zur Basis der Rückenflosse. Bei dem vom Autor untersuchten semiadulten Exemplar konnten folgende Zählwerte ermittelt werden: 16 Hart- und 13 Weichstrahlen in der Rückenflosse, sowie 8 und 13 Weichstrahlen in der Afterflosse.

Männchen lassen sich von den Weibchen durch das Vorhandensein einer deutlichen Maskenzeichung unterscheiden.

Es handelt sich um einen Offenbrüter, der während der Balz- und Brutpflegephase eine sehr attraktive Färbung annimmt. Die untere Bauchregion, sowie die Bauch- und Afterflossen färben sich kräftig gelb bis orange. Die Augen leuchten während der Balz und Brutpflegephase kräftig gelb.

Verbreitung von *Heros* sp. ‚Ecuador'.

Weiblicher *Heros* sp. ‚Ecuador'. [UW]

Heros sp. ‚Yarinacocha'

Erste Erwähnung: Dittrich, 2017.
Quelle: In diesem Buch.
Fundort: Peru: Yarinacocha. Andere Schreibweise: Yarina Cocha.
Ersteinfuhr: Vermutlich Mitte der 1990er Jahre in geringen Stückzahlen durch privat reisende Aquarianer.

Entdeckungsgeschichte

Angaben hierzu fehlen leider.

Merkmale

Die Grundfärbung des hier vorgestellten semiadulten Exemplars ist gelblich mit einem leicht türkisen Schimmer. Die Bauchregion

Semiadultes Männchen von *Heros* sp. ‚Yarinacocha'. [DH]

sowie die Bauchflossen sind kräftig orange gefärbt. Acht Vertikalbinden sind in gleichmäßigen Abständen auf dem Körper verteilt. Die Bindenzeichnung läßt sich folgendermaßen beschreiben: Die 1. Binde umgibt die Schwanzwurzel, auf dieser Binde liegt ein Caudalfleck, der stets sichtbar ist. Die Binde an sich kann stimmungsabhängig verblassen. Im neutralen Erregungszustand sind die Vertikalbinden meist rudimentär sichtbar, sie reichen von kurz oberhalb der Bauchlinie bis auf die Höhe der unteren Seitenlinie, wobei sich die Binden 3-5 weniger hoch erstrecken. Ändert sich der Erregungszustand, können alle Binden komplett ausgebildet sein, dann reichen sie von der Bauchlinie bis zur Basis der Rückenflosse. Die 8. Binde erstreckt sich über den Kopf und führt direkt durch das Auge.

Von dieser Lokalform konnten keine Zählwerte ermittelt werden.

Sie ist der Form *Heros* sp. ‚Nanay' sehr ähnlich, möglicherweise ergeben sich die hier dargestellten Unterschiede aus der Variationsbreite der Art an sich.

Anmerkungen

Es handelt sich um einen Offenbrüter, der während der Balz- und Brutpflegephase eine sehr attraktive Färbung annimmt: Die untere Bauchregion, sowie die Bauch und Afterflossen färben sich kräftig rot bis Orange.

Verbreitung von *Heros* sp. ‚Yarinacocha'.

Zufluß zum Yarinacocha,
Cano de Paca, Peru. [DH]

Heros sp. ‚Cano de Paca'

Erste Erwähnung: Dittrich, 2015.
Quelle: www.augenfleckbuntbarsche.de.
Fundort: Peru: Cano de Paca.
Ersteinfuhr: Vermutlich 2013.

Entdeckungsgeschichte

Hierzu ist nichts Genaues bekannt. Die Art wurde wohl 2013 in geringen Stückzahlen durch privat reisende Aquarianer erstmalig zu uns gebracht.

Merkmale

Die Grundfärbung ist rotbraun, die Bauchregion sowie die Bauchflossen sind kräftig orange gefärbt. Sieben Vertikalbinden sind in gleichmäßigen Abständen auf dem Körper verteilt. Die Bindenzeichnung läßt sich folgendermaßen beschreiben: Die 1. Binde umgibt die Schwanzwurzel, auf dieser Binde liegt ein Caudalfleck der stets sichtbar ist, die Binde an sich kann stimmungsabhängig verblassen. Im neutralen Erregungszustand sind die Vertikalbinden meist nur bis etwa zur Hälfte ausgebildet, sie reichen von kurz oberhalb der Bauchlinie bis auf die Höhe der unteren Seitenlinie. Ändert sich der Erregungszustand können alle Binden komplett ausgebildet sein, sie reichen dann von der Bauchlinie bis zur Basis der Rückenflosse. Bei den vom Autor untersuchten Exem-

Männchen von *Heros* sp. ‚Cano de Paca'. [PD]

plaren konnten folgende Zählwerte ermittelt werden: 16 Hart- und 12 Weichstrahlen in der Rückenflosse, 7 oder 8 Hartstrahlen sowie 12 Weichstrahlen in der Afterflosse. Männchen lassen sich von den Weibchen durch das Vorhandensein einer deutlichen flächig-rötlichen Maskenzeichnung unterscheiden. Im Bereich hinter den Kiemendeckeln erstreckt sich eine Zone aus türkis irisierenden Schuppen.

Lebensraum von *Heros appendiculatus* am Cano de Paca in Peru. [DH]

Verbreitung von *Heros* sp. ‚Cano de Paca‘.

Anmerkungen

Es handelt sich um einen Offenbrüter. Die Form nimmt während der Balz- und Brutpflegephase eine sehr attraktive Färbung an: Die untere Bauchregion, sowie die Bauch und Afterflossen färben sich kräftig rot bis orange.

Männchen von *Heros* sp. ‚Cano de Paca‘. [PD]

Die *Heros notatus*-Gruppe

Erste Erwähnung: Dittrich, 2013.
Quelle: DCG Informationen 44(3): 54-60.

Im Folgenden werden diejenigen *Heros*-Arten vorgestellt, die hier erstmals in der Artengruppe *Heros notatus* zusammengefaßt werden. Die hier aufgeführten Ergebnisse sind als vorläufig zu betrachten. Phylogenetische Untersuchungen haben ergeben, daß sich die verschiedenen Populationen von *Heros notatus* tatsächlich genetisch unterscheiden. *Heros notatus* ‚Rio Negro' ist genetisch eher mit *Heros severus* verwandt und steht isoliert von den hier besprochenen Lokalformen, während *H. notatus* ‚Guyana' und *H. notatus* ‚Manaus' eng miteinander verwandt ist, sich aber genetisch auch von den genetisch nahe verwandten Formen *Heros notatus* ‚Rio Branco' und *Heros notatus* ‚Manaus' abgrenzen lassen. So kann man nach meinen bisherigen Untersuchungen vier Formen deutlich unterscheiden.
Beachtet man die Ergebnisse der genetischen Untersuchungen des eingereichten Materials, so scheint es sinnvoll zu sein, so wie in diesem Buch vorgeschlagen, von Artengruppen zu sprechen.
Die hier dargelegten Daten bestätigen nunmehr die Äußerungen Stawikowskis & Werners (1998), daß das Verbreitungsgebiet von *Heros notatus* größer ist als bisher angenommen. Somit erstreckt sich das Verbreitungsgebiet von *Heros notatus* von Guyanas Essequibo-System und wahrscheinlich auch anderen benachbarten Systemen über den Rio Branco zum Rio Negro südwärts bis hin nach Manaus, wo der Rio Negro in den Amazonas mündet. Mit meinen Untersuchungsergebnissen und den in Auftrag gegebenen phylogenetischen Untersuchungen ist nun auch klar, daß *Heros notatus* nicht mit *Heros efasciatus* identisch ist. Es ist durchaus nicht ungewöhnliche, daß sich innerhalb einer Art Lokalformen entwickeln, die je nach Fundort ein eigenes Zeichnungsmuster oder eine eigene Grundfärbung aufweisen.
Das phylogenetische Kladogramm zeigt deutlich, daß eine wissenschaftliche Überarbeitung der *Heros notatus*-Gruppe erforderlich ist.

Merkmale
Die Arten dieser Gruppen lassen sich einwandfrei anhand ihrer artenguppenspezifischen Merkmale erkennen. Die Grundfärbung schwankt zwischen Beigefarben bis Türkisfarben, auf den unteren Hälften der Flanken sind stets fünf bis sechs große dunkle Flecken zu erkennen. Diese Flecken sind Bestandteile der für die *Heros*-Arten typischen Vertikalbindenzeichnung. Männchen der in dieser Artengruppe zusammengefaßten Arten zeigen stets horizontal verlaufende Reihen aus Punkten die rot, rötlich

oder braun gefärbt sind, und eine Maskenzeichnung im Kopfbereich, die in der Regel die selbe Färbung besitzt wie die Punktreihen auf den Flanken. Den Weibchen fehlt diese Zeichnung. Die Anzahl der Hart- und Weichstrahlen in den Flossen varriiert bei dieser Artengruppe. In der Regel können 15-16 Hart- und 13-14 Weichstrahlen gezählt werden, in der Afterflosse 7-8 Hart- und 13-14 Weichstrahlen. Die Anzahl der Schuppen in der oberen Seitenlinie variiert ebenfalls und beträgt zwischen 17 und 19 Schuppen.

Alle Vertreter sind Offenbrüter.

Die *Heros notatus*-Gruppe umfaßt die folgenden Formen:
Heros notatus (Jardine, 1843)
Heros sp. ‚Rio Negro'
Heros sp. ‚Manaus'
Heros sp. ‚Rio Branco'
Heros sp. ‚Guyana'
Heros sp. ‚Essequibo'.

Der Autor beim Fischfang im Schwarzwasser führenden Rio La Pica, einem Zufluß des Rio Capanaparo in Venezuela. [JN]

Heros notatus
JARDINE, 1834

Grüner Augenfleckbuntbarsch

Erstbeschreiber: JARDINE, 1834
Quelle: SCHOMBURGK, 1843.
Typus-Lokalität: Nach der Erstbeschreibung nicht bestimmbar.
Typus-Material: Unbekannt, wohl nicht mehr existent.
Neubeschreibung: STAECK & SCHINDLER, 2003.
Quelle: STAECK & SCHINDLER, 2003.
Typus-Material der Neubeschreibung (Neotypus): Naturhistorisches Museum Berlin.
Ersteinfuhr: Unbekannt.
Etymologie: Lateinisch für ‚gezeichnet'. Dies bezieht sich wahrscheinlich auf die vielen Punkte, welche die Männchen dieser Art auf den Flanken tragen, möglicherweise aber auch auf das stets sichtbare Bindenmuster, welches beide Geschlechter in Form großer dunkler Flecken in den unteren Körperhälften zeigen.

Entdeckungsgeschichte

Im Jahre 1843 wurde *Heros notatus* als *Centrarchus notatus* von JARDINE beschrieben. Da die Gattung *Centrarchus* eine Gattung der Sonnenbarsche (Centrarchidae) darstellt, ist dieser Gattungsname aus heutiger Sicht natürlich nicht die beste Wahl gewesen. Die Erstbeschreibung erschien in

Männchen von *Heros notatus*. [PD]

Band 40 von JARDINES naturwissenschaftlichen Sammelwerkes mit dem Titel ‚The Naturalist´s Library' im zweiten Band mit dem Titel ‚Fishes of Guiana'.

Als in den 1990er Jahren Fische auftauchten, die mit der Zeichnung aus der Erstbeschreibung von *Heros notatus* große Ähnlichkeiten aufwiesen, für die es aber keine verläßliche Angaben zum genauen Fundort gab, außer das sie vermutlich aus Guyana stammen, wurde für diese Buntbarsche der Name *Heros notatus* verwendet.

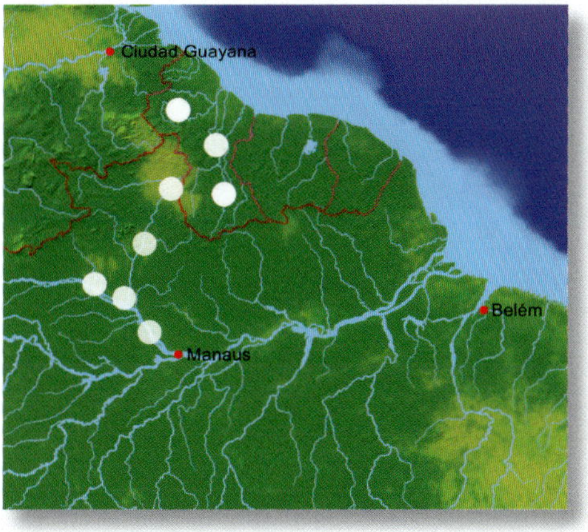

Verbreitung von *Heros notatus*.

KULLANDER hatte bereits 1986 die beiden Arten *Heros severus* (HECKEL, 1840) und *Heros appendiculatus* (CASTELNAU, 1855) unterschieden und angedeutet, daß möglicherweise noch weitere Taxa als gültige Arten zu werten sind. Bei diesen Bemühungen, innerhalb der Gattung stärker zu differenzieren, erlangten ältere, beinahe vergessene Taxa, die man zwischenzeitlich als Synonyme verworfen hatte, eine erneute Bedeutung. Zu diesen zählt auch *Centrarchus notatus* JARDINE,1843.
Für einen Aquarienfisch wurde der Name *Heros notatus* erstmals im Jahre 1995 von STAWIKOWSKI verwendet: In einer Übersicht über die zum damaligen Zeitpunkt

Weibchen von *Heros notatus*. [PD]

verfügbaren Kenntnisse über die Gattung *Heros* wies er darauf hin, daß zwischen einer kolorierten Zeichnung, die Teil der Erstbeschreibung von *Centrarchus notatus* ist, und dem Farbkleid eines seit dem Anfang der 1990er Jahre in der Aquaristik bekannten Vertreters eine große Ähnlichkeit bestand, dieses allerdings ohne genau zu wissen ob es sich tatsächlich um die als *Centrarchus notatus* beschriebenen Fische handelte.

Bereits 1995 und 1996 versuchten Schindler & Staeck nachzuweisen, daß diese Art tatsächlich aus Guyana stammt. Nach einer Analyse aller taxonomisch relevanten Informationen publizierten sie 1997 die Wiederbeschreibung von *Heros notatus* anhand von Exemplaren aus dem Essequibo River und dem Demerara River in Guyana.

Um *Heros notatus* gab es in der Vergangenheit viele Diskussionen, was zur oben erwähnten Wiederbeschreibung führte. Doch auch nach der Wiederbeschreibung wurde wieder Öl ins Feuer gegeben, als nur zwei Monate nach der Veröffentlichung der Arbeit von Schindler & Staeck (1997) in den DCG-Informationen ein Artikel von Stawikowski & Kullander (1997) erschien und die Autoren ein bis dato unbekanntes Foto eines Cichliden veröffentlichten, und diesen als *Heros notatus* aus dem mittleren Rio Negro präsentierten.

Sie unterschieden *H. notatus* aus dem Essequibo-Einzug von ‚ihrem' *Heros notatus* aus dem Rio Negro anhand der Punktzeichnung, welche beide Arten auf den Körperflanken tragen. Die Punkte des „Rio Negro - *H. notatus*" seien im Gegensatz zu den braunen Punkten des „Essequibo - *notatus*" rot. Das reichte beiden Autoren, um den „Rio Negro - *H. notatus*" als den ‚echten' *Heros notatus* zu bezeichnen, ohne dieses jedoch wissenschaftlich zu begründen.

Auch 1998 erwähnen Stawikowski & Werner in ihrem Werk ‚Die Buntbarsche Amerikas Band 1', daß es sich bei den Tieren aus dem unterem Essequibo nicht um *Heros notatus* handelt und bezeichnen diese Cichliden als *Heros* sp. ‚Guyana'. Sie beurteilen die Wiederbeschreibung von *Heros notatus* durch Schindler & Staeck (1997) als „voreiligen Schritt" und liefern abermals keine stichhaltigen Argumente für ihre Theorie, sondern stützten sich ebenso wie Staeck & Schindler auf die vorhandene, recht dürftige, Literatur.

Von *Heros notatus* ist durch den Erstbeschreiber leider kein Fundort des Typus-Materials überliefert. Erschwerend kommt hinzu, daß die Zeichnungen Schomburgks, die er oder seine Begleiter während der Expedition anfertigten, nicht nummeriert sind, und somit ist es praktisch unmöglich, den Reiseweg durch Brasilien und Guyana zu rekonstruieren und somit auch die Identität der gemeinten Fische sicher nachzuweisen.

Auch wenn die Wiederschreibung von *Heros notatus* wissenschaftlich anerkannt wurde, bleiben berechtigte Zweifel an ihrer Richtigkeit. Allerdings schließe ich nicht aus, daß es sich auch beim „Rio Negro - *H. notatus*" um den echten *Heros notatus* handelt.

Phylogenetische Untersuchungen haben ergeben, daß sich die verschiedenen Populationen von *Heros notatus* tatsächlich genetisch unterscheiden.

Heros notatus ‚Rio Negro' ist genetisch eher mit *Heros severus* verwandt und steht isoliert von den hier besprochenen Lokalformen, während *H. notatus* ‚Guyana' und *H. notatus* ‚Manaus' eng miteinander verwandt sind,

sich aber genetisch auch von den genetisch nahe verwandten Formen *Heros notatus* ‚Rio Branco' und *Heros notatus* ‚Manaus - Rio Negro' abgrenzen lassen. So kann man nach meinen bisherigen Untersuchungen vier Formen in *Heros notatus* unterscheiden.
Genauere und vor allem gezielte Untersuchungen der einzelnen Artengruppen und der in diesen geführten Lokalformen werden sicherlich dazu beitragen, die Anzahl der gültigen Arten zu erweitern.

Die hier dargelegten Daten bestätigen nunmehr die Äußerungen STAWIKOWSKIS & WERNERS (1998), daß das Verbreitungsgebiet von *Heros notatus* größer ist als bisher angenommen. Es erstreckt sich somit von Guyanas Essequibo-System (und wahrscheinlich auch anderen Systemen) über den Rio Branco zum Rio Negro südwärts bis hin nach Manaus, wo der Rio Negro in den Amazonas mündet.
Mit meinen Untersuchungsergebnissen und meinen in Auftrag gegebenen phylogenetischen Untersuchungen ist nun auch klar, daß *Heros notatus* nicht mit *Heros efasciatus* identisch ist.
Es ist durchaus nicht ungewöhnlich, daß sich innerhalb einer Art Lokalformen entwickeln, die je nach Fundort ein eigenes Zeichnungsmuster oder eine eigene Grundfärbung aufweisen.
Das Kladogramm zeigt deutlich, daß eine wissenschaftliche Neubearbeitung der *Heros notatus* - Gruppe erforderlich ist.

An dieser Stelle möchte ich ganz klar betonen, daß die Anzahl der von mir eingereichten Exemplare höchstwahrscheinlich nicht den üblichen Anforderungen genügt.

Aggressives Männchen. [PD]

Allerdings reichen Sie aus, um eine vorläufige Aussage zu treffen. Da es sowohl Unterschiede in der phänotypischen als auch in der genetischen Klassifizierung gibt kann man in diesem Fall, um eine Abgrenzung vorzunehmen, von Unterarten sprechen.
Im Folgenden werden die bekannten Lokalformen vorgestellt.

Heros sp. ‚Rio Negro'

Erste Erwähnung: Stawikowski & Kullander (1997).
Fundort: Brasilien: Rio Negro.
Ersteinfuhr: Vermutlich Aquatarrium (Garbsen), 2010.

Entdeckungsgeschichte

Dieser hübsche *Heros* tauchte meines Wissens erstmal 2010 auf. Bekannt wurde er als *Heros efasciatus* ‚Rio Negro - Red Spotted'. Das es sich nicht um *Heros efasciatus* handeln kann, war bei der ersten Betrachtung der gezeigten Photographie eindeutig. Schon 1998 zeigen Stawikowski & Werner in ‚Die Buntbarsche Amerikas', Band 1, S. 22 ein Exemplar. Ein Jahr zuvor stellten Stawikowski & Kullander in ihrer Arbeit ‚Jardines Cichliden', die in den DCG Informationen publiziert wurde, eine Abbildung dieses *Heros* und bezeichnen ihn als „*Heros notatus*, Exemplar aus dem mittleren Rio Negro, Brasilien". Der im Beitrag angeführten Argumentation nach handelt es sich um den ‚echten' *Heros notatus*. Die

Männchen aus dem mittleren Rio Negro mit intensiver Rotfärbung. [FF]

Autoren versuchen anhand der verfügbaren Informationen des Beschreibers klarzustellen, daß es sich bei diesem *Heros* um die Typusform von *Heros notatus* handelt. Aufgrund der für dieses Buch durchgeführten Untersuchungen schließe ich mich der Meinung von Stawikowski & Kullander (1997) an, daß es sich bei der Form aus dem Rio Negro (mit den roten Punkten) um die Typusform der Artengruppe um *Heros notatus* handelt. Staeck & Schindler (1997) waren hingegen ganz anderer Meinung und beschrieben *Heros notatus* mit Exemplaren aus dem Essequibo neu. Allerdings beruht diese Neubeschreibung auf den gleichen Informationen, die auch Stawikowski & Kullander zur Verfügung standen. Die Interpretation dieser Informationen ist natürlich rein subjektiver Natur. In der für dieses Buch in Auftrag gegebenen phylogenetischen Studie erscheint *Heros notatus* ‚Rio Negro' oberhalb aller anderen hier zur Artengruppe zugeordneten Lokalformen. Das bedeutet, daß alle anderen wohl von dieser Art abstammen.
Schon 2013 gab Dittrich an, daß er die verschiedenen Formen, die er in einem Artikel in den DCG Informationen zeigte und die nun in diesem Buch in der Artengruppe um *Heros notatus* zusammengefaßt werden, für Lokalformen nur einer Art hält.

Merkmale

Zwei von mir untersuchte Exemplare mit 142 mm und 150 mm Totallänge wiesen folgende Standardzählwerte auf: 16 Hart- und 14 Weichstrahlen in der Dorsale, 8 Hart- und 13 Weichstrahlen in der Anale. Betrachtet man die Wiederbeschreibung dieser Art so wird klar, daß die Anzahl der Hart- und Weichstrahlen aufgrund ihrer Variabilität kein verläßliches Artmerkmal sein kann. So geben die Autoren 15-16 und 13-14 Hart- und Weichstrahlen in der Dorsale und 7-8 Hart- und 13-14 Weichstrahlen in der Dorsale an. Der signifikante Unterschied der zur Debatte stehenden Lokalformen besteht in der Färbung der Punkte, die *Heros notatus*-Formen auf den Flanken tragen. *Heros notatus* aus dem Essequibo tragen braune, solche aus dem Rio Negro rote Punkte auf den Flanken. Die Grundfärbung von *Heros notatus* ‚Rio Negro' ist gelblich, die in horizontalen Linien verlaufenden Punktreihen bestehen aus roten Punkten. Die Brust ist kräftig rot gefärbt, der Unterkieferstreifen ist deutlich sichtbar.

Verbreitung von *Heros* sp. ‚Rio Negro'.

Anmerkungen

Heros notatus ‚Rio Negro' ist ein typischer Offenbrüter.
Im Jahre 2014 oder 2015 wurden durch ein Mißverständnis leider Hybriden unter der Bezeichnung *Heros efasciatus* ‚Rio Negro' durch den Handel verteilt. Auch ich erhielt Nachzuchten dieses Hybriden.

Heros sp. ‚Manaus'

Erste Erwähnung: Vermutlich Dittrich (2013).
Fundort: Brasilien: Rio Negro bei Manaus.
Ersteinfuhr: Vermutlich Aquatarium (Garbsen) um 2012.

Entdeckungsgeschichte

Dieser *Heros* tauchte meines Wissens erstmals 2012 oder 2013 auf. Bekannt wurde er als *Heros efasciatus* ‚Manaus'.

Diese Form hat große Ähnlichkeit mit *Heros notatus*, zumindest, wenn man das Muster der Vertikalbinden als Erkennungsmerkmal verwendet.

Die Flanken tragen in der unteren Hälfte fünf stets sichtbare Flecke. Die Grundfärbung ist beige-bräunlich.

Die bei anderen Vertretern der Artengruppe horizontal verlaufenden Linien aus Punkten bestehen bei der hier vorgestellten Form nicht aus Punkten, sondern kleinen bräunlichen Strichelchen. Weibchen dieser Form zeigen keine Strichelchen auf den Flanken, dasselbe gilt für die Maskenzeichnung, die nur bei Männchen ausgebildet ist.

Zwei von mir untersuchte Exemplare mit 133 mm und 120 mm Totallänge hatten folgende Standardzählwerte: 16 Hart- und 14 Weichstrahlen in der Dorsale, 7 Hart- und 13 Weichstrahlen in der Anale.

Männchen von *Heros* cf. *notatus* ‚Manaus'. [UW]

Die Körperform scheint bei dieser Form mehr ‚kastenförmig‘ zu sein als bei den anderen Vertretern dieser Artengruppe, beispielsweise *Heros notatus* ‚Guyana‘.
In der Umgebung von Manaus wurde eine weitere Form gefunden, die ebenfalls an *Heros notatus* erinnert. Uwe Werner stellte mir freundlicherweise Photos dieser Form zur Verfügung. Im Gegensatz zu dem hier als *Heros* cf. *notatus* ‚Manaus‘ vorgestellten Cichliden zeigt dieser rotbraune Punkte auf den Flanken. Die Körpergrundfärbung ist ein helles Braun.

Anmerkungen
Möglicherweise handelt es sich um eine Übergangsform zwischen dem in diesem Buch als *Heros notatus* ‚Rio Negro‘ und *Heros notatus* ‚Rio Branco‘ vorgestellten Form, oder einer anderen Lokalform aus dem Gebiet nördlich von Manaus.

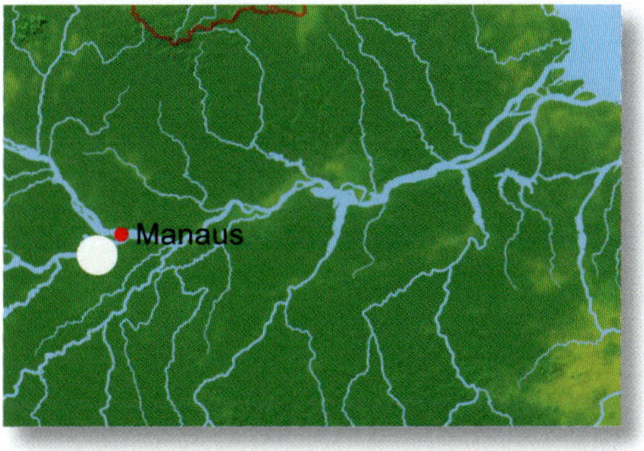

Verbreitung von *Heros* sp. ‚Manaus‘.

Männchen des unbestimmten *Heros* aus der Umgebung von Manaus. [UW]

Weibchen fehlt jegliche Zeichung auf Flanken und Kopf. Vertikalbinden sind erkennbar. [UW]

Heros sp. ‚Rio Branco'

Erste Erwähnung: Dittrich, 2013.
Quelle: DCG-Informationen 44(3): 54-60.
Fundort: Venezuela, Rio Branco.
Ersteinfuhr: Vermutlich 2012 oder 2013.

Entdeckungsgeschichte

Dieser *Heros* wurde im Rio Branco in Venezuela gesammelt und importiert, leider liegen auch in diesem Fall keine genauen Angaben zur Lokalität vor. Mit hoher Wahrscheinlichkeit handelt es sich auch hierbei um eine Lokalform von *Heros notatus*.

Merkmale

Er zeigt eine kräftig grünliche Grundfärbung, im männlichen Geschlecht sind auf den Flanken kleine dunkle Punkte in relativ gleichmäßigen horizontal verlaufenden Linien angeordnet.

Den Weibchen fehlt diese Musterung.

Wie bei allen Lokalformen der *Heros notatus* - Gruppe zeigen nur die Männchen eine Maskenzeichnung im Kopfbereich. Den Weibchen fehlt diese Zeichnung. Bei semiadulten Weibchen können manchmal kleine bräunliche oder rötliche Zonen über

Männchen im neutralen Erregungszustand. [PD]

dem Maul auftreten. Das gilt allerdings auch für andere Arten der Gattung. Das für *Heros notatus* arttypische Muster der Vertikalbinden ist auch bei dieser Form deutlich sichtbar, fünf bis sechs große Flecken sind im neutralen Erregungszustand in der unteren Körperhälfte stets sichtbar. Im aggressiven Erregungszustand oder während der Balz und der Brutpflege sind die Vertikalbinden komplett sichtbar. Die dritte Vertikalbinde ist zumindest bei dem hier vorgestellten Exemplar verkürzt, ganz ähnlich wie bei *Heros severus*. Das bei der Ausbildung der Vertikalbinden gelegentlich Variation auftreten, ist seit der Diskussion um die Identität von *Heros severus* deutlich geworden. Auch während der Arbeit an diesem Buch sind immer wieder Exemplare verschiedener Arten aufgetaucht, die eine verkürzte dritte Binde zeigten, oder bei denen die Vertikalbinden miteinander verschmolzen waren. Daher gehe ich in diesem Fall nicht davon aus, daß es sich um ein artspezifisches Merkmal handelt. Leider lagen auch von *Heros notatus* ‚Rio Branco' nicht ausreichend Exemplare vor, um hier eine fundierte Aussage zu treffen. Diese Art ist beige bis leicht grünlich gefärbt, stimmungsabhängig zeigt dieser *Heros* eine schöne gelbliche Färbung. Die auf den Flanken horizontal verlaufenden Reihen aus rostroten Punkten sind nur bei den Männchen vorhanden. Die gesamte Bauchlinie kann je nach Stimmung kräftig rot gefärbt sein. Die von mir untersuchten Exemplare weisen folgende Standardzählwerte auf: Totallängen 135, 145 und 149 mm, in der Dorsale 16 Hart- und 13 Weichstrahlen, in der Anale konnten 7 Hart- und 14 Weichstrahlen.

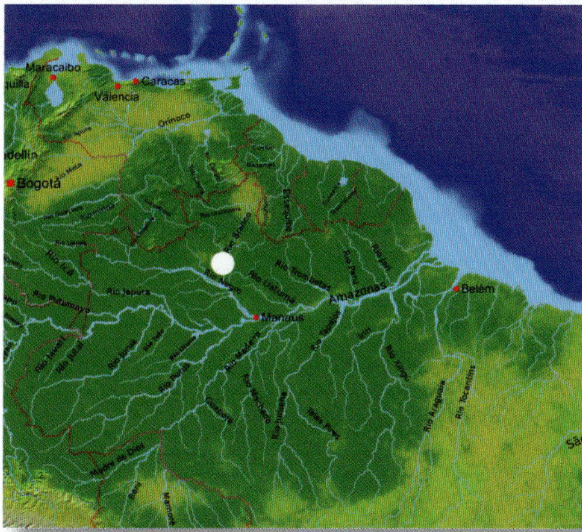

Verbreitung von *Heros* sp. ‚Rio Branco'.

Anmerkungen

Heros notatus ‚Rio Branco' ist ein typischer Offenbrüter, der deutlich weniger aggressiv zu sein scheint als andere Vertreter dieser Art.

Das gleiche Männchen im agressiven Erregungszustand. Die starke Gelbfärbung ist dem Aquarienwasser geschuldet. [PD]

Hier das zugehörige Weibchen. [PD]

Heros sp. ‚Guyana'

Erste Erwähnung: Vermutlich Dittrich, 2013.
Quelle: DCG-Informationen 44(3): 54-60.
Fundort: Guyana, ohne weitere Angaben zum genauen Fundort.
Ersteinfuhr: Unbekannt.

Entdeckungsgeschichte

Dieser *Heros* wurde aus dem Guyana importiert, mit sehr hoher Wahrscheinlichkeit handelt es sich um eine Lokalform von *Heros notatus*. Eine passende Trivialbezeichnung im englischsprachigen Raum ist ‚Green' oder ‚Turquise-*severum*'.

Ich konnte diese schöne Art bei Aqua Global (Seefeld bei Werneuchen) erwerben, gemaue Angaben zur Lokalität konnte der Importeur leider nicht machen.

Merkmale

Heros sp. ‚Guyana' zeigt eine kräftig grünliche Grundfärbung. Die Männchen tragen auf den Flanken kleine dunkle Punkte, die in relativ gleichmäßigen horizontal verlaufenden Linien angeordnet sind. Den Weibchen fehlt diese Musterung. Das für *Heros notatus* arttypische Muster der Vertikalbinden ist auch bei dieser Form deutlich sichtbar, fünf bis sechs große Flecken sind im

Wildfang-Männchen von *Heros notatus* ‚Guyana'. [PD]

neutralen Erregungszustand in der unteren Körperhälfte stets sichtbar. Im aggressiven Erregungszustand oder während der Balz und der Brutpflege sind die Vertikalbinden komplett sichtbar. Diese Form hat einen relativ stark ausgeprägten Unterkieferstreifen, der jedoch relativ schmal ist. Bei dieser Form konnte keine weinrot oder rötlich gefärbte Zone unterhalb der Kiemendeckel oder dem Brustbereich beobachtet werden. Die angesprochene Grundfärbung unterscheidet sich von einer weiteren Form, die ebenfalls im Essequibo vorkommt. Die Färbung dieser Art kann in ein kräftiges Grün sein oder ins Türkis übergehen.

Die von mir untersuchten Exemplare weisen folgende Standardzählwerte auf: Totallängen 12,2, 11,1, 10,1, oder 10,1 cm, in der Dorsale 16 Hart- und 13 Weichstrahlen, und in der Anale 7 Hart- und 14 Weichstrahlen.

Verbreitung von *Heros* sp. ‚Guyana'.

Anmerkungen

Bei *Heros notatus* ‚Guyana' handelt es sich um einen typischen Offenbrüter, der im Vergleich zu anderen Vertretern dieser Form relativ aggressiv ist.

Männlicher *Heros notatus* ‚Guyana' im neutralen Erregungszustand. [PD]

Heros sp. ‚Essequibo'

Erste Erwähnung: Vermutlich Dittrich, 2013.

Quelle: DCG-Informationen 44(3): 54-60.

Fundort: Guyana: Rio Essequibo.

Ersteinfuhr: Unbekannt, vermutlich durch reisende Aquarianer.

Entdeckungsgeschichte

Dieser *Heros* wurde aus dem Rio Essequibo importiert, mit sehr hoher Wahrscheinlichkeit handelt es sich um eine Lokalform von *Heros notatus*.

Merkmale

Heros sp. ‚Essequibo' zeigt eine grünliche bis beigefarbende Grundfärbung, im männlichen Geschlecht sind auf den Flanken kleine dunkle Punkte in relativ gleichmäßigen horizontal verlaufenden Linien an-

Männlicher *Heros* cf. *notatus* ‚Essequibo' im neutralen Erregungszustand. [PD]

geordnet. Den Weibchen fehlt diese Musterung. Das für *Heros notatus* arttypische Muster der Vertikalbinden ist auch bei dieser Form deutlich sichtbar. Fünf große Flekken sind im neutralen Erregungszustand in der unteren Körperhälfte stets sichtbar. Im aggressiven Erregungszustand oder während der Balz und der Brutpflege sind die Vertikalbinden komplett vorhanden. Diese Form hat einen weniger stark ausgeprägten Unterkieferstreifen. Die angesprochene Grundfärbung unterscheidet sich von einer weiteren Form, die ebenfalls im Essequibo vorkommt. Diese Art ist kräftig grün-gelblich gefärbt. Erwachsene Exemplare können stimmungsabhängig eine weinrot gefärbte Zone unterhalb der Kiemendeckel zeigen. Die untersuchten Exemplare weisen folgende Standardzählwerte auf: Exemplar 1, Männchen, Totallänge 153 mm: In der Dorsale 14 Hart- und 13 Weichstrahlen, in der Anale konnten 7 Hart- und 14 Weichstrahlen gezählt werden. Beim zweiten Exemplar, einem Weibchen von 149 mm Totallänge, konnten 14 Hart- und 13 Weichstrahlen, in der Anale 7 Hart und 14 Weichstrahlen gezählt werden.

Verbreitung von *Heros* sp. ‚Essequibo'.

Diese Form besitzt von allen untersuchten *Heros notatus*-Formen die wenigsten Weichstrahlen in der Dorsale. Allerdings ist dies kein repräsentativer Wert, da nur wenige Exemplare untersucht wurden.

Anmerkungen

Bei *Heros* cf. *notatus* ‚Essequibo' handelt es sich um einen typischen Offenbrüter, der weit weniger aggressiv zu sein scheint als andere Vertreter dieser Art.

Die *Heros spurius*-Gruppe

Guaporé-*Heros*

Erste Erwähnung: Den Terminus ‚Guaporé-*Heros*' verwendete nach meinen Recherchen die AG Heros des Arbeitskreises Großcichliden der DCG erstmals 2001.
Stawikowski & Werner (1998) diskutierten ebenfalls die „*Heros* aus dem Rio Guaporé".
Verbreitung: Rio-Guaporé, Mato Grosso (Brasilien).

Im Jahr 1840 beschrieb Heckel drei *Heros*-Arten anhand von Material, welches 12 Jahre zuvor von Natterer im Laufe seiner 19-jährigen Sammelreise durch ganz Südamerika am oberen Rio Guaporé (spanisch Rio Iténez) und in den Sümpfen bei der Stadt Matogrosso (heute Vila Bela) gefangen wurde: *Heros coryphaeus*, *Heros modestus* und *Heros spurius*.

In der Wissenschaft wird derzeit nur eine dieser Arten als gültig betrachtet, nämlich *Heros spurius* Heckel, 1840. Die beiden anderen beschriebenen Arten (*H. coryphaeus* Heckel, 1840 und *H. modestus* Heckel, 1840) wurden von Günther (1862) als erstem revidierenden Autor mit *H. spurius* synonymisiert.

Bereits 2001 erklärte die AG Heros des Arbeitskreis Großcichliden der DCG, daß der Status der ‚Guaporé-*Heros*' nicht zufriedenstellend geklärt sei.

Kullander (1986, 2003) führt ebenfalls nur *H. spurius* als gültige Art und folgt damit Günther.

Albering (2009) und Staeck (2009) sprechen in ihren Aufsätzen von *Heros coryphaeus*, als sie über *Heros* im Rio San Martin schreiben, beide korrigieren ihre Aussagen später und verwenden die Benennung *Heros spurius*.

Da seit kurzem lebende *Heros* aus dem Einzugsgebiet des Rio Guaporé (genauer gesagt dem Rio San Martin, einem südlichen Zufluß) verfügbar sind, wurden molekulargenetische Untersuchungen an zumindest einer der drei Arten durchgeführt, um die taxonomische Einordnung dieser *Heros* zu definieren.

Betrachtet man die Abbildung eines konservierten *Heros* aus dem Rio Guaporé (Da Graça, 2008), der als *H. spurius* bezeichnet wird, mit dem in Wien hinterlegten Typus-Exemplar dieser Art und der Diagnose Heckels, so stellt man unweigerlich fest, daß das abgebildete Exemplar die diagnostischen Merkmale einer anderen von Heckel beschriebenen Art zeigt, nämlich *Heros coryphaeus*.
Das Bindenmuster aller Guaporé-*Heros* ist klar und sehr detailliert von Heckel beschrieben. Heckel gibt an, daß *H. spurius* 9

Vertikalbinden zeigt, von denen die 7. (nach heutiger Zählweise also die 3. Binde) nicht bis an die Rückenflosse heranreicht. Das ist am Typus-Exemplar deutlich erkennbar. Die Abbildung in Da Graça (2008) jedoch zeigt ein Exemplar, dessen 3. Binde bis in den weichstrahligen Teil der Rückenflosse hinein reicht, ganz so wie Heckel es für *H. coryphaeus* beschreibt.
Allerdings ist es dem Alter der von Heckel beschriebenen Exemplare geschuldet, daß viele der beschriebenen Merkmale nicht mehr erkennbar sind. Daher halte ich es für sinnvoll, auch die Anmerkungen Heckels zur Färbung bei der Identifizierung zu berücksichtigen. Nun kann es aber durchaus sein, daß gerade das Merkmal der Vertikalbinden bei den ‚Guaporé-*Heros*' der Variationsbreite nur einer Art unterliegt.

Die in den folgenden Kapiteln gezeigten Abbildungen zeigen Tiere, die an einer bestimmten Lokalität gesammelt oder photographiert wurden. Selbst bei diesen Exemplaren kann man keine eindeutige Zuordnung der Arten vornehmen, da sie diagnostische Merkmale verschiedener Arten in sich vereinen.
Da bisher keine ausführlichen Untersuchungen hierzu durchgeführt wurden, bleibt die Frage nach der Anzahl der dort verbreiteten Arten weiterhin unklar. Auf den folgenden Seiten stelle ich als Konsequenz alle drei Arten vor.

Ich möchte mich, gerade was dieses Kapitel betrifft, für die vielen wertvollen Hinweise und Aussagen bei Prof. Dr. Albering bedanken, er konnte die Tiere in ihrem natürlichen Habitat und im Aquarium beobachten. Einige der hier publizierten Textpassagen stammen aus seiner Feder. Dazu muß angemerkt werden, daß sich unsere Ansichten in einigen Punkten nicht dekken.

Eine intensive Neubearbeitung der hier nun vorgestellten Arten, sowie eine erneute Untersuchung des infrage kommenden Gebietes ist nötig, um hier eines Tages Gewissheit zu haben, ob dort tatsächlich nur eine oder mehrere Arten vorkommen.

Heros spurius

HECKEL, 1840

Bolivianischer Augenfleckbuntbarsch

Erstbeschreiber: J. J. HECKEL, 1840.
Quelle: HECKEL, 1840: 368.
Typus-Lokalität: Rio-Guaporé, Mato Grosso [Brasilien].
Typus-Material: Naturhistorisches Museum Wien (NMW 17656).
Ersteinfuhr: Vermutlich vor den 1950er Jahren, bestätigter Import 2009 durch ALBERING, OBERLEUTHNER et al.
Etymologie: ‚spurius', lateinisch für unecht, uneheliches Kind (Bastard). Diese ‚Bastard'-Namenserklärung gaben STAWIKOWSKI & WERNER (1998) an.

Entdeckungsgeschichte

HECKEL beschreibt diesen Cichliden folgendermaßen: „Diese mit den vorhergehenden (gemeint ist *H. modestus*) nahe verwandte Art, kommt im Allgemeinen mit *Heros severus* überein, dabei erreicht aber die Mitte des Körpers eine Höhe wie *Heros coryphaeus*, und der Winkel des schief-vorwärts gestreckten Kiemendeckels liegt beinahe wie an *Heros modestus* unter dem Auge; was ihr aber nur allein eigen ist und sie von diesen drei Verwandten am meisten auszeichnet, ist die Anfangs geradlinige in keinem Bo-

Weibchen von *Heros spurius*. [JA]

gen aufsteigende Stirne, die sich erst vor den Augen plötzlich erhebt.“

Und zu den Zeichnungsmerkmalen:

„Auf einer getreu nach dem Leben colorirten Zeichnung ist die allgemeine Farbe dieses Fisches ein schmutziges schwarz-grün, dunkler auf dem Oberkopf und gräulich an Brust und Bauch; der ganze Unterkiefer bis zum Winkel des Vordeckels ist blaugrün, die Bauchflossen sind schwarz, gegen das Ende ihrer Strahlen aber röthlich, alle Vertikalflossen beinahe schwarz, besonders die Membrane zwischen den Stachelstrahlen. Die Binden haben die Farbe des Körpers, nur viel dunkler. Die Iris ist schwarzbraun, mit einem breiten schwarzen Ringe um die Pupille und einem andern am äusseren Bande.

Alle Schuppen haben in der unteren Hälfte des Rumpfes einen schwarzen Punkt an ihrer Basis, wodurch eben so viele deutliche Längsreihen entstehen”.

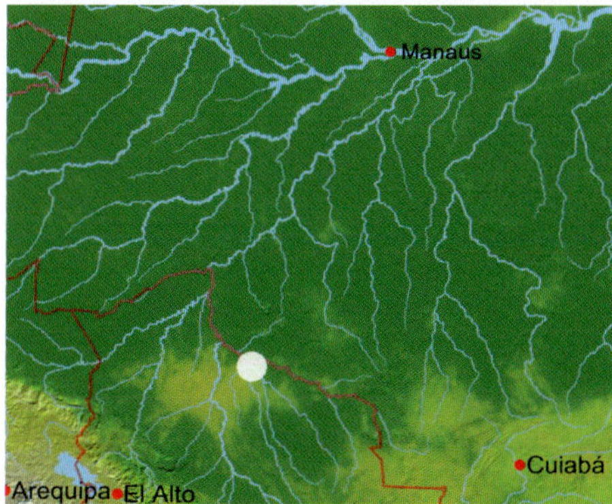

Verbreitung von *Heros spurius*.

Generell sollte man angesichts der drei Beschreibungen Heckels festhalten, daß sich alle Arten bezüglich einiger Merkmal ähnlich sind, so beispielsweise das Auftreten von schwarzen Punkten, wenn auch in

Mänchen von *Heros spurius*. [JA]

unterschiedlicher Ausprägung, eine dunkle, graue Grundfarbe des Körpers sowie dunkle unpaarige Flossen. Unterschiede sieht HEKKEL in morphologischen Merkmalen wie der Stirnform, Augengröße und allgemeinem Habitus. Auch die Intensität und Färbung der Querstreifen sind ein Kriterium, das er zur Artbestimmung heranzieht. Man sollte bei der Betrachtung immer im Hinterkopf haben, daß sich die Zeichnungselemente und Farbe des Präparates im Laufe der Zeit ändern können. Je nach Konservierungsmethode und Alter des Präparates ist es möglich, daß der Anblick stark von dem eines lebenden Exemplares abweicht.

Mit unserem heutigen Kenntnisstand über *Heros* im Allgemeinen, ihre unterschiedlichen Färbungen als Ausdruck verschiedener Stimmungen, die Veränderung der Zeichnungsmerkmale und des Habitus als Funktion des Alters der Tiere sowie die innerartliche Variabilität lassen die Beschreibungen HECKELS in einem anderen Licht erscheinen. Es ist meines Erachtens durchaus möglich, daß in der NATTERER-Sammlung Exemplare unterschiedlicher Entwicklungsstadien und Geschlechter sowie aus unterschiedlichen Biotopen vorgelegen haben. Es ist eine altbekannte Tatsache, daß sich etwa der Habitus von Cichliden einerseits stark mit dem Alter ändert und andererseits auch umwelt- oder ernährungsbedingt sein kann. So haben Tiere der gleichen Art, die in Fließgewässern oder stehenden Gewässern aufgewachsen sind, häufig eine voneinander stark abweichende Körperform. Bei *Heros* kommen bezüglich der Zeichnungsmerkmale und Färbungen auch noch Aspekte wie Alter, Stimmung, und Geschlecht hinzu, die es schwierig machen können, anhand von konservierten Tieren und auf Grund von Beschreibungen der Lebendfärbung Arten abzugrenzen, wenn man nicht zusätzlich molekulargenetische Methoden hinzuzieht.

Verbreitung

Ungeachtet der Tatsache, daß es sich bei den in diesem Abschnitt vorgestellten Tieren formal nicht um *H. spurius*, sondern um eine der anderen beiden Arten handeln könnte, ist zumindest der Fundort zweifelsfrei belegt. Die Tiere wurden 2009 bei der Ortschaft Bellavista am Rio San Martin von den österreichischen Aquarianern Anton OBERLEUTHNER und Jörg ALBERING gefangen. In den Jahren 2006 und 2008 gelang es einer Gruppe von Aquarianern am selben Fundort Einzeltiere zu beobachten und sogar ein adultes Weibchen mit einem Zugnetz zu fangen, transportable Jungtiere wurden jedoch während dieser Expeditionen in der Regenzeit nicht gefangen. Dies gelang erst während der Trockenzeit, in der nach Angaben OBERLEUTHNERS und ALBERINGS tagsüber Jungtiere nahe großer Granitfelsen zwar beobachtet, aber nicht gefangen werden konnten. Nachts hingegen konnten mehrere Exemplare mit Rahmenkeschern eingesammelt werden, von denen acht Stück lebend Österreich erreichten. Der Rio San Martin ist während der Trockenzeit ein klarer, flacher Schwarzwasserfluß. Außer *Heros* kommen dort, neben zahlreichen Salmlern, mindestens zwei Rochenarten, viele Welsen (Doradiden, *Corydoras* sowie einige Saugwels-Arten und dem Candirú), Flundern, mindestens drei Messerfischarten vor, weiterhin Wasserschlangen und Fluß-

Inseln von *Eichhornia crassipes* werden von Fischen gerne als Versteck genutzt. [JA]

Rio San Martin in Bolivien, nahe Bella Vista, Fundort von *Heros spurius*. [JA]

delphine sowie mehrere andere Großcichliden vor. Einige davon wurden ebenfalls von HECKEL beschrieben: *Geophagus megasema*, *Satanoperca pappaterra*, *Astronotus crassipinnis*, *Chaetobranchus flavescens* und *Aequidens viridis*. Während der Regenzeit steigt der Wasserspiegel dieses Flußes extrem an. Um bis zu sieben Meter höher steht dann für mehrere Monate das Wasser und überflutet den Galeriewald. Vermutlich halten sich zu diesem Zeitpunkt die *Heros* vorwiegend im Überflutungsbereich auf, denn im Gegensatz zu *Geophagus*, *Satanoperca* und *Aequidens*, die auch während der Regenzeit in großen Zahlen zu fangen waren, gelang es mit dem üblichen Fangmethoden (Zugnetz, Wurfnetz und Rahmenkescher) nur sehr selten einen einzelnen *Heros* zu erbeuten.

Der Rio San Martin ist während der Trokkenzeit ein Mittelding zwischen Schwarzwasser und Klarwasser, während der Regenzeit führt er aber so viel Sediment mit sich, daß er zum Weißwasserfluß wird. Dies nur als Beispiel, daß man bei der Zuordnung der Wasserarten auch auf die Jahreszeit berücksichtigen sollte!

Zwischen diesen Felsblöcken am Rio San Martin konnten Jörg ALBERING, Anton OBERLEUTHNER und Mitreisende adulte *Heros spurius* sammeln. [JA]

Heros coryphaeus

HECKEL, 1840

Erstbeschreiber: HECKEL, 1840.
Quelle: HECKEL, 1840: 364-366.
Typus-Lokalität: Rio Guaporé [Brasilien].
Weitere bestätigte Fundorte: Rio Mamoré und Rio Beni-System, Rio Madre de Dios und Lago Largo.
Typus-Material: Verbleib unbekannt.
Ersteinfuhr: Vermutlich Anfang 1900.
Etymologie: Altgriechisch für Kopf oder Gipfel. Möglicherweise bezieht sich HECKEL bei diesem Namen darauf, daß dieser *Heros* ‚hochstirnig' ist.

Verbreitung von *Heros coryphaeus.*

Entdeckungsgeschichte

Heros coryphaeus wird heute als Synonym von *H. spurius* angesehen. Die Synonymisierung wurde von GÜNTHER 1862 vorgenommen. KULLANDER (1986) folgt GÜNTHER und bestätigt, daß *H. coryphaeus* und *H. modestus* Synonyme der Art *H. spurius* sind. ALBERING (2009) verwendet schließlich wieder den Namen *Heros coryphaeus*. Studiert man die Beschreibungen HECKELS so stellt man fest, daß er die drei Arten sehr unterschiedlich beschreibt, was Fragen zur Berechtigung der Synonymisierung aufwirft.

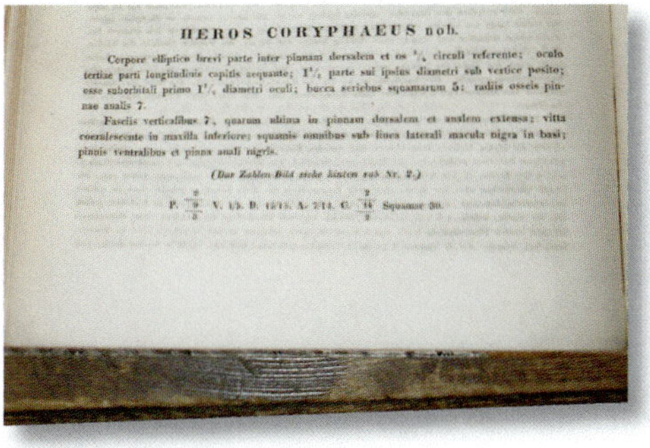

HEROS CORYPHAEUS nob.

Corpore elliptico brevi parte inter pinnam dorsalem et os ¹/₄ circuli referente; oculo tertiae parti longitudinis capitis aequante; 1¹/₂ parte sui ipsius diametri sub vertice posito; osse suborbitali primo 1¹/₄ diametri oculi; bucca seriebus squamarum 5; radiis osseis pinnae analis 7.

Fasciis verticalibus 7, quarum ultima in pinnam dorsalem et analem extensa; vitta coerulescente in maxilla inferiore; squamis omnibus sub linea laterali macula nigra in basi; pinnis ventralibus et pinna anali nigris.

(Das Zahlen-Bild siehe hinten sub Nr. 2.)

P. [illegible] V. 1/5. D. 12/15. A. [illegible] C. [illegible] Squamae 30.

Diagnose aus der Erstbeschreibung HECKELS. [PD]

Aufgrund fehlender Belegexemplare oder diagnostizierbaren Bildmaterials fällt es recht schwer zu belegen, daß es im Guaporé-Einzugsgebiet zwei oder mehr Arten geben könnte. Allerdings läßt eine Abbildung in einer Publikation DA GRAÇAS (2008) durchaus den Schluß zu, daß es, wenn man HECKELS Beschreibungen berücksichtigt,

Diese beiden konservierten Exemplare stammen vom Rio San Martin in Boliven. Deutlich ist die tief schwarze Färbung der Afterflosse zu erkennen, die Heckel in seiner Beschreibung als ‚ganz schwarz' bezeichnet. Die 3. Binde, also Heckels 7. Binde, ist nicht verkürzt. [PD]

mindestens eine zweite Art geben muß. Vergleicht man das dort abgebildete Tier mit dem hier abgebildeten konservierten Exemplar, so kann man deutliche Unterschiede feststellen.

Merkmale

Heckel beschreibt die Färbung seines *H. coryphaeus* wie folgt: „Im Weingeist ist seine Farbe hellbraun, etwas röthlich auf den Wangen; 8 schwärzliche Vertikalbinden mit schmalen Zwischenräumen umgeben den ganzen Körper, die 6. und 7. breiten sich sogar etwas über den weichen Theil der Rückenflosse und der Symphyse des Unterkiefers bis zum Winkel des Vorderdeckels in horizontaler Richtung. Jede Schuppe zwischen der oberen Seitenlinie und dem Bauche hat einen grossen schwarzen Punkt an ihrer Basis, wodurch 10-11 Längsreihen solcher Punkte sich bilden. Bauch- und Analflosse sind ganz schwarz, Rücken- und Schwanzflosse von der Farbe des Körpers. Zwei schwärzliche parallele Querstreifen entstehen in der Mitte des stachelstrahligen Theiles der Rückenflosse, und durchziehen die folgenden weichen Strahlen, bei welchen sich allmählich noch 7-8 dergleichen Querstreifen hinzu gesellen; auch die Schwanzflosse enthält einige ähnliche Querstreifen oder vielmehr Querreihen von schwärzlichen Punkten. Die Brustflossen sind gelblich.“ Er gibt folgende Standardzählwerte an: Ventrale I/5, Dorsale XV/15, Anale VII/14.

Die beiden mir zur Verfügung stehende Exemplare aus dem Rio San Martin weisen folgende Standardzählwerte auf:
Exemplar I: Ventrale I/V, Dorsale XV/15, Anale 7/14.
Exemplar II: Ventrale I/V, Dorsale IIV/16, Anale VII/14.

Verbreitung

Heros aus dem Einzugsgebiet des Guaporé-, Mamoré und Beni-Systems, nahe Trinidad, der Provinzhaupstadt des Beni, sowie dem Rio Madre de Dios und dem Lago Largo tauchen immer wieder in älteren Aufsammlungen auf (Stawikowski & Werner und dort zitierte Literatur), es gelangten jedoch meines Wissens vor 2009 keine lebenden oder konservierten Tiere nach Europa. Um welche der drei Arten es sich dabei handelte möchte ich bewußt offen lassen. Die Zukunft wird zeigen, ob diese Zuordnung korrekt ist, und ob es eine, zwei oder sogar drei Arten dort gibt.

Heros modestus

Heckel, 1840

Erstbeschreiber: Heckel, 1840.
Quelle: Heckel, 1840: 366.
Typus-Lokalität: Rio-Guaporé, Mato Grosso [Brasilien].
Typus-Material: Naturhistorisches Museum Wien (NMW 17354).
Ersteinfuhr: Vermutlich Anfang 1900.
Etymologie: modestus, lateinisch für maßvoll, bescheiden oder anspruchslos. Möglicherweise bezieht sich *Heckel* auf die unauffällige Färbung dieses *Heros*.

Entdeckungsgeschichte

Heros modestus ist die zweite von drei Arten, die Heckel aus dem Guaporé-Gebiet beschrieben hat. Es existiert ein Aquarell, anfertigt von Natterer, das *Heros modestus* zeigt und das auch Heckel vorgelegen hat. Unglücklicherweise zeigt diese Abbildung lediglich ein graues Tier - zwar eindeutig vom Habitus als *Heros* zu identifizieren, aber ohne jegliche Zeichnungsmerkmale. In der Erstbeschreibung Heckels werden jedoch auch unregelmäßige verteilte, schwarze Punkte auf den Flanken erwähnt, woraus zu schließen ist, daß dieses Aquarell unvollendet geblieben ist.

Merkmale

Bei Heckel heißt es: „Diese Art gleichet der Gestalt nach am meisten dem *Heros severus*, ist aber von diesem, sowohl als von dem vorhergehenden *Heros coryphaeus*, durch eine vor den Augen concave Stirne, durch

Holotypus von *Heros modestus* im Naturhistorischen Museum Wien, 16,5 cm. [NHMW]

ein größeres, höher im Kopf liegendes Auge und einen sehr schiefen Vordeckel, dessen Winkel beinahe vertikal unter der Mitte des Auges liegt, auffallend verschieden".

Nach den Notizen Natterers, wiedergegeben in der Beschreibung Heckels, handelt es sich bei *H. modestus* um recht dunkel gefärbte Tiere. Die schwarzgrüne bis graue Grundfarbe geht am Unterkiefer ins Blaugrüne über. Die unpaarigen Flossen sind schwarz, die Bauchflossen gehen an ihren Spitzen ins Rötliche über. Neun dunkelbraune Vertikalbinden, durch ebenso breite Zwischenräume getrennt, umgeben den Körper, jedoch so, daß die erste nur vom Hinterkopf bis zum oberen Augenrand, die zweite vom Anfang der Rückenflosse bis zum Winkel des Deckels reicht, die folgenden sieben aber, von denen sechs unter der Rückenflosse und die letzte an der Schwanzflossenbasis stehen, den Körper ganz umgeben; die 6., 7. und 8. Binde verlängern sich etwas über den weichstrahligen Teil der Rücken- und Analflosse. Nur jene Schuppen haben einen schwarzen Punkt an der Basis, über die in der unteren Körperhälfte die dunkelbraunen Vertikalbinden gehen. Diese Punkte, welche unregelmäßig verteilt, nicht auf jeder Schuppe dieser Binden vorhanden sind, bilden daher auch keine Längsreihen wie bei *Heros coryphaeus*. Ein sehr schön violettblauer Streif umgibt den Unterkiefer, Rücken- und Schwanzflosse haben die Farbe des Körpers, und nur im weichstrahligen Teil der Rückenflosse sind 4-5 Querreihen schwärzlicher Punkte sichtbar, Bauch und Analflosse sind schwärzlich, die Brustflossen farblos durchsichtig.

Angesichts unseres heutigen Wissensstandes über den Geschlechtsdimorphismus bei *Heros*-Arten hört sich diese Beschreibung von *H. modestus* fast an wie eine Beschreibung eines weiblichen Tieres, während es sich bei *H. coryphaeus* um ein männliches Exemplar gehandelt haben könnte.

Verbreitung von *Heros modestus*.

Merkmale

Da das in Wien hinterlegte Typus-Exemplar kaum noch artspezifische Zeichnungsmuster aufweist ist es relativ schwierig, einen Vergleich mit aktuell konservierten oder lebenden Material anzustellen. Eine erneute Sammlung im infrage kommenden Gebiet wäre sicherlich sinnvoll, um eines Tages Klarheit über die Identität der beschriebenen Arten zu gelangen, oder um festzustellen, ob es sich um nur eine, zwei, oder sogar drei Arten handelt, die dort tatsächlich vorkommen und von Heckel beschrieben wurden.

Die *Heros efasciatus*-Gruppe

Erste Erwähnung: Dittrich, 2017.
Quelle: In diesem Buch.

Merkmale

Das wichtigstes Merkmal für diese Artengruppe ist das Fehlen jeglicher stark ausgeprägter Bindenzeichnung. Bisher konnte nur eine Form in diese Artengruppe aufgenommen werden, die dieses Merkmal aufweist. Sie wurde im Hafen von Manaus gesammelt. Wahrscheinlich ist das Verbreitungsgebiet aber größer. Es scheint eine ganze Reihe Lokalformen zu geben, die ebenfalls ein schwach ausgeprägtes Muster der Vertikalbinden zeigen. Fest steht allerdings auch, daß es keinen *Heros* gibt der überhaupt keine Bindenzeichnung zeigt. Nur die Intensität der Färbung scheint weniger stark zu sein als bei allen anderen Arten innerhalb der Gattung *Heros*.

Die Standardzählwerte der untersuchten Exemplare sind variabel, wie in anderen Gruppen auch.

So konnten 15-16 Hartstrahlen in der Dorsale und 17-18 Hartstrahlen in der Anale nachgewiesen werden. Die Anzahl der Weichstrahlen betrug in der Dorsale stets 12, in der Anale hingegen stets 13. Auch hier ist eine Untersuchung an weitaus mehr Exemplaren dringend anzuraten, um eine belastbare Aussage treffen zu können.

Die Grundfärbung ist ein helles Graubraun, nur wenige andersfarbige Tüpfel sind auf den Flanken zu erkennen.

Die Flossenfarbe ist transparent. Während der Brutpflege färbt sich die Afterflosse leicht orange.

Die Geschlechter der untersuchten Exemplare sind nicht ganz so leicht zu unterscheiden, da auch die Männchen eine nur sehr schwach ausgeprägte Maskenzeichnung zeigen.

Die einzige hierher gehörende Art *Heros efasciatus* ist ein typischer Offenbrüter.

Indianerkinder beim täglichen Fischfang am Rio Cinaruco. [PD]

Heros efasciatus

HECKEL, 1840

Ungestreifter Augenfleckbuntbarsch

Erstbeschreiber: J. J. HECKEL, 1840
Quelle: Annalen des Wiener Museums der Naturgeschichte 2: 372, Taf. 29: 6.
Typus-Lokalität: Rio Negro [Brasilien].
Typus-Material: HECKELS Holotyp von *Heros efasciatus* ist in der Sammlung des Naturhistorischen Museum in Wien unter der Nummer NMW 33341 hinterlegt.
Etymologie: *efasciatus*, lateinisch für ‚ungestreift', wohl bezugnehmend auf die fehlenden Streifen des Körpers.

Entdeckungsgeschichte

Diese Art wurde nach einem etwa 17 cm langem Exemplar aus dem Rio Negro beschrieben. Leider ist der genaue Fundort dieses Holotypus der Art nicht überliefert. Momentan werden eine ganze Reihe von Populationen, welche im ganzen Amazonasgebiet vorkommen, zur Art *H. efasciatus* gezählt.

Ich bezweifle aber, daß es tatsächlich so ist und vermute, daß sich hinter *Heros efasciatus* mehrere Arten verbergen, beispielsweise

Erwachsenes Tier von etwa 19 cm Länge. [PD]

die Formen aus dem Rio Tapajós, sowie alle Arten der *Heros appendiculatus* - Gruppe und der *Heros fasciatus* - Gruppe.

Verbreitung von *Heros efasciatus*.

Verbreitung

Heros efasciatus sensu stricto ist bisher nur im Hafen von Manaus, in der näheren Umgebung und ‚am Rio Negro' nachgewiesen worden.

Merkmale

Heckel (1840) schrieb: „... übrigens unterscheidet sich [*H. efasciatus*] am leichtesten durch den Mangel aller Binden".
In der Gattung *Heros* gibt es bei genauerer Betrachtung nicht einen einzigen Vertreter, der tatsächlich ungestreift ist! Auch die hier gezeigten Fische haben Vertikalbinden, die allerdings nicht sehr stark ausgeprägt sind.

Weiblicher *Heros efasciatus* im Aquarium.
Auffällig ist die stark reduzierte Streifenzeichnung. [PD]

Männchen von *Heros efasciatus*. [PD]

Weibchen von *Heros efasciatus*. [PD]

Wie oben erwähnt, werden eine ganze Reihe von Lokalformen zu *H. efasciatus* gezählt, was ich allerdings anzweifle. Es ist eher wahrscheinlich, daß sich einige dieser Cichliden bei genauerer Betrachtung als eigenständige Arten herausstellen.
Die hier gezeigten Fische weisen im Prinzip alle von Heckel aufgestellten diagnostischen Merkmale auf. Keine andere bekannte Form kommt der Beschreibung Heckels näher als die hier gezeigte.

Anmerkung
Heckel bemerkte, daß die Art von den Ureinwohnern des Gebietes als ‚Acarà peva' (‚Breiter Acara') bezeichnet wird.

Die Synonymisierung von *H. appendiculatus* durch Kullander (1986) ist nicht nachvollziehbar, erst recht nicht wenn man bedenkt, daß er *H. appendiculatus* 1986 wieder beschrieb, ihn spätestens 2003 aber wieder als Synonym von *H. efasciatus* betrachtet. Die Morphologie beider Arten könnte unterschiedlicher nicht sein. Viel erstaunlicher jedoch ist, daß Aquarianer und Wissenschaftler dieser Zuordnung blindlings folgen, trotz der erheblichen Unterschiede. Ich bin davon überzeugt, hier tatsächlich *H. efasciatus* vorzustellen.
Ich schlage daher vor, für die in Zukunft neu entdeckten Formen, die deutliche Bindenzeichnungen zeigen und sich keiner anderen gültigen Art zuordnen lassen, nur einen Arbeitsnamen zu geben, der Angaben zur Lokalität enthält, also *Heros* sp. ‚Rio XY', zumindest solange bis dieses Namenswirrwarr zufriedenstellend bearbeitet und damit geklärt ist. Sinnvoll wäre in diesem Zusammenhang auch, daß vorgenommene Synonymisierungen in Zukunft auch eindeutig bewiesen werden sollten. Denn einfach etwas zu behaupten ohne die notwendigen Beweise vorzulegen, kann man nun wirklich nicht als wissenschaftliches Arbeiten bezeichnen! Die Geschlechter bei *H. efasciatus* lassen sich nur sehr schwer unterscheiden, da die für die Offenbrüter typische Maskenzeichnung bei männlichen Exemplaren nicht sehr stark ausgeprägt ist.

Heros perpunctatus
(DE MIRANDA-RIBEIRO, 1918)

Rotmaul-Augenfleckbuntbarsch

Erstbeschreiber: DE MIRANDA-RIBEIRO, 1918, als *Cichlasoma severum perpunctatum*.

Quelle: Historia Natural. Zoologia. Cichlidae. In: Commissão de Linhas Telegraphicas Estrategicas de Matto-Grosso ao Amazonas. Publ. 46 (Annexo 5): 1918: 1-18.

Typus-Lokalität: Manaós. [Brasilien].

Typus-Material: Unbekannt.

Ersteinfuhr: Vermutlich wurde diese Art schon sehr früh eingeführt. Die hier vorgestellten Tiere wurden um das Jahr 2008 eingeführt.

Etymologie: ‚perpunctatus', lateinisch für ‚über und über gepunktet'. Der Artname spielt mit hoher Wahrscheinlichkeit auf die vielen Punkte auf dem gesamten Körper des Fisches an.

Männchen von *Heros* cf. *perpunctatus* (im Hintergrund ein Weibchen). Deutlich ist die markante Maskenzeichnung zu erkennen. Die Grundfärbung dieses *Heros* ist hellbraun, manchmal auch silberfarben. Die für *Heros* typischen Vertikalbinden sind ähnlich wie bei *Heros appendiculatus* und dessen Lokalformen stets rudimentär sichtbar. [PD]

Entdeckungsgeschichte

Im Jahr 2011 erhielt ich eine Gruppe *Heros* von Fred Wolf (Rödental), die mich sofort an die Abbildung aus der Beschreibung der hier diskutierten Art erinnerte.

Verbreitung

Brasilien, um Manaus.

Merkmale

Das auffälligste Merkmal dieses *Heros* ist die extrem flächige Rotfärbung auf den Kiemendeckeln. Betrachtet man die Abbildung der Beschreibung, die allerdings in Schwarzweiß publiziert wurde, fällt an gleicher Stelle eine dunkel gefärbte Zone auf. Da bisher nur rote, rötliche oder rotbraune Maskenzeichnungen in der *Heros appendiculatus*-Gruppe bekannt sind, und mich diese Art vom Habitus und der Morphologie an *Heros appendiculatus* erinnert, ziehe ich die Möglichkeit in Betracht, daß diese Maskenzeichnung mit sehr hoher Wahrscheinlichkeit eine rötliche Färbung haben muß. Die von mir an diesen Exemplaren ermittelten Standardzählwerte entsprechen bis auf eine Ausnahme denen der Beschreibung Miranda de Ribeiros.

Dieser Autor gibt folgende Zählwerte an: XVI/12 in der Dorsale, VII/11 in der Anale. Bei der Untersuchung dieser Art konnten an fünf Exemplaren folgende Zählwerte ermittelt werden:

In der Rückenflosse 16 Hart- und 12 Weichstrahlen, in der Afterflosse 7 Hart- und 12 Weichstrahlen.

Lediglich eines der fünf Exemplare wies 13 statt 12 Weichstrahlen in der Afterflosse auf.

Allerdings ist die Anzahl der von mir untersuchten Exemplare viel zu gering, um eine Aussage zu treffen, die man als gesichert bezeichnen könnte. Man kann hier aber von einem Indiz sprechen. Weitere morphologische Merkmale dieser Art sind: 5 Vertikalbinden auf den Flanken. Die erste Binde verläuft an der Basis der Schwanzwurzel entlang und verbindet die weichstrahligen Teile der Rücken- und Afterflossen. Anders als bei anderen *Heros*-Formen zeigt diese Art keine weitere Binde auf dem Schwanzstiel. Daher kann man hier davon sprechen, daß die erste Binde die weichstrahligen Teile der Rücken- und Afterflossen miteinander verbindet. Ich konnte weder auf den vielen Photographien noch bei der Betrachtung der Tiere im Aquarium eine Binde auf dem Schwanzstiel feststellen. Die Binden 2-5 reichen vom Bauch bis zur Rückenflossenbasis. Rudimentär sind jedoch die Binden 2-5 stets im unteren Teil des Körpers sichtbar, und reichen bis kurz unterhalb des Seitenlinienorgans. Diese Zeichnung erin-

Verbreitung von *Heros perpunctatus*.

nert stark an einige Lokalformen der *Heros appendiculatus*-Gruppe. Die Hartstrahlen der Bauchflossen sind bei dieser Art stark verlängert und reichen zurückgeklappt bis etwa zur 2. Binde. Die weichstrahligen Teile der Rücken- und Afterflosse ziehen sich bis etwa zum Ende der Schwanzflosse, bei einigen männlichen Exemplaren können diese etwas über die Schwanzflosse hinaus ragen. Die äußeren Geschlechtsmerkmale sind weniger stark ausgeprägt als bei anderen Vertretern der Gattung. Die Männchen zeigen eine wesentlich intensivere Rotfärbung der Zeichnung auf den Kiemendeckeln und Wangen. Die Enden der Rücken- und Afterflossen sind bei den Weibchen nicht lang ausgezogen.

Anmerkungen

Als Synonym zu *H. efasciatus* wird der 1918 beschriebene *H. perpunctatus* angesehen. Das etwa 18 Zentimeter lange Typusexemplar wurde in der näheren Umgebung der Stadt Manaus gesammelt. Das auffälligste Merkmal dieser Art ist „das Fehlen jeglicher Vertikalbinden; auf jeder Schuppenbasis befindet sich ein kleiner schwarzer Fleck, worauf auch der lateinische Name anspielt".

Leider ist die Abbildung in der Beschreibung Miranda de Ribeiros, zumindest in meiner Kopie, von sehr geringer Qualität. Es war sehr schwer, überhaupt an eine Kopie dieser Arbeit zu gelangen.

Dankenswerterweise hat Rainer Stawikowski mir eine Kopie von seiner Kopie angefertigt.

Dieses Weibchen der hier vorgestellten Form zeigt eine nicht so intensive Färbung im Schnauzenbereich. Allerdings ist auch hier eine rötliche Zone zu erkennen. Auch den weiblichen Tieren fehlt die Binde auf dem Schwanzstiel. [PD]

Verwandtschaftlich gehört die Form nach den Ergebnissen der phylogenetischen Untersuchunegen zur Artengruppe *Heros appendiculatus*. Jedoch läßt sich *Heros perpunctatus* von den Lokalformen von *Heros appendiculatus* aus dem Rio Nanay (Rotkeil-*Heros*), *H.* cf. *appendiculatus* ‚Ecuador' und einer Lokalform unbekannter Herkunft genetisch abgrenzen, wenn auch nur sehr gering. Mit den Lokalformen *H.* cf. *appendiculatus* ‚Cano de Paca' und *Heros efasciatus* ist der hier vorgestellte Cichlide dagegen näher verwandt. Die genetische Übereinstimmung mit *Heros efasciatus* hat mich sehr überrascht, es ist das einzige Ergebnis, das nicht zu meiner Theorie paßt, daß *H. perpunctatus* eine eigenständige Art ist. Nun kann man *Heros efasciatus* und *Heros* cf. *perpunctatus* sehr gut anhand morphologischer Unterschiede voneinander abgrenzen, die osteologischen Untersuchungen haben aber keine nennenswerten Unterschiede ergeben. So bleibt lediglich festzuhalten, daß es sich bei *H. efasciatus* und *H.* cf. *perpunctatus* wohl um die gleiche Art handelt. Aquaristisch gesehen macht das keinen sehr großen Unterschied da, wie erwähnt, morphologische Unterschiede klar erkennbar sind. Die Vermehrung dieser Art ist mir leider nicht gelungen. Da aber die genannten Merkmale darauf schließen lassen, daß es sich auch bei dieser Art um Offenbrüter handelt, habe ich Kreuzungsversuche mit verschiedenen Lokalformen von *Heros appendiculatus* vorgenommen, die diese Annahme bestätigen. Sowohl die Männchen als auch die Weibchen zeigten bei diesen Versuchen das typische Offenbrüterverhalten. Die Jungtiere aus diesen Versuchen sind nicht in Umlauf gebracht worden. Über den Grund, warum es mit der Vermehrung nicht geklappt hat, kann ich nur spekulieren. Ich nehme an, daß die vorhandenen Tiere nicht so gut miteinander harmonierten und die Fortpflanzung daran gescheitert ist.

Auf dieser Aufnahme ist die im Text erwähnte flächige Rotfärbung im Schnauzenbereich zu erkennen. Diese erinnert sehr stark an die Abbildung in der Beschreibung von Miranda de Ribeiro und ist der Anlaß dafür, diesen Cichliden *Heros perpunctatus* zu nennen. [PD]

Die *Heros fasciatus*-Gruppe

Erste Erwähnung: DITTRICH, 2017.
Quelle: In diesem Buch.
Verbreitung: Östliches Brasilen, Rio Tocantins, Rio Araguaia, Amazonas.

Merkmale

Insgesamt kann die Grundfärbung mit beige-grünlich beschrieben werden.

6-7 Vertikalbinden verlaufen auf den Körperflanken. Die erste Binde umschließt die Schwanzwurzel, die 2. Binde verbindet die weichstrahligen Teile der Rücken- und Afterflossen, die restlichen Binden sind gleichmäßig auf den Flanken verteilt, die letzte Binde verläuft zwischen dem ersten Stachel der Dorsale, über die Brustflossenwurzel, bis zur Basis der Bauchflossen.

Die in der *Heros fasciatuts* - Gruppe geführten Arten besitzen einen stark ausgeprägten Geschlechtsdimorphismus.

Männchen tragen stets eine deutliche Maskenzeichnung, die den Weibchen fehlt.

Alle Vertreter dieser Gruppe zeigen ein Muster aus horizontal verlaufender Linien, die aus einzelnen bräunlich-roten Punkten besteht. Sie weisen außerdem ein deutlich sichtbares Muster dunkler Vertikalbinden auf. Diese *Heros* haben oftmals eine langgestreckte Gestalt, und sind wenig hochrückig.

Die Anzahl der Hartstrahlen in der Dorsale variiert zwischen 15 und 16, die Anzahl der Hartstrahlen in der Anale hingegen zwischen 7 und 8, die Anzahl der Weichstrahlen in der Dorsalen kann mit 13-15 und in der Anale mit 13-14 beziffert werden.

Alle in der Gruppe geführten Arten sind Offenbrüter.

Genetisch hat zumindest die als Typusart für diese Gruppe angesehene Lokalform *Heros fasciatus* sp. ‚Belém' eine eigene Entwicklungslinie genommen, und läßt sich mit keiner anderen bekannten Art innerhalb der Gattung *Heros* in ein näheres Verwandtschaftsverhältnis stellen. Dies ist derzeit der stärkste Beweis für die Eigenständigkeit dieser Gruppe.

Heros fasciatus

(Castelanu, 1855)

Gestreifter Brasilianischer Augenfleckbuntbarsch

Erstbeschreiber: Castelnau, 1855, als *Chromys fasciata*.
Quelle: Castelnau & Guichenot, 1855.
Typus-Lokalität: Rio Araguaia [Brasilien].
Typus-Material: Unbekannt.
Ersteinfuhr: Vermutlich wurde diese Art erst Anfang der 2000er Jahre eingeführt.
Etymologie: *fasciatus*, lateinisch für gestreift.

Entdeckungsgeschichte
Heros fasciatus wurde 1855 von Castelnau als *Chromys fasciata* beschrieben. Momentan gilt *H. fasciatus* als Synonym von *Heros efasciatus*. Mittlerweile sehen aber einige Autoren, darunter Stawikowski und Dittrich, *Heros fasciatus* als eigenständige Art an. Le Bail & Planquette (2000) weisen auf Populationen in Französisch Guyana hin, die sich keiner formell beschriebenen Art

Ein Männchen in neutraler Färbung. Die Grundfärbung erinnert an hellen Sand, nur zum Rücken hin geht sie in ein helles Rotbraun über. Dieses etwa 10 cm lange Exemplar zeigt bereits die relativ gleichmäßigen Reihen aus rötlichen Punkten, die wohl für die Namensgebung ausschlaggebend sind. Auch hier ist deutlich zu erkennen, daß sich die 2. Binde weiter in den weichstrahligen Teil der Rückflosse als in den weichstrahligen Teil der Anale erstreckt. [PD]

zuordnen lassen. Möglicherweise handelt es sich bei diesen Fischen um *Heros fasciatus*. Der wissenschaftliche Name ‚*fasciata*‘ bedeutet ins Deutsche übersetzt ‚gestreift‘, und bezieht sich nach Stawikowski (1995) vermutlich auf die schmalen Längsstreifen, welche sich durch die in Längsreihen angeordneten dunklen Punkte und Striche ergeben.

Stawikowski (1995) bezeichnete den hier gezeigten Cichliden in seinem Artikel „*Heros* - Neues über eine alte Gattung“ als *Heros* cf. *fasciatus*. Im Folgenden wird die Form behandelt, welche heutzutage als *Heros* sp. ‚Belém‘ bekannt ist, und möglicherweise genau den *Heros* zeigt, welchen Burkhardt während der Thayer-Expedition als ‚Heros Gurupa‘ bezeichnet.

Ich nehme an, daß die beiden Varianten aus Französisch Guyana ebenfalls zu *Heros fasciatus* oder zu einer noch unbekannten und nicht beschriebenen Art gehören, *Heros* sp. ‚Riviére Comté‘ und *Heros* sp. ‚Französisch-Guyana‘. Zumindest zeichnet sich *Heros* sp. ‚Riviére Comté‘ ebenfalls durch eine Zeichnung aus in Längsreihen angeordenten Punkten und Strichen aus. Die als *Heros* sp. ‚Französisch-Guyana‘ bekannten Fische wurden schon 2001 als *Heros* cf. *fasciatus* bezeichnet. (Krahnefeld et al, 2001).

Verbreitung

Ihr Verbreitungsgebiet umfaßt den Unterlauf des Rio Tocantins von der Mündung mindestens bis zum Zusammenfluß mit dem Rio Araguaia. Möglicherweise erstreckt sich das Verbreitungsgebiet noch weiter stromaufwärts. Nach Stawikowski (1995) liegt ein bekannter Fundort in der Nähe der Stadt Imperatriz, welche sich am Rio Tocantins oberhalb der Mündung in den Rio Araguaia befindet.

Verbreitung von *Heros fasciatus*.

In der Sprache der Einheimischen werden diese Fische ‚Cará tabaco-doido‘ gennant. Cará bedeutet Buntbarsch, Tabaco - Tabak und diodo bedeutet ins deutsche übersetzt ‚schmerzend‘. Stawikowski erfuhr von den Einheimischen leider nicht den Grund, worauf sich das ‚schmerzend‘ bezieht. Er gibt weiterhin an, daß diese Fische an anderen Orten als ‚Cará de lago‘ oder auch ‚Cará caroco - de manga‘ bezeichnet werden was so viel wie ‚See‘- oder ‚Mangokern-Buntbarsch‘ bedeutet.

Gerüchten zufolge wurde *Heros fasciatus* in Aquakulturbetrieben in Französisch-Guyana eingesetzt, um den submersen Pflanzenbestand zu beseitigen.

Merkmale

Der Körper ist langestreckt und weniger hochrückig als bei allen anderen bekannten *Heros*-Arten und Formen.

Heros fasciatus weist 8 -10 Querbinden auf

den Körperflanken auf, von denen die Binden 3-7 meistens teilweise zu sehen sind. Die Bindenrudimente befinden sich in der unteren Körperhälfte. Oftmals sind die Binden unterhalb der Flossenbasis der Rükkenflosse deutlicher zu erkennen als auf den Körperflanken. Die Binden können je nach Erregungszustand auch komplett sichtbar sein. Eine weitere zieht sich über den Kopf. Die erste Binde befindet sich auf dem Schwanzwurzelstiel und ist oftmals nur als aufgelöste sehr schmale Binde zu erkennen, die Zweite verbindet die After und Rückenflosse und ist stets deutlich dunkler gefärbt als die übrigen Binden, dazu ist diese stets komplett sichtbar. Die Grundfärbung variiert zwischen einem schönen Blau über bräunlich bis sandfarben. Bei optimalen Haltungsbedingungen kann *Heros fasciatus* bis zu 25 cm Länge erreichen.

Heros fasciatus weist ein relativ steil ansteigendes Kopfprofil auf, wodurch der ganze Fisch etwas bulliger wirkt. Oftmals zeigt der Kopf einen bläulichen Glanz. Die Augen

Weiblichen Tieren fehlt jegliche Punktzeichnung. Die Grundfärbung ist eher grünlich. Manchmal können ihre Wangenbereiche bläulich-türkis gefärbt sein. Dieses Weibchen zeigt einen sehr stark ausgeprägten Unterkieferstreifen, der unter der Aquarienbeleuchtung in der Regel dunkelblau oder gräulich erscheint. Die Flossenenden der Dorsale und Anale sind abgerundet und nicht ausgezogen wie bei den Männchen. [PD]

sind rot, während der Balz und der Brutpflege scheinen die Augen von innen zu leuchten. Die Lippen sind relativ fleischig und haben die Farbe des Körpers.
Der Körper ist relativ langgestreckt, dabei relativ flach, seitlich stark zusammengedrückt. Der ganze Fisch wirkt daher wesentlich länger als andere Vertreter der Gattung.
Die paarigen Brust- und Bauchflossen weisen kaum Zeichnungselemente auf, ab und an können die vorderen Ränder der Bauchflossen einen schwarzen oder dunklen Saum zeigen. Teilweise sind bläuliche Glanzpunkte in den Bauchflossen zu erkennen.
Für *Heros fasciatus* können folgende Standardzählwerte angegeben werden: XV/15 in der Dorsale, VII/14 in der Anale. Die von mir untersuchten Exemplare maßen 11,1 bis 14 cm TL. Der Artnahme *fasciatus* bezieht sich möglicherweise auf die recht gleichmäßig parallel zueinander verlaufenden Linien aus kleinen Punkten auf den Körperflanken dieser Fische. *Heros fasciatus* zeigt in der Regel neun Binden auf den Flanken.
Die Geschlechter lassen sich wie bei allen substratbrütenden *Heros* recht einfach unterscheiden. Die Männchen tragen (wenn auch wenige) rote oder rotbraune Punkte auf den Wangen und Kiemendeckeln. Diese Punkte reichen auf dem Kopf bis etwa zwischen die Augen, die Nase und der Schnauzenbereich zeigt keine Punkte. Weiblichen Tieren fehlt jegliche Punktzeichnung. Während die Grundfärbung der Männchen an Sand erinnern, ist die der Weibchen eher grünlich. Manchmal können die Wangenbereiche bei den Weibchen bläulich-türkis gefärbt sein. Die Vermehrung dieser offenbrütenden Art bereitet keinerlei Schwierigkeiten.

Anmerkungen
Phylogenetische Untersuchungen dieser Form ergaben, daß sie eine ganz eigene Entwicklungslinie darstellt und mit keinem bisher bekannten *Heros* näher verwandt ist. Nicht nur genetisch, sondern auch morphologisch unterscheidet sich dieser *Heros* schon sehr von den anderen bekannten *Heros*-Formen.

Die Bauchflossen scheinen länger zu sein als bei anderen *Heros*. [PD]

Heros fasciatus aus Belém. [PD]

Restwasserteich am Rio Atabapo. Typisch für diese Region ist der feine weiße Sand. [RR]

Heros sp. ‚Belém'

Erste Erwähnung: Stawikowski, 1995.
Quelle: DATZ 48(6): 350–356.
Fundort: Brasilien: Rio Araguaia, Rio Tocantins.
Ersteinfuhr: Vermutlich Mitte der 1990er Jahre.

Entdeckungsgeschichte

1995 erwähnt Stawikowski *Heros* cf. *fasciatus* im oben genannten Artikel, und die unter diesem Namen vorgestellte Population wurde in den Folgejahren als *Heros* sp. ‚Belém' bezeichnet. Schon Burkhardt fertigte während der berühmten Thayer-Expedition farbenfrohe Zeichnungen dieser *Heros* an und betitelte diese mit „*Heros* Heckel „Gurupa". Stawikowski (1995) gibt als Fundort „in der Nähe der Stadt Imperatriz" an,

Heros fasciatus ‚Belém' in Schreckfärbung. Gut ist der eher langgestreckte Körperbau zu erkennen. [PD]

welche sich am Rio Tocantins oberhalb der Mündung in den Rio Araguaia befindet.

Gerade in den letzten Jahren, also zwischen 2014 und 2016, wurden ganz im Osten Brasiliens weitere Populationen gefunden und nach Deutschland importiert. Beispielsweise im Rio Tocantins, Rio Araguaia und weiteren namenlosen Bächen. Alle diese Populationen zeigen die für *Heros fasciatus* typischen Merkmale, unterscheiden sich jedoch farblich voneinander. Die Grundfärbung der hier gezeigten Form ist sandfarben. Ich konnte 2010 ein Paar der Belém-Form bei OF Aquaristik erwerben. Schon auf den ersten Blick war mir klar, daß es sich bei diesen Fischen um *Heros fasciatus* oder eine sehr ähnliche Form handelt. Die Geschlechter lassen sich wie bei allen substratbrütenden *Heros* recht einfach unterscheiden. Die Männchen tragen, wenn auch wenige, rotbraune Punkte auf den Wangen und Kiemendeckeln. Diese Punkte reichen auf dem Kopf bis etwa zwischen die Augen, die Nase und der Schnauzenbereich zeigt keine Punkte. Auf den Flanken erstrecken sich Punktreihen, die in gleichmäßigen horizontal verlaufenden Linien aus rötlichen oder bräunlichen Punkten bestehen. Diese Punktreihen enden vor der 7. Binde. Nach der 7. Binde bis hin zur Schwanzflossen treten nur noch ganz wenige vereinzelte Punkte auf den Körperseiten auf. Den Weibchen fehlt jegliche Punktzeichnung. Während die Grundfärbung der Männchen an Sand erinnert, ist die der Weibchen eher grünlich.

Anmerkungen

Die Vermehrung dieser offenbrütenden Form bereitet keinerlei Schwierigkeiten.

Ich gehe davon aus, daß es sich bei dieser

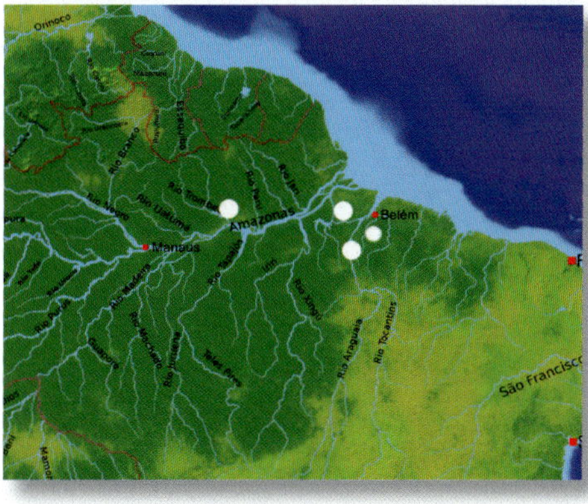

Verbreitung von *Heros* sp. ‚Belem'

Form um den von CASTELNAU beschriebenen *Heros fasciatus* handelt. CASTELNAU beschrieb 1855 *Chromys fasciata* aus dem Rio Araguaia, allerdings ist keine genauere Typuslokalität überliefert.

Heros sp. ‚Rio Araguia'

Erste Erwähnung: Panta Rhei, 2016.
Quelle: www.panta-rhei-aquatics.com.
Fundort: Brasilien: Rio Araguia.
Ersteinfuhr: Panta Rhei (Wedemark) 2016, vermutlich schon früher durch reisende Aquarianer.

Entdeckungsgeschichte

Dieser *Heros* wurde aus dem Rio Araguaia, einem südlichen Amazonaszufluß importiert. Es handelt sich um eine Lokalform von *Heros fasciatus*.

Merkmale

Heros sp. ‚Araguia' hat eine beigefarbende Grundfärbung die grünliche Schattierungen zeigt, auf dem gesamten Körper zeigt er viele kleine bräunliche Punkte, die in relativ gleichmäßig verlaufenden Reihen angeordnet sind, oberhalb der Seitenlinie erscheint dieses Muster aus Punkten etwas chaotischer und weniger gleichmäßig. Sechs Vertikalbinden sind auf den Flanken vorhanden, die erste verbindet die weichteiligen Teile der Rücken- und Afterflosse, die Binden 2-5 sind gleichmäßig über die Seite verteilt. Die 6. Binde verläuft von der Basis der Rückenflosse entlang der Brustflossenwurzel bis zum Ansatz der Bauchflosse. Im neutralen Erregungszustand sind sie kaum

Trio von *Heros* sp. ‚Rio Araguia'. [JA]

zu sehen. In Streßsituationen oder während der Brutpflege können die Binden komplett sichtbar sein. Die Bauch- und Brustflossen sind orange gefärbt, während die restlichen Flossen keine Färbung zeigen. In der Rükkenflosse verlaufen zwei bis drei Linien aus dunklen Flecken parallel zur Flossenbasis.

Für *Heros fasciatus* können folgende Standardzählwerte angegeben werden: XV/15 in der Dorsale, VII/14 in der Anale. *Heros* sp. ‚Araguia' zeigt in der Regel neun Binden auf den Flanken.

Heros sp. ‚Araguia" zeigt eine wesentlich stärker ausgeprägte Maskenzeichnung als beispielsweise *Heros fasciatus* ‚Belém'. Einige Männchen zeigen im Brustbereich und auf den Kiemendeckeln einen dunkel-lilafarbenden Schimmer. Beide Geschlechter zeigen einen blaugrauen Unterkieferstreifen.

Verbreitung von *Heros* sp. ‚Rio Araguia'.

Anmerkung

Bei *Heros* sp. ‚Araguia' handelt es sich um einen Offenbrüter.

Paar von *Heros* sp. ‚Rio Araguia'. [JA]

Heros sp. ‚Rio Trombetas'

Erste Erwähnung: Panta Rhei, 2016.
Quelle: www.panta-rhei-aquatics.com.
Fundort: Brasilien: Rio Jauaperi.
Ersteinfuhr: Panta Rhei (Wedemark) 2016, vermutlich auch schon früher durch reisende Aquarianer.

Entdeckungsgeschichte

Dieser *Heros* wurde aus dem Rio Trombetas, einem nördlichen Amazonaszufluß, importiert. Es handelt sich mit hoher Wahrscheinlichkeit um eine Lokalform von *Heros fasciatus*.

Merkmale

Heros sp. ‚Trombetas' hat eine beigefarbende Grundfärbung die grünliche Schattierungen zeigt. Auf dem gesamten Körper zeigt er viele kleine bräunliche Punkte, die in relativ gleichmäßig verlaufenden Reihen angeordnet sind. Oberhalb der Seitenlinie erscheint dieses Muster aus Punkten etwas chaotischer und weniger gleichmäßig. Sechs Vertikalbinden sind auf den Flanken vorhanden, die erste verbindet die weichteiligen Teile der Rücken- und Afterflosse. Die Binden 2-5 sind gleichmäßig auf den Seiten verteilt. Die 6. Binde verläuft von der Basis

Ein männlicher *Heros* sp. ‚Trombetas' im neutralen Erregungszustand. Diese Form hat große Ähnlichkeit mit einem *Heros* aus dem Rio Tapajós. [PD]

der Rückenflosse entlang der Brustflossenwurzel bis zum Ansatz der Bauchflosse. Im neutralen Erregungszustand sind sie kaum zu sehen. In Streßsituationen oder während der Brutpflege können die Binden komplett sichtbar sein. Die Bauch- und Brustflossen sind orange gefärbt, während die restlichen Flossen keine Färbung zeigen. In der Rükkenflosse verlaufen zwei bis drei Linien aus dunklen Flecken parallel zur Flossenbasis. Das Querbindenmuster dieser Form erinnert ein wenig an *Heros appendiculatus*. Da sich aber das Verbreitungsgebiet von dieser Art auf das Rio Ucayáli-System beschränkt, ist es eher unwahrscheinlich, daß sich die Art soweit im Osten Südamerikas nachweisen läßt.

Große Ähnlichkeit besteht zu der in diesem Buch als *Heros* sp. ‚Tapajós' vorgestellten Art.

Für *Heros fasciatus* können folgende Standardzählwerte angegeben werden: XV/15 in der Dorsale, VII/14 in der Anale. *Heros* sp.

Dem Weibchen dieser Art fehlt die Punktzeichnung auf den Flanken, auch ansonsten ist es nicht sonderlich attraktiv gefärbt. Allerdings hat es einen schönen türkisfarbenden Glanz im Kopfbereich. [PD]

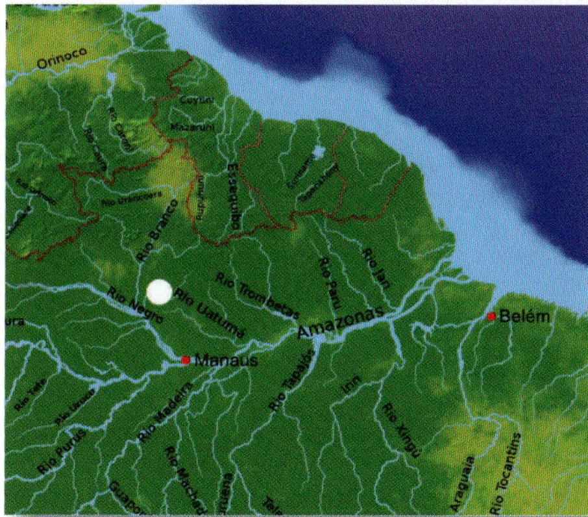

Verbreitung von *Heros* sp. ‚Rio Trombetas'.

‚Trombetas' zeigt, wie auch andere Formen aus dem *Heros fasciatus*-Formenkreis, in der Regel neun Binden auf den Flanken.

Heros sp. ‚Trombetas' zeigt eine wesentlich stärker ausgeprägte Maskenzeichnung als beispielsweise *Heros fasciatus* ‚Belém'. Einige Männchen zeigen im Brustbereich und auf den Kiemendeckeln einen dunkel-lilafarbenden Schimmer. Beide Geschlechter tragen einen blaugrauen Unterkieferstreifen.

Anmerkung

Bei *Heros* sp. ‚Trombetas' handelt es sich um einen Offenbrüter.

Nicht zugeordnete *Heros*-Formen

In den letzten Jahren sind immer wieder neue *Heros*-Formen gefunden und zum Teil auch nach Deutschland importiert worden. In diesem Kapitel werden diese Formen vorgestellt. Teilweise habe ich versucht eine Zuordnung in eine Artengruppe vorzunehmen. Da aber zu wenige Exemplare vorlagen oder vorliegen, ist eine belastbare Aussage derzeit nicht möglich. Ich bin mir sehr sicher, daß die Liste der hier aufgeführten Formen bei weitem nicht vollständig ist. Allein in den letzten Jahren haben RIETSCH und Mitreisende mindestens drei bisher völlig unbekannte Formen nachweisen können und mit nach Deutschland gebracht. (DITTRICH, 2014 a; DITTRICH & ALBERING, 2015). Beachtet man den Fakt, daß die von RIETSCH und Mitreisenden gesammelten *Heros* aus einem geographisch gesehen recht überschaubaren Gebiet (Oberer Orinoko / Oberer Rio Negro) stammen, so ist die Wahrscheinlichkeit sehr hoch, daß bei intensiver Forschung und weiteren Sammelreisen noch mehr bisher unbeklannte Formen gefunden werden.

Sicher ist, daß *Heros* sp. ‚Atabapo' eine eigene neue Art darstellt.

Bei einigen der hier im Folgenden vorgestellten Formen findet lediglich eine erste Diagnose anhand morphologischer Eigenschaften statt, die teilweise getroffenen Zuordnungsversuche erheben nicht den Anspruch auf Richtigkeit.

Auch wenn bei der einen oder anderen hier vorgestellten Form eine offensichtliche Ähnlichkeit zu bereits bekannten und gültigen Arten besteht, und ich geneigt war eine Zuordnung vorzunehmen respektive zu bestätigen, möchte ich, da nicht genügend Exemplare vorliegen, eine Artenzuordnung, wie sie andere Autoren bereits vorgenommen haben, vermeiden. Es wäre fahrlässig eine Zuordnung vorzunehmen ohne die Variationsbreite untersucht zu haben und einen Rahmen abzustecken, der eine Zuordnung zuließe.

Heros sp. ‚Rio Atabapo'
Heros sp. ‚Inirida'
Heros sp. ‚Autana 1'
Heros sp. ‚Autana 2'
Heros sp. ‚Französisch-Guyana'
Heros sp. „Riviére Comté'
Heros sp. ‚Laguna Piranha I'
Heros sp. ‚Laguna Piranha II'
Heros sp. ‚Santarem'
Heros sp. ‚Tapajos'
Heros sp. ‚Tapajós 1'
Heros sp. ‚Xingú'
Heros sp. ‚Blau'

Heros sp. ‚Atabapo'

Venezuelanischer Augenfleckbuntbarsch

Verbreitung von *Heros* sp. ‚Atabapo'.

Erste Erwähnung: Dittrich, 2014 b.
Quelle: VDA-aktuell 2014(2): 22-25.
Fundort: Venezuela, Rio Atabapo.
Ersteinfuhr: Roland Rietsch (2013).

Entdeckungsgeschichte

Bei Fertigstellung dieses Buches gab es lediglich ein einziges lebendes Exemplar dieser Art in aquaristischer Haltung in Deutschland und ein weiteres in Österreich. Roland Rietsch konnte dieses Exemplar im Mündungsbereich des Rio Casiquiare in den Rio Orinoko fangen und lebend nach

Heros sp. ‚Atabapo'. [PD]

Auffällig bei dieser Art ist, daß sie im neutralen Erregungszustand lediglich sechs Vertikalbinden zeigt. Bei dem hier abgebildeten Exemplar ist die 3. Binde auf einer Körperseite verkürzt. [PD]

Jungfisch von *Heros* sp. ‚Atabapo'. Bei diesem Exemplar ist die 3. Binde noch stark verkürzt. Mit zunehmender Größe verschmilzt diese Binde jedoch immer mehr mit der 4. Binde. Auch die kräftige Blaufärbung geht im Alter verloren. [PD]

Deutschland bringen. Einige Jahre zuvor hat er diese Art im Rio Atabapo photographieren können. Da ich dieses Tier nur optisch untersuchen konnte, lassen sich wenig greifbare Fakten nennen. Sicher jedoch ist, daß diese Art mit keiner anderen bekannten *Heros*-Art näher verwandt ist. Sie stellt eine eigene Entwicklungslinie dar, das haben phylogenetische Untersuchungen ergeben. Morphologisch erinnert diese Art ein wenig an *Heros severus*. Sicher scheint hingegen zu sein, daß diese Art syntop mit *Heros severus* und *Heros liberifer* vorkommt.
Bisher sind nur männliche Tiere bekannt.

Merkmale

Kopfzeichnung: Ausgeprägtes Muster rötlicher Punkte und Striche, die Maulspaltenzeichnung ist leicht ausgeprägt und vergleichsweise schmal. Aufgrund der deutlichen Zeichnungsmuster im Kopfbereich ist davon auszugehen, daß es sich bei diesem *Heros* um einen typischen Offenbrüter handelt. Dieser *Heros* zeigt acht Binden, davon sind im neutralen Erregungszustand nur fünf sichtbar. Die 3. Binde kann verkürzt sein. Die 2. Binde reicht bis weit in die Rükkenflosse hinein.
Färbung im juvenilen Entwicklungsstadium: Türkis bis hellblau, rötliche Punkte in horizontal verlaufenden Reihen auf den Flanken, die jedoch nicht über die 3. Binde hinausgehen. Die Bindenzeichnung hebt sich deutlich von der hellen Grundfärbung ab.
Färbung adulter Exemplare: Grünlich bis gelblich, im aggressiven Erregungszustand dunkelblau mit grünlichem Schimmer, regelmäßig verlaufende Reihen rötlicher Punkte, die über die 3. Binde hinaus in Richtung Schwanzwurzel verteilt sind. Die Färbung der Flossen: Grünlich mit deutlichen roten Streifen, im weichstrahligen Teil sind einige rötliche Punkte ungleichmäßig verteilt. Die Flossen können weit ausgezogen sein.

Anmerkungen

Eine weitere Form, die bereits 1998 von Stawikowski & Werner vorgestellt wurde, sieht dem hier als *Heros* sp. ‚Atabapo' bezeichneten Cichliden recht ähnlich und wird von den Autoren als *Heros* sp. ‚unbekannter Herkunft' betitelt. Die geographische Nähe ist gegeben, sodaß es sich bei der von Stawikowski & Werner gezeigten Form und der hier als *Heros* sp. ‚Atabapo' vorgestellten Form durchaus um die gleiche Art handeln könnte.
Beweisen läßt sich das jedoch derzeit nicht.
Die Standardzählwerte lassen sich wie folgt angeben: XV/14 Dorsale, VII/14 Anale, der erste Strahl der Ventralen ist deutlich verlängert.
Weitere Untersuchung sind erforderlich, um eine gesicherte Aussage treffen zu können.

Küvettenaufnahme direkt nach Fang. [RR]

Heros sp. ‚Inirída'

Kolumbianischer Augenfleckbuntbarsch

Erste Erwähnung: Stawikowski & Werner, 1998.
Quelle: Die Buntbarsche Amerikas 1: 223.
Fundort: Venezuela, Rio Inirída.
Ersteinfuhr: 1995 von Werner, Kranz. Zucker & Breidohr (persönliche Mitteilung Uwe Werner, September 2016).

Entdeckungsgeschichte

Diese Art wurde im Rio Inirída entdeckt. Die weitere Verbreitung ergibt sich aus den bisher gemeldeten Fundorten, respektive aus der Annahme, daß es sich beim *Heros* sp. ‚Atabapo' und *Heros* sp. ‚Inirída' um die gleiche oder sehr nahe verwandte Arten handelt.

Verbreitung

Diese Form ist im Rio Inirída (Kolumbien) und in einigen seiner Zuflüsse, zum Beispiel dem Cano Bocón und dem Cano Angujón (Stawikowski & Werner, 1998) zu finden, sie bewohnt aber auch den Rio Orinoko sowie möglicherweise den Rio Negro und Rio Atabapo.

Merkmale

Diese Art zeigt in der Regel acht Vertikalbinden, von denen die erste den Schwanzstiel umschließt. Die Zweite verbindet die weichstrahligen Teile der Rücken- und Afterflosse und ist immer deutlich sichtbar. Die Binden 3, 4, 5, 6 und 7 sind gerade, und reichen vom Bauch bis zur Rückenflossenbasis. Die 8. Binde verläuft über den Kopf, durch das Auge und endet an der Maulspaltenzeichnung. Die Rückenflosse besteht aus 15 Hartstrahlen und 14 Weichstrahlen, die Afterflosse zeigt 7 Hartstrahlen und 12 Weichstrahlen. Die Rückenflosse zeigt zwei dunkle Linien, welche die irisierende Flosse durchziehen. Die Flossenränder sind schwarz gefärbt. Die Afterflosse ist türkisfarben mit tieforange gefärbten Flecken, die bereits an der Flossenbasis beginnen. Die Strahlen sind manchmal durch eine schwarze Linie getrennt, der Flossensaum ist wie bei der Rückenflosse schwarz gefärbt. Das Auge ist hellrot gefärbt.

Die Männchen tragen die typische Wurmlinienzeichnung im Kopfbereich sowie auf

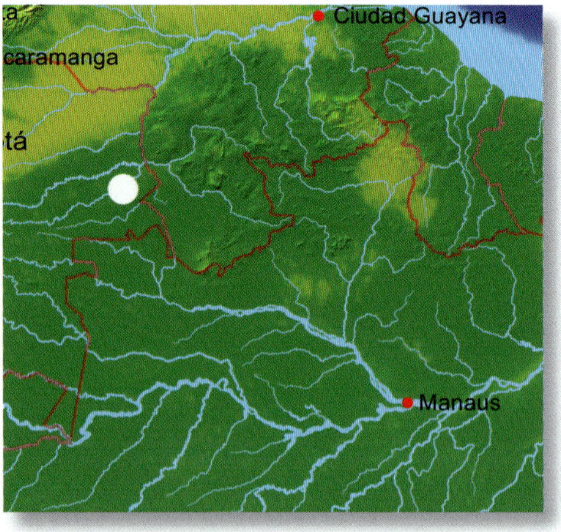

Verbreitung von *Heros* sp. ‚Inirída'.

Adulte *Heros* sp. ‚Inirída' haben eine weinrote Brust. 12 oder mehr Linien aus roten Punkten zieren die Flanken. Männchen haben wurmlinienförmige Zeichnungen im Kopfbereich. [PD]

Semiadultes Exemplar von *Heros* sp. ‚Inirída', mit gleichmäßigem Bindenmuster, auch die Reihen aus roten Punkten reichen nur bis zur 3. Binde. Das ist allerdings nicht bei allen Tieren zu beobachten. Möglicherweise gehört es zur normalen Variationsbreite dieser Art. [PD]

den Wangen und Kiemendeckeln. Adulte Tiere zeigen eine weinrote Brust. 12 oder mehr horizontal verlaufende Linien aus roten Punkten sind gleichmäßig auf den Flanken verteilt.
Die Jungtiere dieser Form sind bis zu einer Größe von etwa 6 cm eher sandfarben gefärbt, sie zeigen unregelmäßige über den Körper verteilte Punkte. Oft ist eine verkürzte 3. Binde vorhanden, die sich mit zunehmenden Alter zu einer durchgehenden Binde verwächst.
Ab einer Größe von etwa 8 cm setzt die Geschlechtsreife ein, spätestens ab dann sind auch die Geschlechter deutlich zu unterscheiden.

Anmerkungen
Stawikowski & Werner stellen *Heros* sp. ‚Inirída' schon 1998 in ihrem Werk ‚Die Buntbarsche Amerikas' vor. Sie geben als Bestimmungsmerkmal an, daß die horizontalen Tüpfelreihen in der dritten Vertikalbinde enden. Dem ist aber nicht so. Photos später eingeführter *Heros* sp. ‚Inirida' belegen, daß es kein festgelegtes Muster gibt.

Bei diesen Jungfischen reichen die roten Punktreihen tatsächlich nur bis zur 3. Binde. [DB]

Es ist gut möglich, daß es sich bei diesem Vertreter der Gattung *Heros* um eine eigenständige Art handelt, oder daß sie mit *Heros* sp. ‚Atabapo' näher verwandt ist. Die geographische Nähe der bekannten Fundorte könnte ein Hinweis darauf sein.
Bei *Heros* sp. ‚Inirída' handelt es sich um einen typischen Offenbrüter, der sein Gelege meistens an vertikalen oder schräg stehenden Substraten anheftet. Das können Steine oder auch Holz sein.

Etwa 2014 sind Hybriden auf dem deutschen Markt aufgetaucht, die nach meinen Recherchen aus *Heros notatus* ‚Rio Negro' und *Heros* sp. ‚Inirída' entstanden sind. Diese Hybriden zeigten ein teilweise stark deformiertes oder abweichendes Bindenmuster.

Das auf S. 255 oben gezeigte Exemplar trägt einen deutlichen Caudalfleck, wie ihn Staeck & Schindler als wichtiges diagnostisches Merkmal für *Heros liberifer* angeben, den sie unter Anderem dadurch von *Heros severus* abgrenzen.

Heros sp. ‚Inirida', ein Männchen mit durchgehenden Punktreihen. [AK & MK]

Dieses Männchen zeigt deutliche Streifen und verkürzte Punktreihen. [AK & MK]

Heros sp. ‚Rio Jauaperi‘

Erste Erwähnung: Panta Rhei, 2015.
Quelle: www.panta-rhei-aquatics.com.
Fundort: Brasilien: Rio Jauaperi.
Ersteinfuhr: Panta Rhei, 2015.

Entdeckungsgeschichte

Dieser hübsche *Heros* tauchte meines Wissens erstmals 2015 auf, in größerer Stückzahl dann 2016. Er erinnert auf den ersten Blick an *Heros notatus*. Der Rio Jauaperi ist ein Fluß, der etwa 300 km nördlich von Manaus in den Rio Negro entwässert. Sollte es sich bei diesem *Heros* um eine Lokalform von *Heros notatus* handeln, so wäre es eine der am weitesten südlich vorkommenden Formen von *Heros notatus*. Im Rio Negro kommt eine Form von *Heros notatus* vor, die sich von den aus den Guayana-Ländern bekannten Formen durch das Vorhandensein roter statt bräunlicher Punkte unterscheiden läßt. Eine weitere Form, die in einem Zufluß des Rio Negro, dem Rio Branco, vorkommt, zeigt hingegen eine völlig andere Grundfärbung als der hier vorgestellte *Heros*. Außerdem ist die 3. Vertikalbinde beim Rio Branco - *notatus* verkürzt.

Weibchen von *Heros* sp. ‚Rio Jauaperi‘. [PD]

Mertkmale

Wie für *Heros notatus* üblich lassen sich die Geschlechter der hier vorgestellten Form eindeutig durch das Vorhandensein von Reihen aus Punkten auf den Körperflanken, sowie eine deutliche Maskenzeichnung bei den Männchen unterscheiden. Den Weibchen fehlen beide der genannten Merkmale. *Heros* sp. ‚Rio Jauaperi' ist eine weitere Form, welche die Merkmale von *Heros fasciatus* aufweist. Dieser stammt allerdings aus einem Zufluß des Rio Negro in Brasilien, kommt also viel weiter westlich als die bisher bekannten Formen von *Heros fasciatus* vor. Diese Form scheint Merkmale verschiedener Arten zu vereinen, so zeigt sie das für *Heros notatus* typische Muster der Querbinden und die etwas langgestreckte Körperform von *Heros fasciatus*. Möglicherweise handelt es sich bei dieser Form um eine Übergangsform.

Heros sp. ‚Jauaperi' zeigt sechs Vertikalbinden auf den Körperseiten, die erste verbindet die weichstrahligen Teile der Rücken- und Afterflosse, die Binden 2-6 verlaufen in regelmäßigen Abständen auf der Seite und sind stets als rudimentäre Flecken zu sehen. Stimmungsabhängig können die Binden auch voll ausgebildet sichtbar sein, dann erstrecken sie sich von der Bachlinie bis zur Basis der Rückenflosse. Am Anfang der oberen Seitenlinie, kurz hinter dem Auge am oberen Rand des Kiemendeckels befindet sich ein schwarzer Fleck. Die Flossen haben die Farbe des Körpers, ausgenommen dabei ist die Afterflosse, diese ist leicht orange gefärbt und hat im weichstrahligen Teil einige dunkelrote Flecken. Die Rückenflosse zeigt am Flossensaum eine breite türkisfarbende Linie. Im mittleren Teil der Schwanzflosse sind vier Reihen kleiner irisierende Flecken vorhanden. Die Farbe der Bauchflossen ist gelblich-orange, stimmungsabhängig können diese jedoch auch schwarz gefärbt sein. Teilweise kann die Brust weinrot gefärbt sein.

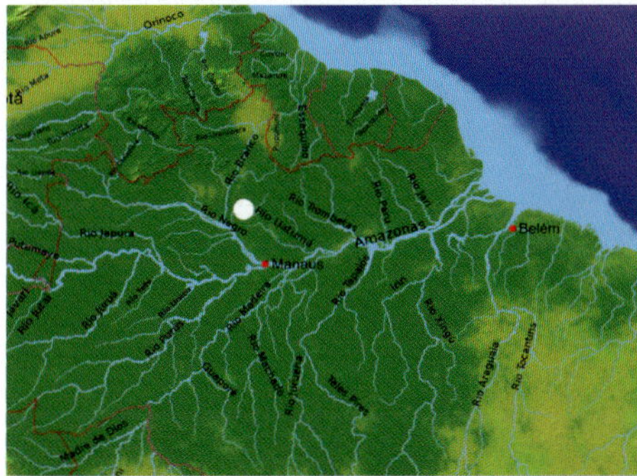

Verbreitung von *Heros* sp. ‚Rio Jauaperi'.

Weibchen. [PD]

Männchen in Schreckfärbung. [PD]

Heros sp. ‚Autana I'

Erste Erwähnung: Staeck, 2015, als *Heros severus*.
Quelle: DCG-Informationen 46 (10): 250-255.
Fundort: Venezuela: Rio Autana.
Ersteinfuhr: 2015 durch R. Rietsch.

Diese Form wurde 2015 von Rietsch im Rio Autana, einem rechtsseitigen Zufluß des oberen Rio Orinoko südlich von Puerto Ayacucho (Venezuela) gefunden, anscheinend nur Männchen.

Merkmale

Diese Form zeigt diagnostische Merkmale von *Heros severus*, die jedoch nicht bei allen gesammelten Individuen gleich ausgebildet sind. Beispielsweise scheint die Ausbildung der Vertikalbinden weniger homogen als bei *Heros severus*. Teilweise sind mehrere Vertikalbinden verkürzt. Die 3. Binde scheint bei allen Individuen verkürzt zu sein. Die für *H. severus* wohl typische Rotfärbung im Nacken fehlt. Je nach Erregungszustand und der damit einhergehenden Färbung zeigt diese Form auch Merkmale von *Heros* sp. ‚Atabapo'.
Die Grundfarbe ist eine Mischung aus grün und gelb, auf den Flanken sind horizontal verlaufende Linien aus bräunlichen Punkten verteilt, die in relativ gleichmäßigen Abständen zueinander verlaufen. Diese Linien reichen jedoch nicht über die obere Seitenlinie hinaus. Neun Vertikalbinden verlaufen über den Körper, die erste umschließt die Schwanzwurzel, die zweite verbindet die weichstrahligen Teile der Rücken- und Afterflosse. Die dritte Binde ist bei einigen Exemplaren nur bis zur oberen Seitenlinie ausgebildet. Die Binden vier bis sieben verlaufen über die Flanken, die achte Binde fängt am ersten Stachel der Rückenflosse an, und verläuft hinter der Brustflosse in Richtung Bauchflosse. Die neunte Binde verläuft über den Kopf, durch das Auge und endet an der Maulspaltenzeichnung. Die Rückenflosse weist 16 Hart- und 13 Weichstrahlen auf, die Afterflosse hat 7 Hart- und 13 Weichstrahlen. Die Rükkenflosse ist wie der Körper gefärbt, zwei dunkle Linien durchlaufen sie, die Spitzen der Stacheln sind bläulich bis türkis irisierend gefärbt, eine weitere Linie irisierender Flecken durchzieht die Rückenflosse etwa in der Mitte. Der weichstrahlige Teil zeigt ebenfalls irisierende Flecken. Die Afterflosse ist rötlich gefärbt, nur an der Flossenbasis und im weichstrahligen Teil sind irisierende Flecken und Linien erkennbar. Ein Tier zeigt einen Schwanzwurzelfleck.

Anmerkungen

Staeck (2015) ordnet diese Form *Heros severus* zu. Ich teile diese Ansicht nicht, da zu wenige Exemplare vorliegen um die Variationsbreite sicher bestimmen und auswerten zu können. Bei *Heros* sp. ‚Autana I' scheint es sich um einen Offenbrüter zu handeln, da die bekannten Tiere wurmlinienartige Zeichnungen im Kopfbereich beziehungsweise auf der Schnauze und den Kiemendeckeln tragen, ein Merkmal offenbrütender *Heros*. Staecks (2015 b) Zuordnung dieser Form zu *Heros severus* verwundert, da er, als Mitautor von *Heros liberifer*, diesen von *H. severus* unter anderem durch das Vorhandensein eines deutlichen Schwanzwurzelflecks abgrenzt.

Verbreitung von *Heros* sp. ‚Autana I'.

Adultes Exemplar von *Heros* sp. ‚Autana I'. Diese Art scheint diagnostische Merkmale verschiedener Arten zu vereinen. Dieses Männchen wurde von Rietsch im Rio Autana gesammelt und importiert. Deutlich ist erkennbar, daß die Reihen aus bräunlichen Punkten nur bis zur oberen Seitenlinie heran reichen. [PD]

Heros sp. ‚Französisch-Guyana‘

Nördlicher Augenfleckbuntbarsch

Erste Erwähnung: Vogt, 1962.
Quelle: Buntbarsche, Kleine DATZ-Bücher 15: 21, 1962.
Fundort: Französisch-Guyana, Einzug des Riviére Comté.
Ersteinfuhr: Vermutlich vor 1962.

Entdeckungsgeschichte

Genetische Untersuchungen an *Heros* sp. ‚Französisch Guyana‘, die von Zuzana Musilova (Basel) durchgeführt wurden ergaben, daß sich dieser *Heros* in eine Gruppe einfügt, deren Herkunft sich bisher ausschließlich südlich des Amazonas eingrenzen läßt. Auch geben die Ergebnisse der osteologischen Untersuchungen Grund zu der Annahme, daß es sich möglicherweise um eine neue Art handeln könnte. Meine Meßergebnisse verschiedener von mir festgelegter Punkte zeigen, daß zwei Formen aus Französisch Guyana eine eigene Gruppe bilden. Die Geschlechter lassen sich leicht anhand des Punkt- oder Linienmusters, welches die männlichen Tiere am

Die Färbung der Männchen variiert ja nach Stimmung. Hier die Normalfärbung. [PD]

Kopf, auf den Kiemendeckeln und über der Schnauze tragen, gut unterscheiden, denn den Weibchen fehlt diese Zeichnung. Die in Französisch Guyana gesammelten *Heros* haben einen relativ lang gestreckten und beinahe rechteckig erscheinenden Körperbau. Die systematische Zuordnung der *Heros* aus Französisch Guyana ist insofern etwas problematisch, als es Populationen gibt, die zumindest von KEITH, LE BAIL & PLANQUETTE (2000) als natürlichen Ursprungs angesehen werden, und für die es keine verläßliche Artzuordnung gibt: Hierbei handelt es sich um die Vorkommen im Oyapock. Vor 1984 wurden in keiner der zahlreichen Expeditionen und Untersuchungen in Französisch Guyana *Heros* in der Mitte des Landes beziehungsweise in küstennahen Biotopen rund um Kourou ge-

Verbreitung von
Heros sp. ‚Französisch-Guyana‘.

Männchen in Balzstimmung. [PD]

funden. Erst seit diesem Zeitpunkt werden in einer wachsenden Zahl von Fundorten *Heros* nachgewiesen, die entfernt an *Heros fasciatus* von verschiedenen anderen, allerdings amazonischen Vorkommensgebieten erinnern. Es wird vermutet, daß diese Populationen in Französisch Guyana auf Auswilderungen Anfang der 1980er zurückgehen, denn es ist bekannt, daß im Zeitraum von 1980-1982 von einem Aquarianer aus Kourou *H. fasciatus* eingeführt wurden. Ob es sich um gezielte Auswilderungen gehandelt hat, etwa zur Bekämpfung von Wasserpflanzen, oder um versehentliche Freisetzungen, wird nicht berichtet.

Vogt (1962) präsentiert eine schwarz-weiß Abbildung, die eindeutig einen Augenfleckbuntbarsch zeigt. Bei genauer Betrachtung ist dieser eindeutig als diejenige Art zu identifizieren, die hier als *Heros* sp. ‚Französisch Guyana' vorgestellt wird. Interessant an dieser Information ist, daß diese Art also wesentlich früher in deutschen Aquarien anzutreffen war als bisher angenommen. Im Allgemeinen wird die Ersteinfuhr auf Jens Gottwald zurückgeführt, die irgendwann Anfang der 2000er Jahre stattgefunden haben soll. Uwe Werner (2003) schreibt folgendes dazu: „Jens Gottwald war wohl der erste, der *Heros efasciatus* auch aus Französisch Guyana einführte. Sie wurden im Verlauf der RN 2 (Nationalstraße 2) bei Kilometer 26 im Crique Pinot nicht weit von Cayenne gefangen, einem kleinen Flüßchen, das zum Comté-Einzug gehört.

Auch *Heros* sp. ‚Französisch-Guyana' ist ein Offenbrüter. [PD]

Gottwald teilte mir jedoch mit, es gebe Zweifel, daß diese *Heros*-Form ursprünglich von dort stamme. Es gebe das Gerücht, es handele sich um Nachkommen von ausgesetzten *Heros*, die - weiter westlich - im Mana leben."
Die Arbeitsgruppe ‚Heros' des DCG-Arbeitskreises Großcichliden veröffentlichte im Jahr 2001 eine zweiteilige Arbeit mit dem Titel „Augenfleckbuntbarsche - Bericht der Arbeitsgruppe „Heros"". Im ersten Teil berichtet sie „Von Gottwald sind Wildfänge aus Französisch-Guyana bekannt, bei denen alle Querbinden völlig deformiert sind und schon fast eine Netzzeichnung bilden."
Auch ich habe von Gottwald Wildfänge von *Heros* sp. ‚Französisch Guyana' gekauft, die allerdings keine deformierten Querbinden zeigten (Krahnefeld et al., 2001).

Merkmale
Die als *Heros* sp. ‚Französisch-Guyana' bekannte Art hat eine bläuliche bis beigefarbene Grundfärbung, die Männchen zeigen im Gegensatz zu vielen anderen bekannte Arten ein eher labyrinthartiges Zeichnungsmuster auf dem Kopf. Acht Vertikalbinden sind gleichmäßig auf dem Körper verteilt. Die 1. Binde umschließt die Schwanzwurzel, die 2. Binde verbindet die weichstrahligen Teile der Rücken- und Afterflosse. Die 8. Binde verläuft hinter dem Kopf vom Rücken bis zum Bauch. Die Binden 3 bis 7 verlaufen relativ gleichmäßig über die Flanken und reichen sowohl nach oben bis in die Rückenflosse als auch nach unten hin in

Ein Weibchen der Form aus Französisch-Guyana. [JA]

die Afterflosse. Die 7. Binde reicht vom 1. Stachel in der Dorsale bis zum 1. Stachel, in der Anale. Während der Brutpflege sind beide Geschlechter extrem auffällig gefärbt, die Bauchpartien sind kräftig gelb bis orange gefärbt. Die Weibchen zeigen dann eine tiefblaue Farbe im Kopfbereich. Die Männchen tragen auf den Flanken 15-17 Reihen aus kleinen braunen Punkten, die Punkte werden in Richtung Rückenflosse dicker, Weibchen zeigen diese Punkte nicht. Die als *Heros* sp. ‚Französisch-Guyana' bezeichnete Form weist im männlichen Geschlecht eine sehr ausgeprägte Wurmzeichnung auf dem gesamten Kopf auf, die sich bei vielen Exemplaren auch in diffuser Form auf den Flanken fortzusetzen scheint. Die Grundfarbe adulter Tiere ist ein Olivgrün in der Bauchregion, welches in Richtung Maul ins Hellblaue und zur oberen Körperhälfte hin ins Graue übergeht. Die adulten Weibchen weisen keinerlei wurmlinienförmigen Zeichnungsmerkmale am Kopf oder Körper auf. Jungtiere dieser Art tragen dagegen bei beiden Geschlechtern am Kopf eine Maskenzeichnung aus Punkten und Linien, was zu Problemen führt, wenn aus einer Gruppe halbwüchsiger Tiere Männchen und Weib-

Die Färbung dieses Männchens weist auf eine aggressive Stimmung hin. [PD]

chen identifiziert werden sollen. Bei brutpflegenden Tieren färben sich die Bauchflossen orangerot, und die untere Bauchregion wird schwefelgelb. Die schönen Kontraste der nun dunkleren Körper mit dem gelben Bauch und den strahlend roten Augen machen diese *Heros*-Form sicherlich zu einer der attraktivsten Varianten.
Die Rückenflosse weist 16 Hart- und 14 Weichstrahlen auf, in der Afterflosse sind es 8 Hart- und 13 Weichstrahlen.

Anmerkungen
Weitere Trivialbezeichnungen sind: *Heros* sp. ‚Blue-Head', *Heros* sp. ‚Yellow' und *Heros* sp. ‚Green-Blue'. Allerdings schlage ich vor, weiterhin die bereits bekannten Arbeitsnamen zu verwenden, die gleichzeitig auf eine Lokalität Bezug nehmen. Leider ist das bei *Heros* sp. ‚Französisch-Guyana' nicht der Fall. Daher wäre es sinnvoll, in Zukunft den von Albering überlieferten Fundort Pripri de Yiyi zu verwenden, also statt *Heros* sp. ‚Französisch-Guyana' *Heros* sp. ‚Piripri de Yiyi', auch wenn sich dieser Name nicht so leicht aussprechen läßt.

Zwischen den Ästen umgestürzter Bäume finden viele Tiere neben den Fischen Schutz. [RR]

Heros sp. ‚Riviére Comté'

Erste Erwähnung: Le Bail, Keith & Planquette, 2000.
Quelle: Atlas des poissons d'eau douce de Guyane (tome 2, fascicule II).
Fundort: Französisch Guyana: Riviére Comté.
Ersteinfuhr: Unbekannt, vermutlich Mitte der 2000 Jahre durch reisende Aquarianer.

Merkmale
Ich unterscheide bei den *Heros* aus Französisch-Guyana zwei Formen. Zum einen diejenige Variante, die als *H.* sp. ‚Französisch-Guyana' bekannt ist, und zum anderen eine als *Heros* sp. ‚Riviére Comté' bezeichnete Form. Beide Formen lassen sich morphologisch gut voneinander unterscheiden. *Heros* sp. ‚Französisch-Guyana' weist im Erregungszustand und wäh-

Männchen von *H.* sp. ‚Riviére Comté'. Diese Form erinnert hinsichtlich ihrer Körperform ein wenig an *Heroina isonycterina*. [AJ]

rend der Brutpflege eine ähnliche Färbung wie die *Heros* der *H. appendiculatus*-Gruppe auf, die Brust- und Bauchregion färbt sich bei diesen *Heros* kräftig gelb bis orange. Die ‚Riviére Comté' - Population hingegen färbt sich im Gegensatz dazu weniger deutlich um. Auch fehlt bei der ‚Riviére Comté' - Population die für die weiblichen Tiere der ‚Französisch-Guyana' - Population typische blaue Färbung der Kopfregion.

Die ‚Riviére Comté' - Population ist im Allgemeinen eher bräunlich gefärbt. Beide Formen aus Französisch-Guyana weisen allerdings große Gemeinsamkeiten mit einer von Castelnau beschriebenen Art auf, nämlich *Chromys fasciatus*. Weitere Fundorte zu *Heros* sp. ‚Riviére Comté' gibt Uwe Werner (2003) an: „Wir fanden sie aber direkt „nebenan", das heißt nur etwas weiter östlich im Schwarzwasser führenden Crique Organabo (pH 5,5; dGH / KH 0, 27 °C). Außerdem fingen wir *Heros* bei Kourou im Kourou-Einzug in der Umgebung von Guatemala in einem kleinen trüben See (pH 6,5; dGH 2, KH 7, 33 °C), wo die Art der vorherrschende Buntbarsch, ja der vorherrschende Fisch war, sodann im Crique Coco

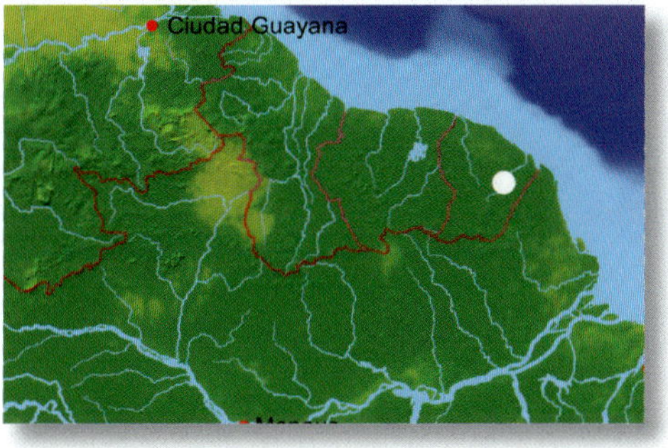

Verbreitung von *Heros* sp. ‚Riviére Comptè'.

(pH 5,5; dGH / KH 0, 28 °C) bei Cayenne im Comté-Einzug und im mit Schilf und Binsen zugewachsenen „Lac Marran" im selben Einzugsgebiet."

Heros sp. ‚Riviére Comté' hat in der Rükkenflosse 15 Hart- und 13 Weichstrahlen. In der Afterflosse konnte ich 8 Hart- und 14 Weichstrahlen zählen.

Anmerkungen

Selbst wenn die Population einer *Heros*-Form in Französisch Guyana nicht natürlichen Ursprungs sein sollte, so handelt es sich dabei auf jeden Fall um ein stabiles Vorkommen zweier sehr attraktiver Formen.

Heros sp. ‚Laguna Piranha I'

Erste Erwähnung: Dittrich, 2014.
Quelle: VDA-aktuell 2/2014: 22-25.
Fundort: Venezuela, Laguna Piranha.
Ersteinfuhr: Rietsch, 2013.

In der Juliausgabe 2013 der DCG Informationen berichtete Staeck über einen „Neuen Flaggenbuntbarsch aus Venezuela" (Staeck, 2013). Rietsch und Mitreisende hatten diesen von einer Expedition im Februar 2013 mitgebracht. Mir brachte Rietsch acht winzige *Heros* von dieser Expedition mit, welche aus dem gleichen Biotop stammen wie die erwähnten Flaggenbuntbarsche der Gattung *Mesonauta*. Der Fundort dieser importierten Fische ist der Laguna Piranha, der am rechten Ufer des oberen Rio Manapiare wenige Kilometer unterhalb der Ortschaft San Juan liegt. Dieser Fluß mündet in den oberen Ventuari, dieser wiederum gehört zum östlichen Einzugsgebiet des oberen Orinoko. Es sollte sich laut Rietsch um *Heros* sp. ‚Maulbrüter', also *Heros liberifer*, handeln. Er fing diese in recht flachem Wasser nahe am Ufer. Die Tiere waren etwa 1-1,5 cm lang

Das vorgestellte Wildfang-Exemplar mit etwa 12 cm Länge im neutralen Erregungszustand. [PD]

Etwa 4 cm langes Exemplar im neutralen Erregungszustand. [PD]

Verbreitung von *Heros* sp. ‚Laguna Piranha I".

und entwickelten sich in meinen Aquarien prächtig. Nach einigen Wochen fiel mir allerdings auf, daß sich zumindest eines der acht Tiere völlig anders entwickelte als der Rest. Schon bei einer Länge von etwa 2 cm war mir klar, daß es sich bei diesem Tier nicht um *Heros* sp. ‚Maulbrüter' handeln konnte. Rietsch fing weitaus mehr als diese acht Tiere, ließ aber leider einige im Teich des Reiseleiters zurück. Momentan sind die Tiere, die sich alle im selben Aquarium befinden, unterschiedlich stark gewachsen. Ich bezeichne diese Tiere als *Heros* sp. ‚Laguna Piranha' I und II.

Merkmale

H. sp. ‚Laguna Piranha I' weist im Gegensatz zu sechs der anderen importierten Tieren, die ich einwandfrei *Heros liberifer* zuordnen konnte, ein völlig anderes Zeichnungsmuster auf. Während sich die Anzahl der Querbinden bei *Heros liberifer* stets mit 9-10 Querbinden beziffern läßt, hat *Heros* sp. ‚Laguna Piranha 1' nur sieben relativ breite Querbinden. Die erste umschließt wie bei allen anderen *Heros* auch den Schwanzstiel, die zweite Binde verbindet ebenfalls wie bei anderen Arten und Formen die Rücken- und die Afterflosse. Die Binden vier und fünf bilden ein ‚Y'. Eine weitere Binde, die direkt hinter dem Kopf verläuft, verzweigt sich in ein auf dem Kopf stehendes ‚Y'. Dieser *Heros* ist, was die stimmungsabhängige Färbung anbelangt, sehr variabel. In neutralem Erregungszustand erscheint er fast komplett gelb-orange und zeigt seine

Heros sp. ‚Laguna Piranha I' kurz nach dem Import photographiert. Diese Bindenzeichnung ist für *Heros* untypisch. [PD]

Hier das selbe Exemplar in Brutpflegefärbung. Das kräftige Orange ist gut erkennen. [PD]

Laich: Rechts im Bild das hier vorgestellte Tier, links ein Weibchen von *Heros* sp. ‚Französisch-Guyana', dieser Fortpflanzungsversuch war erfolgreich. Siehe dazu *Heros* sp. ‚Berlin'. [PD]

Bindenzeichnung nur sehr schwach. Während der Brutpflege oder im streßbedingtem Erregungszustand färbt er sich sehr dunkel, die Bauchpartie hingegen ist kräftig orange gefärbt, die Bindenzeichnung tritt deutlich hervor. Der im neutralen Erregungszustand eher hell gefärbte Kopf färbt sich türkis, die im normalen Erregungszustand eher hellrote wurmlinienartige Zeichnung erscheint in einem dunklen Rot und hebt sich sehr plakativ von der Grundfärbung ab. Die Seitenlinie ist stets als helle Linie erkennbar. Die Rückenflosse ist je nach Erregungszustand gefärbt wie der Körper, nur ein schmaler Saum aus irisierenden Pigmenten ziert sie. Sie ist am Ende lang ausgezogen. Die Afterflosse ist stets orange gefärbt, nur der Flossensaum ist schwarz. Die Bauchflossen sind kräftig orange gefärbt und sind im Verhältnis zum Körper sehr lang. Ich konnte die folgenden Zählwerte ermitteln: In der Rückenflosse weist dieser *Heros* 16 Hart- und 14 Weichstrahlen, in der Afterflosse 9 Hart- und 11 Weichstrahlen auf.

Anmerkungen

Ich nehme an, daß es sich bei *Heros* sp. ‚Laguna Piranha I' um einen Naturhybriden handelt. Diese Annahme wird durch die Färbung der Nachkommen gestützt, siehe hierzu unter *Heros* sp. ‚Berlin'.

Heros sp. ‚Laguna Piranha II'

Erste Erwähnung: Dittrich, 2014.
Quelle: VDA-aktuell 2/2014: 22-25.
Fundort: Laguna Piranha, Venezuela.
Ersteinfuhr: Roland Rietsch, 2013.

Dieser *Heros* war einer von den acht winzigen *Heros,* die mir Roland Rietsch aus Venezuela mitbrachte. Der Fundort ist in der Beschreibung von *Heros* sp. ‚Laguna Piranha I' beschrieben.

Merkmale

Heros sp. „Laguna Piranha II" zeigt 9 Binden, die sich gleichmäßig über den Körper verteilen. Die erste Binde umschließt den Schwanzstiel. Die zweite, die in der Mitte einige Glanzpunkte zeigt, verbindet ebenfalls die Rücken und Afterflosse. Die Binden 4-8 verlaufen in regelmäßigen Abständen über die Körperflanken. Die 9. Binde verläuft über den Kopf durch das Auge bis

Heros sp. ‚Laguna Piranha II' mit etwa 15 cm Länge, auch bei dieser Aufnahme wird die Ähnlichkeit mit *Heros* sp. 'Französisch-Guyana' deutlich. Bisher ließ sich dieses Männchen nicht erfolgreich verpaaren. Ich gehe davon aus, daß es sich um einen Offenbrüter handelt, was die Zeichnung im Kopfbereich vermuten läßt. [PD]

Verbreitung von *Heros* sp. ‚Laguna Piranha II".

zum Unterkiefer. Weiterhin weisen die Tiere eine Reihe recht große, rostfarbene Punkte auf, die sich bei Jungtieren lediglich auf die vordere Körperhälfte beschränken. Bei älteren Tieren reichen diese dann weiter nach hinten in Richtung Schwanz.

Bei *Heros* sp. ‚Laguna Piranha II' sind diese Punkte recht gleichmäßig in horizontalen Reihen angeordnet.

Dieser *Heros* zeigt auch auf den Kiemendeckeln viele rote Punkte oder Tüpfel und türkisfarbene Glanzpunkte und Linien im Kopfbereich. Weitere, jedoch sehr kleine, türkisfarbene Glanzpunkte verteilen sich unregelmäßig auf den Kiemendeckeln,

Schon dieses etwa 5 cm lange Exemplar unterscheidet sich deutlich von *Heros liberifer*, es erinnert eher an *Heros* sp. ‚Französisch-Guyana', der allerdings einige hundert Kilometer weit entfernt vorkommt. Zwischen den Habitaten besteht keine Verbindung. Möglicherweise handelt es sich auch bei diesem Tier um einen Naturhyriden. [PD]

Körperflanken und dem Nacken. Die untere Bauchregion bei diesem Fische ist kräftig rot gefärbt, hinter den Brutflossen befindet sich eine relativ große helle fast gelbe Zone, die sich mit zunehmender Größe aufzulösen scheint. Etwa 12-14 horizontal verlaufende Reihen aus rötlichen Punkten sind auf den Flanken zu erkennen. Diese Reihen erstrekken sich unterhalb der unteren Seitenlinie bis zur 2. Vertikalbinde, oberhalb der unteren Seitenlinie jedoch nur bis zur 3. Vertikalbinde. Allerdings reichen diese nicht wie bei *Heros liberifer* über die gesamte Körperlänge, sie enden mit der dritten Querbinde. Bei diesem *Heros* konnte ich folgende Zählwerte ermitteln: In der Rückenflosse sind 16 Hart- und 13 Weichstrahlen vorhanden, in der Afterflosse konnte ich 8 Hart- und 13 Weichstrahlen ermitteln. Die Rückenflosse ist in neutralem Erregungszustand gefärbt wie der Körper, zwei dunkle Streifen sind auf der Rückenflosse vorhanden, einer verläuft in etwa der Mitte der Rückenflosse, der andere im oberen Drittel. Oberhalb des zweiten Streifens tragen nur die Stacheln irisierende Pigmente. Der weichstrahlige Teil der Rückenflosse zeigt drei schräg nach unten verlaufende dunkle Streifen, es sind keine irisierenden Pigmente vorhanden. Die Afterflosse weist 7 Hart- und 13 Weichstrahlen auf. Im weichstrahligen Teil unter der Schwanzwurzel sind wenige, in zwei vertikal verlaufenden Reihen angeordnete rote Punkte zu sehen. Diese Punkte befinden sich unmittelbar vor der zweiten Binde. Die Grundfarbe der Afterflosse ist ein kräftiges Orange, nur der Flossensaum ist schwarz gefärbt. Die Brustflossen sind ebenfalls kräftig orange gefärbt.

Etwa 4 cm langes Exemplar, als Beifang zwischen *Heros liberifer* gefunden. [PD]

Auf dieser Aufnahme ist die Kopfzeichnung sehr schön erkennbar. Bisher wurde eine solche Kopfzeichnung nur bei offenbrütenden *Heros* festgestellt. [PD]

Heros sp. ‚Santarém'

Erste Erwähnung: WERNER (2003)
Quelle: DCG-Informationen 37(8): 169-176, (9): 203-208, (10): 217-220.
Fundort: Rio Tapajós, im Hafen der Stadt Santarém, Brasilien.
Ersteinfuhr: KRANZ, BREIDOHR, ZUCKER, 2000 oder 2001.

STAECK (2009) zeigt eine Abbildung von *Heros* sp. ‚Santarém', mit breiterer Maskenzeichnung als bei den seit Anfang der 2000er Jahre eingeführten Fische, aber sie ist deutlich schmaler gezeichnet als die der Tiere, die WERNER (2003) vorstellt. Seine als ‚Tapajós-*efasciatus*' bezeichneten Tiere wurden von WARZEL und LOEW im Mündungssee des Tapajós bei Santarém gefangen. WERNER selbst hatte die Art dort ebenfalls im Klarwasser (0 °dGH, 1 °KH, pH 5,5; 29 bis 33 °C) beobachtet.

Merkmale

Die Grundfärbung von *Heros* sp. ‚Santarém' ist grünlich. Auf den Körperflanken sind in relativ gleichmäßigen Linien aus bräunlichen Punkten angeordnet. *Heros* sp. ‚Santarém' weist sieben Vertikalbinden auf. Die 1. verläuft über den Schwanzwurzelstiel, die 2. ist stets kräftig schwarz, immer sichtbar, verbindet die Schwanzflosse mit der Rük-

Weibchen. [UW]

kenflosse und endet in beiden Flossen als dunkler Fleck. Die Binden 3, 4, 5, 6 und 7 reichen bis an die Rückenflosse heran. Diese Form zeigt in normaler Stimmung im unteren Flankenbereich stets alle Binden, sie reichen jedoch maximal bis zur Seitenlinie. Je nach Erregungszustand sind alle Binden komplett sichtbar. *Heros* sp. ‚Santarém' zeigt einen bläulichen Glanz auf dem Kopf, besonders stark ausgeprägt ist dieser bei weiblichen Tieren. Bei den Männchen sind der Kopfbereich und die Kiemendeckel mit breiten rötlichen Linien und Punkten überzogen. Die Augen sind orange gefärbt. Im Gegensatz zu vielen anderen *Heros* zeigt diese Populationen nur einen sehr schwach ausgeprägten Unterkieferstreifen. Dieser ist meistens nur während der Brutpflege zu sehen. Die Rückenflosse besitzt 14-16 Hartstrahlen und 10-12 Weichstrahlenstrahlen. Eine bis zwei Reihen bräunlich bis grünliche Punkte verlaufen parallel zur Längsach-

Verbreitung von *Heros* sp. ‚Santarém'.

se der Rückenflosse, diese fächern sich im weichstrahligen Teil zu 6-7 Reihen dunkler Punkte auf und verlaufen dann abwärts zum Schwanz. Die Afterflosse weist 7 Hart- und 11-12 Weichstrahlen auf. Die Afterflosse ist oft orange, unterhalb der Bauchlinie oft hellorange. Die orangen Bauchflossen sind relativ lang. Männchen zeigen Reihen aus dunklen Punkten auf den Flanken sowie eine deutliche Maskenzeichnung. *Heros* sp. ‚Santarém' brütet offen waagerecht und horizontal.

Ausgewachsenes Männchen mit groben Wurmlinien. [UW]

Heros sp. ‚Tapajós'

Erste Erwähnung: DITTRICH, 2001.
Quelle: DCG Informationen 32(9): 209-213.
Fundort: Rio Tapajós, etwa 20 Bootsminuten stromaufwärts von Santarém.
Ersteinfuhr: BREIDOHR, ZUCKER, WERNER & KRANZ, 1998.

Heros sp. ‚Tapajós' und *H.* sp. ‚Santarém' kommen sympatrisch, wenn nicht sogar syntop im Rio Tapajós vor. Die Fundorte beider Populationen liegen nur 20 Bootsminuten voneinander entfernt. Beide Populationen unterscheiden sich durch die auffallend runde Körperform von allen anderen *Heros*, die dieser Gruppe angehören. *Heros* sp. ‚Tapajós' wurde 1998 von KRANZ, BREIDOHR, ZUCKER & WERNER eingeführt. Der Fundort im Rio Tapajós befindet sich von Santarém aus etwa 20 Bootsminuten stromaufwärts (BREIDOHR, persönliche Mitteilung 2001).

Männchen von *Heros* sp. ‚Tapajós'[PD]

Merkmale

Heros sp. ‚Tapajós‘ weist 7 Vertikalbinden auf. Die erste Binde verläuft über den Schwanzwurzelstiel, die zweite Binde ist stets kräftig schwarz und immer sichtbar, sie verbindet die Schwanzflosse mit der Rückenflosse und endet an den Basen der weichstrahligen Teile der Flossen als dunkler Fleck. Die Binden 4, 5, 6 und 7 reichen bis an die Rückenflosse heran. Beide Populationen zeigen in normaler Stimmung, im unteren Flankenbereich stets alle Binden, die jedoch maximal bis zur Seitenlinie heran reichen. In Erregungszuständen, beispielsweise während Balz oder Brutpflege, sind alle Binden komplett ausgebildet. Anders als Staeck (2009) behauptet, ist es kein eindeutiges Merkmal der Tapajós-*Heros*, daß die dritte Binde stets im mittleren Teil unterbrochen ist. Ich konnte mehrfach bei brutpflegenden Tieren feststellen, daß sich die erste Binde an der Schwanzwurzel zu einem deutlichen Caudalfleck reduziert. Die

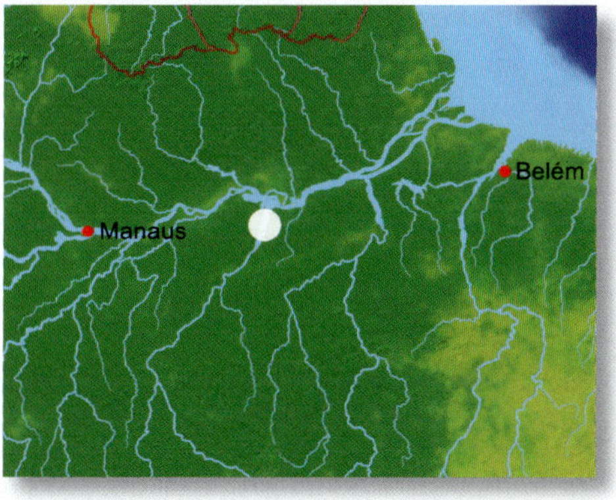

Verbreitung von *Heros* sp. ‚Tapajos‘.

Die feinen Wurmlinien des *Heros* sp. ‚Tapajós‘ [PD]

Grundfärbung dieses *Heros* ist gelbgrünlich bis grünlich. Auf den Körperflanken sind relativ gleichmäßig Linien aus rötlichen oder bräunlichen Punkten angeordnet. Beide Geschlechter tragen im Alter die eigentlich für Männchen typische Färbung im Kopfbereich. Bei den Männchen besteht diese aus feinen roten Linien und erstreckt sich über den ganzen Kopfbereich, bei den Weibchen hingegen erscheint diese rote Zeichnung weniger filigran und in der Regel unterhalb der Augen und nur über dem Maul und auf den Wangen.
Heros sp. ‚Tapajós' weist im Alter ein relativ steil ansteigendes Kopfprofil auf. Oftmals zeigt der Kopf einen grünlich bis bläulichen Glanz. Der gesamte Kopfbereich und die Kiemendeckel sind mit feinen rötlichen Linien und Punkten überzogen. Die Augen sind orange gefärbt. Im Gegensatz zu vielen anderen Heros zeigen beide Tapajós-Populationen nur einen sehr schwach ausgeprägten Unterkieferstreifen. Dieser ist meistens nur während der Brutpflege zu sehen. Der Körper von *Heros* sp. ‚Tapajós' ist relativ gedrungen dabei aber sehr hochrückig, fast scheibenförmig und seitlich stark zusammengedrückt. Die Rückenflosse besitzt 14-16 Hartstrahlen und 10-12 Weichstrahlen. Eine bis zwei Reihen bräunliche bis grünliche Punkte verlaufen parallel zur Längsachse in der Rückenflosse, diese Reihen fächern sich im weichstrahligen Teil zu 6-7 Reihen dunkler Punkte auf, und verlaufen dann abwärts Richtung Schwanz. Einige Exemplare weisen wenige türkisfarbene Glanzpunkte in der Rückenflosse und in der Schwanzflosse auf. Die Afterflosse weist 7 Hart- und

13 Jahre altes Weibchen von *Heros* sp. ‚Tapajós'. [PD]

11-12 Weichstrahlen auf. Die Afterflosse ist oft orange gefärbt, unterhalb der Bauchlinie ist sie oft hellorange gefärbt. Die Bauchflossen sind relativ lang und ebenfalls orange gefärbt.

Männliche Tiere weisen ein Muster aus Linien und Punkten im Kopfbereich auf. Einige schwach ausgebildete Punkte und Linien können auch bei semiadulten Weibchen auftreten, diese befinden sich allerdings nur über dem Maul und auf den Wangen unterhalb der Augen.

Heros sp. ,Tapajós' ist ein typischer Offenbrüter, der keine großen Ansprüche an die Wasserqualität stellt, er legt sein Gelege sowohl an horizontalen als auch auf waagerechten Substraten ab.

Die Santarém-Population zeigt eine wesentlich breitere Maskenzeichnug und ist daran sehr gut von *Heros* sp. ,Tapajós' zu unterscheiden.

Leider wurde in den letzten Jahren nur noch von *Heros* sp. ,Tapajós' gesprochen, da einige Spezialisten davon ausgehen, daß es sich um dieselbe Variante handelt. Nachzuchten beider Populationen wiesen aber stets eine einheitliche und gut zu unterscheidende Maskenzeichnung auf.

Feine rötliche Linien kennzeichnen *Heros* sp. ,Tapajós', dicke und wesentlich weniger Linien sind typisch für *Heros* sp. ,Santarém'.

In ruhigen Uferbereichen, wie hier zwischen Felsen, halten sich viele Fische während der Nacht auf, hier *Heros* und *Mesonauta*. [PD]

Heros sp. ‚Tapajós I'

Erste Erwähnung: Dittrich, 2016.
Quelle: Hier erstmals vorgestellt.
Fundort: Rio Tapajós, Brasilien.
Ersteinfuhr: Unbekannt.

Eine weitere Form läßt sich anhand einiger Merkmale von den bereits vorgestellten Tapajós-*Heros*-Formen unterscheiden. Sie ist generell etwas heller gefärbt, und die Maskenzeichnung im Kopfbereich scheint weniger filigran zu sein. Die Bindenzeichnung ist etwas homogener ausgeprägt. Allerdings ist die Herkunft aus dem Rio Tapajós nicht sicher belegt, eigene Recherchen lassen aber darauf schließen. Staeck konnte Unterwasserfilmaufnahmen von einem unbekannten *Heros* im Rio Tapajós machen, möglicherweise zeigt diese den hier als *Heros* sp. ‚Tapajós I' bezeichneten Fisch. Staeck schickte mir 2014 davon Bilder, aber eine sichere Zuordnung war auch damit unmöglich.

Merkmale
Die Grundfärbung ist recht hell, fast gelb, der Körper wird an vielen Stellen von einem bläulichen Glanz überzogen. Besonders stark ist die bläuliche Färbung im Kopfbereich und auf den Kiemendeckeln ausgeprägt. Sieben Vertikalbinden sind vorhanden, die 1. umschließt den Schwanzstiel, die 2. ist stets sichtbar, sie verbindet die weichstrahligen Teile der Rücken- und Afterflosse, jedoch

Männlicher *Heros* sp. ‚Tapajós I' im neutralen Erregungszustand, deutlich ist die intensive bläuliche Färbung zu erkennen. [AJ]

bildet die keine Augenflecken. Die Binden 3-6 sind gleichmäßig über die Flanke verteilt und im neutralen Zustand bis etwa zur Höhe der oberen Seitlinie sichtbar. Im aggressiven Zustand sind alle Binden deutlich sichtbar, der Fisch wirkt dann viel dunkler. Die 7. Binde erstreckt sich zwischen dem ersten Stachel der Rückenflossen bis zum Ansatz der Bauchflossen. Auf den Flanken verlaufen 15-17 Reihen bräunlicher Tüpfel, die in der einzelnen Reihe miteinander verbunden zu sein scheinen. Dieses Muster wirkt wie eine Netzzeichnung. Die Iris geht eher ins Gelbliche.

Heros sp. ,Tapajós I' weist folgende Zählwerte auf: In der Rückenflosse hat das untersuchte Exemplar 16 Hart- und 13 Weichstrahlen, die Afterflosse enthielt 8 Hart- und 12 Weichstrahlen. Die Flossenfärbung gleicht

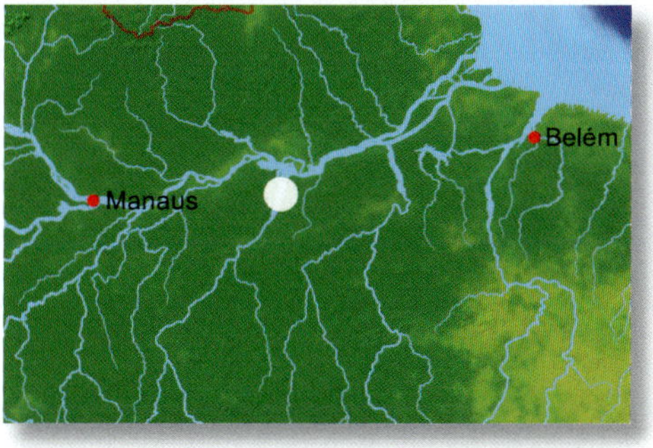

Verbreitung von *Heros* sp. ,Tapajos I'.

der Grundfarbe des Körpers, die Afterflossenbasis ist schwach orange. Der Saum der Rückenflosse glänzt bläulich, wenige Glanzpunkte sind auf der Rückenflosse verteilt. Im weichstrahligen Teil der Rückenflosse sind zwei bis drei dunkle Linien vorhanden, die von der Basis zum Saum hin verblassen.

Das Weibchen ist nicht so farbenfroh wie das Männchen. Die 3. Vertikalbinde ist am unteren Ende gespalten. [PD]

Heros sp. ‚Xingú'

Erste Erwähnung: Dittrich, 2011.
Quelle: www.augenfleckbuntbarsche.de.
Fundort: Brasilien, Vitoria do Xingú, Igarape Tucurui.
Ersteinfuhr: Gottwald, Mitte 2000er.

Entdeckungsgeschichte

2011 wurde eine aquaristisch unbekannte *Heros*-Form aus dem unteren oder mittleren Rio Xingú durch Jens Gottwald eingeführt. Vermutlich handelt es sich um eine Variante von *Heros efasciatus*.

Merkmale

Die Grundfärbung dieser Form bildet ein mattes Hellbraun mit etwas Blauanteil. Die für männliche *Heros* typische Wurmlinienzeichnung erinnert ein wenig an die von *Heros* sp. ‚Santarém', jedoch weisen männliche sowie weibliche Tiere der Rio Xingú - Population auf den Kiemendekkeln große rote Flächen auf. Außerdem erscheint die zweite Querbinde, die bei allen *Heros* stärker ausgeprägt und immer sichtbar ist, wesentlich dicker als bei anderen *Heros*-Formen derselben Art. Diese

Männchen von *Heros* sp. ‚Xingú'. [PD]

zweite Binde scheint, jedenfalls bei meinen Tieren, in die erste überzugehen. Allerdings scheint das Erscheinungsbild der Binden im Allgemeinen, wie bei anderen *Heros*-Formen auch, vom Erregungszustand abhängig zu sein. Mein Weibchen dieser Population zeigt die zweite Binde bei Unruhe oder Bedrohung gar nicht, beim Männchen hingegen löst sie sich dann nur teilweise auf.

Diese Art zeigt acht Vertikalbinden, von denen in der Regel nur sieben deutlich sichtbar sind. Im neutralen Erregungszustand sind die Vertikalbinden in der unteren Körperhälfte immer deutlich als längliche Bindenrudimente sichtbar, im oberen nur sehr schwach. Das Männchen meines Paares zeigt einen deutlichen Schwanzwurzelfleck, dieser scheint stimmungsabhängig von irisierenden Schuppen umgeben zu sein. Nach dem Schwanzwurzelfleck umgibt die 1. Binde die Schwanzwurzel, und verbindet sich mit der 2. Binde. Die Binden 3 - 7 verteilen sich relativ gleichmäßig auf den Flanken, die 7. Binde schließt auf dem Rücken mit dem ersten Stachel der Dorsale ab, das untere Ende reicht bis zur Basis

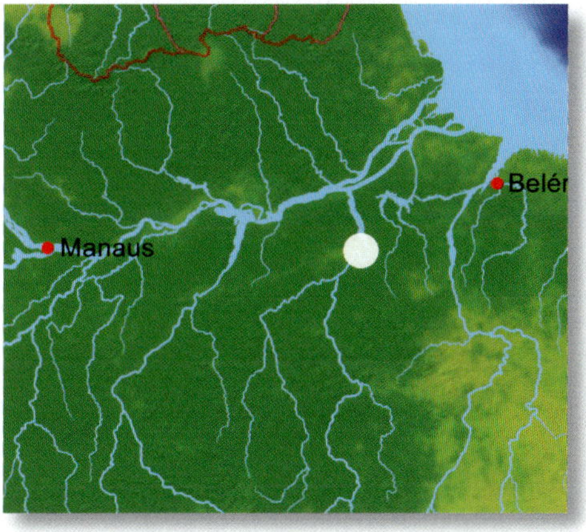

Verbreitung von *Heros* sp. ‚Xingú'.

Weibchen von *Heros* sp. ‚Xingú'. [PD]

der Brustfloss. Die 8. Binde ist nur schwach ausgeprägt und führt über den Hinterkopf, über den vorderen Kiemendeckel bis hin zum unteren Rand des Kiemendeckels an das Ende der Maulspaltenzeichnung. Diese Maulspaltenzeichnung ist dunkelblau und je nach Erregungszustand sehr deutlich ausgeprägt. Die Lippen dieser Art sind bläulich mit rotem Schimmer gefärbt, wobei die Unterlippe einen dunkelblauen Rand an der oberen Seite hat. Die Lippen sind im Allgemeinen wesentlich dicker als bei anderen *Heros*-Arten. Bei der osteologischen Untersuchung dieser Art konnte ich folgende Standardzählwerte feststellen: In der Rückenflosse sind 16 Hart- und 12 Weichstrahlen vorhanden, in der Afterflosse 7 Hart- und 13 Weichstrahlen.

Anmerkungen

Heros sp. ‚Rio Xingú' scheint sich auch anatomisch von anderen *Heros* abgrenzen zu lassen, im Röntgenbild eines verendeten Tieres scheint die Schwimblase kürzer zu sein als es für *Heros* üblich ist. *Pterophyllum*, *Heros*, *Mesonauta* und andere kennzeichnen sich dadurch, daß die Schwimmblase über die Caudalwirbel hinaus reicht. In diesem Zusammenhang ist das eine ‚Rio Xingú - Exemplar interessant, weil bei diesem die Schwimmblase nur bis zu den Caudalwirbeln reicht. Es kann aber laut einer persönlichen Mitteilung von Ingo Schindler (2013) auch ein abnormal gebildetes Individuum sein.

Ich gehe stark davon aus, daß es sich auch bei diesem *Heros* um einen Offenbrüter

Ein namenloser Bach mündet in den Igarape Tucurui. Fundort von *H.* sp. ‚Xingú'. [JG]

handelt. Leider konnte ich bis zur Fertigstellung dieses Buches keine Erfahrungen diesbezüglich sammeln. Allerdings läßt das Tier, was das Balzverhalten betrifft, keinen Unterschied zu anderen Vertretern von *Heros fasciatus* erkennen. Auch die ‚Rio Xingú' - Variante praktiziert das sogenannte Maulzerren, putzt anschließend akribisch ein Laichsubstrat und hebt beachtliche Gruben aus. Bisher konnte ich dieses nur an solchen Stellen im Aquarium beobachten, die recht versteckt lagen.

Folgende Angaben sind persönliche Mitteilungen von J. GOTTWALD:

Der Fundort ist ein kleiner namenloser Bach, der in den Igarape Tucurui fließt. Die Ortschaft Vitoria do Xingu liegt am Igarape Tucurui. Ein paar Kilometer östlich von Vitoria do Xingu mündet er in den Unterlauf des Xingu. Das Wasser war mit 25 °C relativ kühl. Der pH-Wert lag bei 6,5. Die Gesamthärte lag bei 2 und die Karbonathärte war nicht meßbar.

Männchen im aggressiven Erregungszustand. [PD]

Heros sp. ‚Blau'

Weißaugen-Augenfleckbuntbarsch

Erste Erwähnung: Dittrich, 2008.
Quelle: www.augenfleckbuntbarsche.de.
Fundort: Brasilien, vermutlich Unterer Madeira.
Ersteinfuhr: Unbekannt.

Diese Form wurde mir durch persönliche Mitteilungen von Horst Schweinoch bekannt.

Es gibt bisher keine verläßliche Informationen zum Verbreitungsgebiet dieser Art. Die Information, daß sie aus dem unteren Madeira-Einzug stammt scheint mir am plausibelsten, daß der Import über Manaus stattgefunden haben soll spricht für diese Annahme.

Da der Rio Madeira von Süden kommend in den Amazonas entwässert scheint mir eine Verwandtschaft mit den ‚Guapore'-*Heros* am wahrscheinlichsten. Ein Alleinstellungsmerkmal dieser Art innerhalb *Heros* ist die weiß gefärbte Iris, möglicherweise ein Indiz für eine Abgrenzung von taxonomisch bereits bearbeiteten Formen. Die von mir zur phylogenetischen Analyse eingereichte Probe war möglicherweise kontaminiert,

Männchen der unbestimmten blauen Form aus dem Madeira-Einzug. [HS]

da *Heros* sp. ‚Blau' nicht im Kladogramm auftaucht. Daher läßt sich hier keine Verwandtschaft mit anderen Arten bestätigen oder dementieren.

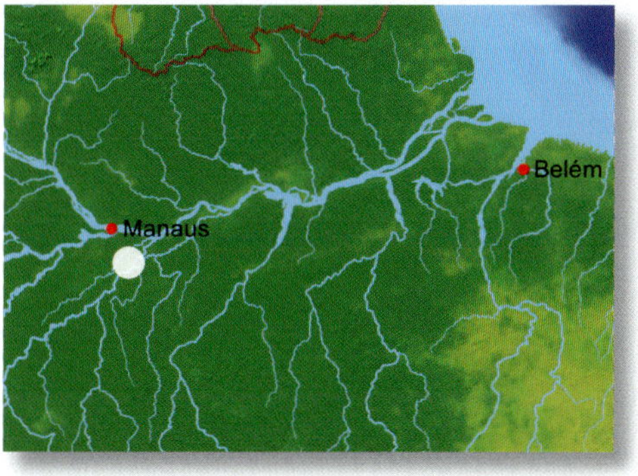

Verbreitung von *Heros* sp. ‚Blau'.

Merkmale

Heros sp. ‚Blau' zeigt sieben Vertikalbinden, die 1. Binde umschließt den Schwanzstiel, sie ist aber nicht immer sichtbar. Die 2. Binde verbindet die weichstrahligen Teile der Rücken- und Afterflosse, je nach Erregungszustand löst sie sich etwa in der Mitte auf. Die Binden 3 - 5 verbinden ebenfalls die Rücken- und Afterflosse, auch diese können je nach Erregungszustand in der Mitte geteilt sein. Diese Grenze liegt unterhalb der oberen Seitenline. Die Binden 6 und 7 erstrecken sich lediglich von der oberen Seitenline bis fast hinunter zum Bauch. Allerdings erreichen sie nicht die Bauchlinie, sondern enden kurz darüber. Die 7. Binde endet nicht, wie bei vielen anderen Arten, am ersten Stachel der Dorsale, sie endet unterhalb des 5. Stachels der Dorsale. Am unteren Ende endet sie an der Basis der Bauchflosse, um sich in einem nach hinten verlaufenden Bogen mit der 6. Binde zu verbinden. Diese Art hat 16 Hart-

Dieses Weibchen wurde als einer der ersten Vertreter dieser Form als Beifang eingeführt. [PD]

und 13 Weichstrahlen in der Rückenflosse, in der Afterflosse konnte ich 8 Hart und 14 Weichstrahlen ermitteln. Die Farbe der Flossen paßt sich der jeweiligen stimmungsabhängigen Grundfärbung der Fische an. Lediglich der Saum der Rückenlosse ist etwas dunkler und an den Spitzen mit einigen irisierenden Pigmenten gesäumt.

Die Geschlechter lassen sich bei *H.* sp. ‚Blau' relativ leicht unterscheiden. Wie bei vielen anderen Formen der Gattung *Heros* weisen auch die männlichen Tiere dieser Form die typische wurmlinienartige Zeichnung auf den Kiemendeckeln, beziehungsweise in der Kopfregion auf. Weiblichen Tieren fehlt diese vollständig. Bei juvenilen Tieren weisen noch beide Geschlechter Ansätze der Wurmlinienzeichnung auf, bei Erreichen der Geschlechtsreife verblassen diese aber bei den weiblichen Tieren, bis sie ganz verschwunden sind.

Anmerkungen

Über eine systematische Zuordnung von *Heros* sp. ‚Blau' läßt sich zur Zeit nicht viel aussagen. Eine gewisse Ähnlichkeit zu *H. appendiculatus* ist aufgrund der permanent sichtbaren unteren Bereiche der Vertikalbinden und anderer Merkmale vorhanden. Es ist auch möglich, daß es sich um eine noch unbeschriebene Art handelt. Auch hier sind noch weitere Untersuchungen von Tieren mit gesichertem Fundort und ein Vergleich mit dem Typus-Material anderer Arten nötig.

Ich gehe aufgrund der großen Ähnlichkeiten mit *H. appendiculatus* und der geographischen Nähe zum Verbreitungsgebiet von

Auffällig bei *H.* sp. ‚Blau' ist die weiß gefärbte Iris. [PD]

Heros appendiculatus davon aus, daß sich der erstgenannte Fundort, also der Untere Madeira, als richtig herausstellen wird.
Bei diesem *Heros* kommt es vor, daß sich vermeintliche Weibchen plötzlich zu Männchen ‚umwandeln' oder umgekehrt, allerdings nur optisch durch die Bildung oder Zurückbildung der Wurmlinienzeichnung. *H.* sp. ‚Blau' ist ein typischer Offenbrüter, dessen Balz- und Fortpflanzungsverhalten sowie die Brutpflegefärbung sich nicht von anderen Offenbrütern der Gattung unterscheidet. Allerdings färbt sich die Brust- und Bauchregion bei dieser Form nicht gelb oder orange, sondern weiß. Eines meiner Weibchen kann ihr Farbkleid von Stahlblau bis fast Schneeweiß ändern. Ich nehme an, daß dieses stimmungsabhängig geschieht.

Portrait eines weißen Tieres. [PD]

Stimmungsabhängig werden die Tiere fast weiß. [PD]

Zuchtformen

Zuchtformen und ihren Entstehung

Viele Aquarianer sind für naturbelassene Formen nicht zu begeistern, sie suchen das Besondere. Besonderes in Asien ist dieser Trend sehr weit verbreitet. Ob es nun die Buntbarsche der Gattung *Symphysodon*, also Diskusbuntbarsche sind, oder wie die momentan stark im Trend liegenden Fische der Gattungen *Osteoglossum* und *Scleropages*, die unter dem Namen ‚Arowana' wohl besser bekannt sind. Die erwähnten Gattungen sind schon als Naturformen recht imposante Fische, Diskusbuntbarsche sind wohl die mit Abstand buntesten Süßwasserfische, weshalb sie auch den Beinamen ‚König der Aquarienfische' tragen. Schon seit vielen Jahren steigt die Anzahl jener, die sich mehr oder minder auf Zuchtformen spezialisieren. Ob es nun spezielle künstlich erzeugte Farbmorphen bei Cichliden aus den afrikanischen Grabenseen handelt, oder um durch züchterische Finesse oder auch zufällige Mutationen entstandene Deformierungen wie extreme Flossenverlängerungen (Schleierflossen) - je extremer desto besser. Es scheint teilweise unmöglich naturbelassene Formen im Fachhandel zu erwerben, gerade bei den Lebendgebärenden Zahnkarpfen sieht es so aus, als seien Naturformen nur noch unter großer Mühe direkt von den Spezialisten zu bekommen, ich gehe sogar soweit zu behaupten, daß man gerade was die Lebendgebärenden betrifft schon von ‚Goldstaub' reden kann, wenn man denn zum Beispiel an eine reinerbige Form von bestimmten Arten gelangt. Mal abgesehen von natürlich durch die Vermischungen verschiedener Arten oder Lokalformen einer Gattung entstandenen Mischformen werden auch immer wieder gezielt gattungsfremde Arten miteinander gekreuzt, sei es nun auf natürlicher Basis oder durch medizinische Verfahren.

Dieser Trend macht auch vor den Großcichliden mittel- und südamerikanischer Gattungen nicht halt. Wie oben erwähnt führen die Buntbarsche der Gattung *Symphysodon* die Liste der Zuchtformen an, gefolgt von den Segelflossern der Gattung *Pterophyllum*. Aber auch von Zwergbuntbarschen wie etwa dem Schmetterlingsbuntbarsch *Microgeophagus ramirezi* oder dem Kakadu-Zwergbuntbarsch *Apistogramma cacatuoides* gibt es eine ganze Reihe Zuchtformen. Bereits in den 60er Jahren des vergangenen Jahrhundert wurden aus Asien blaue *Microgeophagus ramirezi* importiert. Aus Sicht der Züchter betrachtet ist dieses natürlich ein gutes Geschäft, welches ich auch hier nicht verurteilen möchte. Ich bin davon überzeugt, daß es wohl kaum ein Aquarium gibt, in welchem sich nicht mindestens eine Zuchtform befindet, beziehungsweise einen Aquarianer, der in seinen Aquarien noch nie eine Zuchtform oder Hybriden gepflegt hat. Es gibt aber sogar

Institutionen, in welchen eine große Anzahl Aquarianer gebunden sind, die sich in ihren Statuten dagegen verwehren, Zuchtformen oder Hybriden zu pflegen, und dieses sogar als vereinsschädigend bezeichnen!

Wie entstehen Zuchtformen?

Auch in der Natur kommt es zu Hybridisierungen oder Mutationen.

Die bekannten Zuchtformen unter den Augenfleckbuntbarschen sind *Heros* sp. ‚Gold' oder ‚Gelb' und *Heros* sp. ‚Red Scribbled'. Diese Formen sind auf albinotische oder auf xanthoristische oder teilxanthoristische Individuen zurückzuführen.

Qualzuchten

Durch gattungsübergreifende Kreuzungsversuche, respektive Kreuzungen, können bei den Nachkommen erhebliche Deformierungen entstehen. Dieses ist besonders im Falle des sogenannten ‚Papageienbuntbarsches' ersichtlich. Niemand weiß genau, welche Gattungen bei dieser Kreatur als Eltern dienten. Es gibt Spekulationen, an denen ich mich aber an dieser Stelle nicht beteiligen möchte. Fest steht, daß diese Züchtung Deformierungen aufweist die es ihr sehr erschweren, überhaupt anständig Nahrung aufzunehmen. Teilweise sind die Wirbelsäulen so deformiert, daß es den Tieren kaum möglich ist, natürliche Schwimmbewegungen auszuführen. Es macht natürlich einen großen Unterschied, ob man innerhalb einer Gattung Arten miteinander verpaart, oder ob man vollkommen unterschiedliche Gattungen miteinander kreuzt. Im Falle vom ‚Papageienbuntbarsch' ist nicht einmal bekannt, ob diese Tiere durch eine ‚natürliche' Verpaarung verschiedener Gattungen entstanden ist oder ob hier im Labor nachgeholfen wurde. Solche Tiere sind abzulehnen und dürfen gar nicht erst in den Handel gelangen!

Qualzucht: Papageienbuntbarsch. [PD]

Heros sp. ‚Gold'

Goldener Augenfleckbuntbarsch

Erste Erwähnung: Vermutlich Staeck, 2009.
Quelle: Aquaristik Fachmagazin (201): 40-45.
Herkunft: Unbekannt.
Ersteinfuhr: Wahrscheinlich wurde diese Zuchtform aus Osteuropa oder Asien eingeführt. In Deutschland sind die ersten *Heros* sp. ‚Gold' Anfang der 1990er Jahre aufgetaucht, aber diese Angabe läßt sich nicht genau belegen. Ich habe sie zum ersten mal 1994 bei Eckhard Seiler (Munster) gesehen, zu diesem Zeitpunkt waren sie noch weitestgehend unbekannt.

Über die Entstehung dieser Zuchtform gibt es keinerlei verläßliche Informationen. Möglicherweise ist sie durch Vermehrung von xanthoristischen oder teilxanthoristischen (Mutationen) Nachkommen und deren gezielter Selektion entstanden.

Ich konnte bei einer Nachzucht von Wildfangtieren *Heros* sp. ‚Französisch-Guyana' beobachten, daß sich ein einzel-

Weibchen der Goldform. [PD]

Portrait eines Männchens. [PD]

ner Jungfische ab einer Länge von etwa 1,5 cm vom Rest der Brut farblich deutlich abgrenzte. Während sich 99 % der Jungfische vollkommen normal entwickelten, blieb das erwähnte Tier komplett gelb. Nimmt man nun solche Tiere und verpaart sie später mit normal gefärbten Tieren der gleichen oder einer anderen Form können Farbformen entstehen, die neben ihrer gelben Grundfärbung rote Farbpigmente ausbilden. Bisher gab es bei komplett gelb gefärbten Individuen keinerlei Probleme bei der Vermehrung. Es handelt sich um typische Offenbrüter.

Männchen sind kräftiger gebaut und lassen sich von den Weibchen auch durch die rote Maskenzeichnung im Kopfbereich unterscheiden, gelegentlich sind die Flossen etwas länger ausgezogen als bei den Weibchen.

Pärchen beim Balzritual. [PD]

Heros sp. ‚Red Scribbled'

Rotgesprenkelter Augenfleckbuntbarsch

Erste Erwähnung: Hill, 2014.
Quelle: Practical Fishkeeping 12: 6-13.
Fundort: Zuchtform.
Ersteinfuhr: In Deutschland sind die ersten Tiere vermutlich Anfang der 2000er Jahre aufgetaucht.

Diese schöne Zuchtform ist erst in den ersten Jahre des neuen Jahrtausends aufgetaucht. Möglicherweise handelt es sich um eine Weiterentwicklung oder Modifizierung des schon vorgestellten Goldenen Augenfleckbuntbarsches. Die deutlichen roten Zeichnungselemente dieser Zuchtform sind durch gezielte Selektion und die Vermehrung solcher Tiere entstanden. Diese Zuchtform ist mit hoher Wahrscheinlichkeit in Polen oder Tschechien entstanden. Viele Jahre lang gelang es nicht, diese Tiere im Aquarium erfolgreich zu vermehren. Ich nehme an, daß die in den Handel gelangten Exemplare sterilisiert worden sind. Erst Anfang 2016 ist es mir gelungen, diese schöne Zuchtform selber zu vermehren. Versuche, den Rotgesprenkelten Augenfleckbuntbarsch mit dem Goldenen Augenfleckbunt-

Männchen (links) und Weibchen (rechts) dieser Zuchtform. [PD]

barsch zu verpaaren gelangen nur, wenn das Männchen ein Goldener Augenfleckbuntbarsch war. Eine erfolgreiche Vermehrung mit einem Männchen des Rotgesprenkelten Augenfleckbuntbarsch und einem Weibchen vom Goldenen Augenfleckbuntbarsch gelang hingegen nie!

Daher ist wohl anzunehmen, daß nur die Männchen des Rotgesprenkelten Augenfleckbuntbarsch vermutlich manipuliert wurden. Dies ist eine Vermutung und läßt sich, zumindest bisher, nicht beweisen!

Auch beim Rotgesprenkelten Augenfleckbuntbarsch handelt es sich um einen typischen Offenbrüter. Die erfolgreiche Vermehrung gelingt leider recht selten, daher werden diese hübschen Augenfleckbuntbarsche im Vergleich zu anderen Vertretern der Gattung noch immer sehr teuer gehandelt, 50,00 € für ein halbwüchsiges Exemplar ist keine Seltenheit! Die Geschlechter lassen sich recht leicht unterscheiden, die Männchen sind immer wesentlich kräftiger gefärbt als die Weibchen und besitzen zudem eine ausgeprägte Masken- und Kopfzeichnung, die aus kräftig roten Punkten und Linien besteht. Auch die Weibchen können beim Rotgesprenkelten Augenfleckbuntbarsch rote Zeichnungsmuster im Kopfbereich zeigen, oft sind die Flanken der Weibchen rötlich gefärbt. Die Männchen werden oftmals größer, bulliger und haben zum Teil ausgezogene Flossen.

Männchen des Rotgesprenkelten Augenfleckbuntbarsches. [PD]

Heros sp. ‚Berlin‘

Berliner Augenfleckbuntbarsch

Erste Erwähnung: Dittrich, 2017.
Quelle: In diesem Buch.
Fundort: Aquarienform, entstanden in den Aquarien des Autors, aber nicht in Umlauf gebracht.
Erstnachzucht: 2016 durch Kreuzungsversuch von Peter Dittrich.

Einen Kreuzungsversuch unternahm ich mit einem männlichen *Heros* sp. ‚Laguna Piranha I‘ und einem Weibchen von *Heros* sp. ‚Französisch Guyana‘. Schon nach wenigen Tagen, die sie gemeinsam in einem Aquarium untergebracht waren, laichten die Fische und betreuten vorbildlich ein Gelege von etwa 250 Laichkörnern. Weil ich neugierig war, wie die Nachkommen dieser beiden Fische wohl aussehen würden, saugte ich einen Teil der Jungfische ab und zog diese separat auf.
Interessanterweise zeigten fast alle Nachkommen das wichtigste diagnostische Merkmal von *Heros severus*: eine verkürzte 3. Binde. Keines der Elterntiere zeigte dieses Merkmal. Möglicherweise ist dies ein Indiz dafür, daß *Heros* sp. ‚Laguna Piranha I‘ ein Naturhybrid sein könnte, vom dem ein Elternteil *Heros severus* ist. Ansonsten waren die Jungfische farblich nicht sonderlich attraktiv. Ich behielt lediglich fünf Exemplare und zog diese auf. Allerdings zeigten diese Hybriden ähnlich *Heros liberifer* in der unteren Hälfte der Flanken Reihen aus hellroten Punkten. Die Grundfärbung dieser *Heros* ist eine schöne Mischung aus Orange und Grün.
Vom Bauch bis etwa zur oberen Seitenlinie zeigt dieser *Heros* eine kräftig gelbe Grundfärbung, oberhalb der oberen Seitenlinie eine bläuliche Färbung. Ruhig zeigt er acht Vertikalbinden, die erste umschließt die Schwanzwurzel, die Zweite verbindet die weichstrahligen Teile der Rücken und Afterflosse. Die Binden 3 - 7 verteilen sich gleichmäßig auf den Flanken. Die 8. Binde verläuft direkt hinter dem Kopf, über die Kiemendeckel bis zum unteren Kiemendeckelrand und endet vor den Bauchflossen. Eine weitere sehr schwach ausgebildete Binde verläuft über den Kopf, durch das Auge bis zum Rand des Unterkiefers. Die Kiemendeckel tragen rote Punkte, im unteren Bereich auf den Flanken sind ebenfalls rötlich bis orange Punkte in gleichmäßigen horizontal verlaufenden Reihen angeordnet. Die Afterflosse ist kräftig orange, die Rückenflosse zeigt eine bläuliche Grundfärbung.

Im Mai 2016 verpaarte ich ein Weibchen dieser Hybriden mit einem Männchen des Rotgesprenkelten Augenfleckbuntbarsch in der Hoffnung, eine weitere attraktive *Heros*-Zuchtform zu erhalten. Die Tiere wurden bei der Abgabe natürlich eindeutig als Kreuzungen deklariert. Es ist ja bedauerlicherweise so, daß sich ‚bunte Fische' wesentlich besser verkaufen lassen als ‚graue Mäuse'. Nichtsdestotrotz sollte es das oberste Ziel sein, naturbelassene Arten und Formen zu erhalten und zu verbreiten!

Die Entstehung von *Heros* sp. ‚Berlin' ist dem Umstand geschuldet, daß leider nur ein einzelnes Männchen von *Heros* sp. ‚Laguna Piranha I' verfügbar war. Da dieser schon ein wirklich interessantes Aussehen hatte blieb keine andere Möglichkeit, als dieses mit einem relativ ähnlichen Weibchen zu verpaaren.
Ich bin mir sicher, daß auch in Zukunft künstlich erzeugte Farbvarianten bei den Augenfleckbuntbarschen entstehen und produziert werden.

In der Natur treten immer wieder Übergangsformen auf, auch diese entstehen durch die Vermischung unterschiedlicher Formen. In diesem Buch sind einige Beispiele aufgeführt die *Heros*-Lokalformen zeigen, die sich sehr ähnlich sehen, aber im Laufe der Zeit eigenständige Merkmale entwickelt haben. Oftmals sind sie auch genetisch eng miteinander verwandt, lassen sich aber nicht nur anhand ihrer DNA voneinander abgrenzen.

Das ist eines der Tiere, die durch die Kreuzung von *H.* sp. ‚Laguna Piranha I' und *H.* sp. ‚Französisch Guyana' entstanden sind. [PD]

Diskussion

Derzeit gültige Arten: *Heros severus.* [PD], *Heros spurius.* [JA] *Heros efasciatus.* [PD], *Heros notatus.* [PD] und *Heros liberifer.* [PD].

Allgemeines

In diesem Buch wurden die momentan gültigen Bezeichnungen der *Heros*-Arten weitestgehend beibehalten. Allerdings habe ich die eine oder andere Art, die bislang nicht zugeordnet wurde, in die hier erstmals eingeführten Artengruppen eingeordnet.

Der aktuelle wissenschaftliche Stand um die Systematik der Gattung *Heros* ist nicht sehr zufriedenstellend. Dies wurde mehrfach in verschiedenen Fachbeiträgen angesprochen, so Dittrich (2001; 2013; 2014; 2015) oder Schindler (2015) sowie Staeck & Schindler (2015).

Die Zahl der Arten der Gattung

Seit 2015 beinhaltet die Gattung *Heros* fünf gültige Arten: *H. severus*, *H. spurius*, *H. efasciatus*, *H. notatus* und *H. liberifer*.

Anders als bei vielen anderen Gattungen scheinen farbliche Unterschiede oder solche, die sich im Zeichnungsmuster niederschlagen, bei *Heros*-Arten nicht als Artmerkmal anerkannt zu werden.

Staeck (2017) betonte allerdings in einem Beitrag über *Astronotus rubroocellatus* (Jardine, 1843) folgendes: „Inzwischen hat sich jedoch die Bedeutung, die farblichen Unterschiede als Kriterium bei der Abgrenzung von Arten in der Taxonomie zugestanden wird, erheblich vergrößert.".

Die Möglichkeiten der Unterscheidung anhand des Farbkleides sowie der Ausprägung des Bindenmusters sind in der Gattung nicht zu vernachlässigen, denn gerade was die Ausprägung des Musters der vertikal angeordneten Binden betrifft gibt es erhebliche Unterschiede. Besonders deutlich wird dieses im Fall von *Heros notatus* oder auch von *Heros appendiculatus*.

Die momentane Zuordnung einiger Arten innerhalb der Gattung ist fragwürdig, und die erst während der Arbeiten zu diesem Buch geklärte Identität der Typusart zeigt dieses Problem wohl am besten.

Eigene Überlegungen

Ich bin der Ansicht, daß sich die Arten der Gattung *Heros* auch durch ihre spezifischen Zeichnungsmuster unterscheiden lassen. Daher habe ich die einzelnen artspezifischen Zeichnungsmuster der *Heros*-Arten schematisch dargestellt und somit einen Anhaltspunkt für Aquarianer geschaffen, um ihre Pfleglinge eindeutig zuordnen zu können.

Leider schien diese Methode zur Artabgrenzung für einige Fischkundler kein probates Mittel für *Heros*-Formen zu sein, und es wird wohl auch in Zukunft heftige Diskussionen bei der Definition der Arten geben, wie das oben angeführte Zitat von STAECK impliziert.

Nachfolgende Autoren (STAECK & SCHINDLER, 1993; STAWIKOWSKI, 1993) folgten dieser Vorgehensweise und der Terminus des ‚cichlasominen Grundzeichnungsmusters' wurde geboren. Mit *Mesonauta guyanae* SCHINDLER, 1993 wurde eine weitere Art, basierend auf ihrem Zeichnungsmuster, beschrieben.

Das alle Vertreter der Gattung *Heros* ein Muster aus vertikal verlaufenden Binden zeigen ist mittlerweile unumstritten, auch wenn HECKEL die Art *Heros efasciatus* als eine beschreibt, die sich durch das Fehlen der Binden auszeichnet, was sich auch in der Namensgebung widerspiegelt. Allerdings muß in diesem Fall betont werden, daß *Heros efasciatus* im neutralen Erregungszustand tatsächlich keine oder nur sehr schwach ausgeprägte Binden zeigt. Selbst im konservierten Zustand sind die Binden kaum auszumachen. Somit lag HECKEL bei der Namensgebung gar nicht so falsch. Daher erstaunt es umso mehr, daß KULLANDER (1983, 2003) eine Art wie *Heros appendiculatus* synonymisiert, denn diese zeichnet sich durch ein sehr markantes Muster der Vertikalbinden aus. STAWIKOWSKI & WERNER (1989) weisen bereits darauf hin, daß die Anordnung der Binden wohl ein brauchbares Mittel zur Abgrenzung einzelner Arten sein kann. Die Arten der nah verwandten Gattung *Mesonauta* GÜNTHER, 1862, werden anhand ihres voneinander abweichenden Musters der Vertikalbinden in verschiedene Arten unterteilt, und das, obwohl dieses oftmals gar nicht so unverwechselbar zu sein scheint, und auch innerhalb einer Art stark variiert!

Das dieses Methode wohl nur bedingt anwendbar ist belegen KULLANDER & SILVFERGRIP (1991) in ihrer Arbeit zur Gattung *Mesonauta*. Sie weisen darauf hin, daß diese Vorgehensweise von ihnen nur für *Mesonauta* angewandt wurde und wohl nicht universell einsetzbar ist.

Methodik

Einige Schwerpunkte meiner Arbeit und die hier präsentierten Ergebnisse bieten sicherlich Grundstoff für weitere Diskussionen.

Ich habe mich bei meinen Untersuchungen auf zwei Merkmale konzentriert und dabei feststellen können, daß diese Methode ebenfalls geeignet zu sein scheint. Die Ergebnisse der von mir durchgeführten Knochenuntersuchungen lassen den Schluß zu, daß sich *Heros*-Arten durch Unterschiede im Skelettaufbau gut voneinander abgrenzen lassen. Die zur Unterscheidung herangezogenen Parameter lassen sich in erster Linie an der Schädelform belegen, dieses Unterscheidungsmerkmal wurde bereits 2001 durch KRAHNEFELD et al. angesprochen, allerdings nur im Bezug auf *Heros notatus* und *Heros liberifer*. Ich konnte Unterschiede bei allen Arten feststellen, und sehe daher diese Methode als geeignet an.

Das dieses Methode gattungsübergreifend sinnvoll zu sein scheint belegen Untersuchungen an anderen heroinen Cichliden wie *Uaru amphiacanthoides*, bei dem mindestens die ersten drei Hämalfortsätze miteinander verwachsen sind, bei einigen untersuchten Exemplaren waren es sogar vier. Siehe zu den osteologischen Untersuchungen siehe die Tabelle am Ende dieses Buches.

Eine weitere Methode zur Unterscheidung von *Heros*-Arten zog SCHINDLER (2001) in Erwägung, er untersuchte ob es möglich sei, eine Abgrenzung anhand der ‚Verwachsungen' der ventralen Verlängerungen der ersten Hämalfortsätze vorzunehmen. Auf zwei Arten schien sich seine Methode anwenden zu lassen, nämlich *Heros liberifer* und *Heros efasciatus*, jedoch haben meine Untersuchungen dieses Ergebnis nicht untermauern können. Diese Methode ließ sich nach meinen Untersuchungen nur auf *Heros appendiculatus* anwenden.

Entwicklung

Ohne Kenntnis der Eltern ist es schwierig, Jungfische einer bestimmten Art zuzuordnen. Bis zu einer Länge bis etwa 5 cm sehen die Jungtiere aller Arten sehr ähnlich aus, ausgenommen vielleicht *Heros liberifer*.

Heros appendiculatus. [UW]

Heros sp. ‚Autana I'. [PD]

Heros sp. ‚Jauaperi'. [PD]

Heros sp. ‚Autana II'. [PD]

Hier möchte ich die Entwicklungsstufen von der Larve bis zum geschlechtsreifen Tier aufzeigen.
Stufe 1: Nach dem Laichen vergehen etwa 72 Stunden bis zum Schlupf (temperaturabhängig, je wärmer desto kürzer der Zeitraum). Die Larven sind nicht schwimmfähig und werden von den Eltern transportiert.
Stufe 2: Die etwa 2-3 mm langen Larven werden von den Eltern in vorher gegrabene Kuhlen oder an natürlichen Vertiefungen, beispielsweise am Fuße eines Steines oder einer Holzwurzel, versteckt und betreut. Nach etwa 3-4 Tagen schwimmen die Jungen auf, zu diesem Zeitpunkt verfügen sie noch über einen gut gefüllten Dottersack.
Stufe 3: Nach weiteren 3-4 Tagen ist der Dotter aufgebraucht, die Jungfische haben deutlich an Länge zugelegt und sind nun gut 5 mm lang. Ab jetzt müssen sie gefüttert werden. Diese Jungfische weisen deutliche schwarze Flecken auf, die sich später zum typischen Bindenmuster entwickeln.
Stufe 4: Bei guter Fütterung (etwa 3-5 mal pro Tag) wachsen die Jungen schnell heran, nach 14-20 Tagen können sie nun gut 10-12 mm lang sein, nun beginnen sie die scheibenförmige Form anzunehmen und werden deutlich höher. Alle Flossen sind deutlich ausgebildet und funktionstüchtig. Das Bindenmuster ist deutlich sichtbar.
Stufe 5: Nach weiteren 4-5 Wochen sind die Fische nun etwa 20-25 mm lang, alle Flossen sind deutlich größer, das Bindenmuster zeichnet sich deutlich von der Grundfärbung ab. Allerdings sind noch keine Geschlechtsmerkmale ausgebildet.
Stufe 6: Nach 8-12 Wochen sind die Fische nun 3-5 cm lang, nun kann man bei einigen Exemplaren feine Linien und Striche auf den Kiemendeckeln und den Wangen erkennen. Das bedeutet allerdings noch

Heros sp. ‚Essequibo'. [PD]

Heros severus. [JA]

Heros sp. ‚Belém'. [PD]

Heros sp. ‚Atabapo'. [PD]

nicht, daß sich diese Tiere auch zu Männchen entwickeln. Viele *Heros* zeigen als Jungfisch eine Maskenzeichnung. Teilweise zeigen auch die Jungfische nun dunkle Tüpfeln auf den Flanken.

Stufe 7: Nach etwa 6 - 8 Monaten sind die Fische geschlechtsreif und 7-8 cm lang. Die äußeren Geschlechtsmerkmale sind ausgebildet, außer bei *Heros liberifer*. Allerdings ist eine Maskenzeichnung oder das Fehlen dieser kein sicheres Merkmal, es kommt vor, daß Männchen keine Zeichnung zeigen, dafür aber Weibchen. Dies kann auch bei größeren Exemplaren vorkommen. Eine Zuordnung zumindest zu einer Artengruppen ist möglich, die Wahrscheinlichkeit dabei falsch zu liegen aber ziemlich hoch.

Stufe 8: Die sichere Zuordnung zu einer Art ist erst ab einer Länge von etwa 10 cm halbwegs realistisch gesehen möglich.

Resultate

Zu den wichtigsten Erkenntnissen gehören zweifelsohne die folgenden:

Heros severus ist kein larvophiler Maulbrüter. Diese maulbrütende Art ist seit 2015 als *Heros liberifer* beschrieben. Davor ist man davon ausgegangen, daß es sich beim maulbrütenden *Heros* um *Heros severus* handelt. Allerdings läßt sich diese Annahme auf das unzureichende Studium beziehungsweise auf das Übersehen wichtiger Informationen in der Erstbeschreibung HECKELS durch diverse Autoren zurückführen. HECKEL gibt in der Beschreibung zu *Heros severus* eindeutige diagnostische Merkmale an, die offensichtlich von einigen Autoren ignoriert, oder als nicht entscheidend behandelt wurden.

Inzwischen wurde mehrfach und durch verschiedene Personen eine Art der Gattung *Heros* in Gebieten nachgewiesen, die unmittelbar mit dem Typus-Fundort in Verbindung stehen.

Unterwasserphotographien beweisen, daß *Heros severus* und *Heros liberifer* syntop miteinander vorkommen.

Meiner Meinung nach sollten *Heros* sp. ‚Inirída' und *Heros* sp. ‚Atabapo' taxonomisch genauer untersucht werden, denn zumindest kann einer der beiden, nämlich *Heros* sp. ‚Atabapo" als eigenständige Art angesehen werden, wie phylogenetische Untersuchungen belegen.

Heros sp. ‚Inirída' ist möglicherweise näher mit *Heros* sp. ‚Atabapo' verwandt.

Eine weitere Art, die sich phylogenetisch und morphologisch eindeutig abgrenzen läßt, ist *Heros fasciatus*.

Die früher als *Heros* sp. ‚Belém', *H.* sp. ‚Tocantins' und *H.* sp. ‚Araguia' bezeichneten Lokalformen stellen meiner Meinung nach *Heros fasciatus* dar.

STAWIKOWSKI (1995) spricht von *Heros* cf. *fasciatus*, als er *Heros* aus der Umgebung von Belém vorstellt.

Ich folge dieser Ansicht, aufgrund der Ergebnisse der phylogenetischen und morphologischen Untersuchung gehe ich davon aus, daß es sich um *Heros fasciatus* handelt.

Interessanterweise besteht innerhalb der einzelnen Arten eine große Variationsbreite der morphologischen Merkmale, so lassen sich *Heros efasciatus*, *Heros* cf. *perpunctatus* ‚Rio Ucayali' und *Heros* cf. *appendiculatus* ‚Cano de Paca' anhand morphologischer Merkmalen sehr gut voneinander unterscheiden, genetisch jedoch kaum.

Festzuhalten bleibt, daß die Art *Heros notatus* vier Unterformen beinhaltet. *Heros notatus* ‚Rio Negro' ist nach den Ergebnissen der phylogenetischen Untersuchungen über den Formen *H. notatus* ‚Guyana', ‚Essequibo', ‚Manaus' und ‚Rio Branco' einzuordnen. Die vier letztgenannten Lokalformen spalten von *Heros notatus* ‚Rio Negro' ab.

Auswertung

Alle bisher bekannten Arten innerhalb der Gattung *Heros* sind Offenbrüter, bis auf *Heros liberifer*. Dieser unterscheidet sich nicht nur im Brutpflegeverhalten von anderen Vertretern, sondern zeigt auch eine für *Heros* einzigartige dunkle Zeichnung im Augenbereich, die in hier mit der Bezeichnung ‚Mascara-Flecken' bezeichnet werden.

Ob es sich bei *Heros* sp. ‚Autana II' um eine Lokalform von *Heros liberifer* handelt kann nicht mit Bestimmtheit gesagt werden, es gibt morphologische Gemeinsamkeiten, jedoch fehlen dieser die für *Heros liberifer* typischen Mascara-Flecken. Weiterhin weist diese Art mehr Glanzschuppen auf, als es von *Heros liberifer* bekannt ist. Wie sich erst 2015 herausstellte, wurde *Heros severus* (sensu stricto) seit spätestens 1994 falsch identifiziert, sämtliche Arten oder Lokalformen, ausgenommen *H. severus*, *H. notatus* und *H. spurius*, wurden *Heros efasciatus* zugeordnet. Durch die Beschreibung von *Heros liberifer* kommt nun eine weitere Art hinzu. Mit der Beschreibung von *Heros liberifer* wurde gleichzeitig die Identität von *Heros severus* vorerst geklärt (Dittrich, 2014, Staeck & Schindler, 2015). Durch die vom Autor in Auftrag gegebenen phylogenetischen Untersuchungen stellte sich heraus, daß es mindesten zwei weitere Arten geben muß. Zum einen einen *Heros* der bisher als *Heros* sp. ‚Belém' bekannt war, und eine Art, die im Atababo sowie im mittleren Orinoko bis möglicherweise zum Rio Inirída vorkommt. Beide letztgenannten Arten grenzen sich deutlich im Kladogramm ab, beide haben eine eigenständige Entwicklungslinie. Zum jetzigen Zeitpunkt zähle ich *Heros* sp. ‚Belém', aufgrund der Herkunft, der Standardzählwerte, der eigentümlichen Körperform sowie der morphologischen Merkmale, die auffallend mit denen von Castelnau (1855) in der Beschreibung von *Chromys fasciata* übereinstimmen, in die Nähe von *Heros fasciatus*.

Schon Stawikowski (1995) wies auf die auffälligen Gemeinsamkeiten mit *Heros fasciatus* hin, er bezeichnet diesen Cichliden als *Heros* cf. *fasciatus*.

Unterwasserphotographien beweisen, daß *Heros severus* und *Heros liberifer* auch syntop miteinander vorkommen.

Erst kürzlich wurde von Staeck festgestellt, daß sich das Verbreitungsgebiet von *Heros severus* sowie der in diesem Buch als *Heros* sp. ‚Casiquiare' bezeichneten *Heros* bis zum Rio Inirída erstreckt (persönliche Mitteilung Rietsch, 2017).

2016 konnte Rietsch einen *Heros* sammeln, der auf den ersten Blick eine gewisse Ähnlichkeit mit *Heros liberifer* hat, und diesem in diesem Buch als *Heros* sp. ‚Autana II' bezeichnet wird. Diesem *Heros* fehlt jedoch das diagnostische Merkmal der Reihen aus roten Punkten auf den Flanken, außerdem weist dieser *Heros* im Gegensatz zu *Heros liberifer* kräftige Glanzschuppen auf dem Rücken und den oberen Flanken auf. Möglicherweise läßt sich diese Form aufgrund des andersartigen Erscheinungsbildes als eigene Art beschreiben.

Ebenso verhält es sich mit *Heros appendiculatus*. Dieser wurde 1986 von Kullander von *Heros severus* abgekoppelt und wiederbeschrieben, wenige Jahre später revidierte KULLANDER sein Vorgehen und stellte *Heros appendiculatus* zu *Heros efasciatus*, obwohl es erhebliche morphologische Unterschiede gibt. Eines der in der Diagnose angegebene Merkmale, welches *Heros appendiculatus* von *Heros severus* abgrenzt, ist der Schwanzwurzelfleck. Diesen Fleck bezeichnen STAECK & SCHINDLER in ihrer Beschreibung von *Heros liberifer* als wichtiges Artenmerkmal.

KULLANDER gibt in seiner Beschreibung von *Heros appendiculatus* an, daß manche adulte *Heros appendiculatus* diesen Fleck zeigen, wie die Art, von der er *H. appendiculatus* abkoppelte, dem damaligen *Heros severus* und heutigen *Heros liberifer*.

Eine weitere Form, die syntop mit *Heros liberifer* vorkommt, zeigt in einigen Individuen ebenfalls einen deutlichen Schwanzwurzelfleck. Dies kann aber laut STAECK & SCHINDLER nicht *Heros severus* sein, denn die Autoren geben unmißverständlich, an daß sich eben *Heros severus* durch das Nicht-Vorhandensein des Schwanzwurzelflecks von *Heros liberifer* unterscheiden läßt. Zählt man die verschiedenen Merkmale zusammen und versucht sie auf bekannte Lokalformen unbestimmter Arten anzuwenden fällt auf, daß es kaum möglich ist, alle diese Formen nur *Heros efasciatus* zuzuordnen, wie KULLANDER es vorgeschlagen hat.

Die Ergebnisse der von mir durchgeführten Knochenuntersuchungen lassen den Schluß zu, daß sich *Heros*-Arten durch Unterschiede im Skelettaufbau gut voneinander abgrenzen lassen. Die zur Unterscheidung herangezogenen Parameter lassen sich in erster Linie an der Schädelform belegen, dieses Unterscheidungsmerkmal wurde bereits 2001 durch die AG Heros des AK-Großcichliden der DCG angesprochenen, allerdings nur im Bezug auf *Heros notatus* und *Heros liberifer*.

Nach meinen Untersuchungen lassen sich Artengruppen zusammenfassen, indem der Anstieg des Hinterhauptkammes in ° gemessen wird. Ich konnte Unterschiede zwischen allen Formen finden und sehe diese Methode daher als geeignet an.

Heros appendiculatus ist die einzige *Heros*-Art bei, welcher alle von mir untersuchten Exemplare (verschiedene Lokalformen von *H. appendiculatus*) an den ersten drei ventral verlängerten Wirbelfortsätzen (Hämalbögen) Verwachsungen aufwiesen, bei allen anderen Arten wiesen maximal die beiden ersten ventral verlängerten Wirbelfortsätze Verwachsungen auf.

Die Anzahl der Hart- und Weichstrahlen scheinen bei jeder *Heros*-Art variabel zu sein. Die Vermessungen verschiedener Arten nach dem Rhombischen System ergaben nur minimale Abweichungen von wenigen Millimetern, allerdings waren die Standardlängen nicht einheitlich, sie unterschieden sich ebenfalls in einigen Fällen bis zu 2 cm.

So wird es wohl auch in Zukunft heftige Diskussionen bei der Bestimmung und Definition der Arten geben. Gerade bei der Gattung *Heros* gibt es eine Reihe Lokalformen oder Arten, die sich eigentlich sehr gut voneinander unterscheiden lassen. Ich bin der Ansicht, daß man sich heutzutage viel zu sehr darum bemüht, auch noch den kleinsten Unterschied aus einem DNA-Profil herauszulesen, anstatt sich auf eine Kombination aller verfügbaren Methoden, also molekular-genetische Analysen, optische Merkmale und der Morphologie zu konzentrieren. Das bisher rein auf molekularbiologischen Analysen basierende Ergebnisse nicht ausreichen, ist durch den ständigen Wechsel der Ergebnisse und ihrer Interpretationen hinreichend bewiesen. Man sollte auch immer das untersuchte Objekt ‚in der Hand gehalten' und die Charakteristika lebender und konservierter Exemplare als Kriterien für die Beschreibung von Arten und Gattungen heranziehen. Es steht ja außer Frage, daß die Buntbarsche der Gattung *Heros* miteinander verwandt sind, sie gehen - wie alle Buntbarsche - auf bestimmte Urformen zurück, die sich im Laufe vieler Millionen Jahre zu eigenständigen Gattungen und Arten entwickelt haben. Das mag auch wesentlich schneller gegangen sein, wie die Radiation der Cichlidenarten in den Seen des ostafrikanischen Grabens belegt.

Schlußfolgerungen

Ich gehe davon aus, daß über kurz oder lang eine Revision der Gattung erforderlich ist.

Seit Jahren bestehen recht unterschiedliche Ansichten, wie viele Arten die Gattung *Heros* eigentlich beinhaltet. Während nominell neun Arten verfügbar sind, wurden von vielen Autoren nur drei oder vier als gültig betrachtet, oftmals werden gültige Arten zu Synonymen erklärt (Günther, 1862; Kullander, 2003).

Ich vertrete den Standpunkt, daß es sinnvoller ist, Lokalformen, die oft mehrere Tausend Flußkilometer voneinander entfernt vorkommen und die sich eindeutig anhand ihres Zeichnungs- und Farbmusters unterscheiden lassen, bis zur endgültigen Klärung der Artabgrenzung durch Kombination aller verfügbaren Methoden als eigenständige Formen zu führen, anstatt sie, überspitzt formuliert, nur anhand von ausgeblichenen ‚Spritleichen' zu einem Großteil vorschnell zu synonymisieren.

Sämtliche südlich des Amazonas vorkommende *Heros* scheinen näher miteinander verwandt zu sein, da sie sich phylogenetisch alle in einer Gruppe befinden. Interessanterweise kommen in dieser Gruppe auch die als *Heros* sp. ‚Französisch Guyana' bekannten Fische vor, das könnte die Theorie stützen, daß diese in Französisch-Guyana nicht auf natürlichem Wege vorkommen.

Warum sich auch der in diesem Buch als *Heros* sp. ‚Casiquiare' vorgestellte Cichlide in dieser Gruppe befindet kann nicht abschließend beantwortet werden. Morphologische Merkmale deuten auf eine nähere Verwandtschaft mit *Heros severus*. Die in diesem Buch als *Heros* sp. ‚Laguna Piranha I' und *H.* sp. ‚Laguna Piranha II' vorgestellten Fische geben ebenfalls Rätsel auf. Sie scheinen genetisch gesehen enger mit *Heros appendiculatus* verwandt zu sein. Jedoch ist das Verbreitungsgebiet der *Heros appendiculatus*-Gruppe auf Peru im Ucayali-System beschränkt. Möglicherweise handelt es sich bei diesen beiden Formen um Naturhybriden. Ob es sich bei *Heros* cf. *appendiculatus* ‚Rotkeil' um eine natürlich vorkommende Art handelt, läßt sich ebenfalls nicht mit Sicherheit beantworten. Sämtliche Anfragen an die infragekommenden Exporteure blieben unbeantwortet. Auch die Suche nach diesen Fischen in der Natur brachte bisher keinen Erfolg. Möglicherweise handelt es sich tatsächlich um eine Zuchtform, was die Stellung im Kladogramm zwischen *Heros severus* und *Heros appendiculatus* erklären könnte. Ein weiteres Indiz hierfür ist, daß die ersten *Heros* cf. *appendiculatus* ‚Rotkeil' die ich pflegte eine verkürzte 3. Binde zeigten, wie sie für *Heros severus* typisch ist. Für eine engere Verwandtschaft mit *Heros severus* würde auch die keilförmige rot gefärbte Zone im Nackenbereich sprechen. *Heros* cf. *appendiculatus* ‚Rotkeil' scheint, was die Anzahl der Vertikalbinden betrifft, sehr variabel zu sein. Das deutet darauf hin, daß dieses in diesem Fall kein diagnostisches Merkmal sein kann. Die Anzahl der Vertikalbinden schwankt zwischen 5 und 9.

Die Diskussion um die drei von HECKEL im Jahre 1840 beschriebenen Guapore- Arten *Heros coryphaeus*, *H. modestus* und *H. spurius* konnte nicht eindeutig geklärt werden. Allerdings gehe ich davon aus, daß es sich bei diesen nicht um nur eine einzige Art handelt. Mindestens zwei der drei Arten kommen dort tatsächlich vor, einerseits *Heros spurius*, der sowohl durch ALBERING (2009) als auch durch STAECK (2009) nachgewiesen wurde, zum anderen eine taxonomisch unbearbeitete *Heros*-Form aus dem unteren Madeira, welche sich deutlich von *H. spurius* unterscheidet. Momentan wird nur eine der drei beschriebenen Arten aus dem Guaporé als gültig anerkannt, namentlich *Heros spurius* (GÜNTHER, 1862; KULLANDER, 1986, 2003; STAECK, 2009). Ob es sich bei diesem Cichliden tatsächlich um *Heros spurius* handelt bleibt allerdings abzuwarten. Nach HECKELS Beschreibungen der drei Arten läßt sich kein eindeutiges Urteil fällen, auch die hinterlegten Typus-Exemplare geben keine eindeutige Antwort. DA GRACA (2008) publizierte in seiner Dissertation eine Abbildung eines konservierten *Heros* und bezeichnet diesen als *Heros spurius*. Tatsächlich jedoch zeigt dieser Heros die von HECKEL beschriebenen diagnostischen Merkmale von *Heros coryphaeus*. Einige Arten und Formen lassen sich durch ihre artspezifischen Merkmale in andere Arten überstellen. Die hier präsentierte Auflistung ist vorläufig und wird sich sicherlich zumindest teilweise nach dem aktuellen Erkenntnisstand revidieren lassen.

In den gelesenen Kapiteln haben Sie die verschiedenen Arten oder Formen kennengelernt und können diese anhand des beigefügten Bildmaterials leicht voneinander unterscheiden. Persönlich vertrete ich die Auffassung, daß es mehr *Heros*-Arten gibt als momentan von den führenden Ichthyologen angegeben oder sogar bestätigt werden. Natürlich erhebe ich nicht den Anspruch auf die Richtigkeit meiner Äusserungen, da ich sie ebenfalls teilweise nicht wissenschaftlich begründen kann. Ich vertraue auf meinen gesunden Verstand und auf meine optische Wahrnehmungsfähigkeit. Sie werden bei der aufmerksamen Lektüre dieses Buches feststellen, daß ich nicht dazu neige, noch den kleinsten Unterschied als Merkmal zur Abgrenzung von Arten zu deuten. Aber ich tendiere dazu, den beschriebenen Arten ihren Artstatus zu zuerkennen und versuche dieses in dem vorliegenden Buch anhand ihrer Eigenheiten und den erkennbaren Unterschieden zu anderen Arten zu demonstrieren.

Eine grundlegende und intensive wissenschaftliche Untersuchung der Gattung ist aus den hier aufgeführten Gründen erforderlich um zu klären, wie viele Arten die Gattung tatsächlich beinhaltet. Natürlich kann und wird auch eine solche Arbeit, genauso wie das vor Ihnen liegende Buch, nur eine Momentaufnahme sein, denn immer wieder werden neue Formen gefunden.

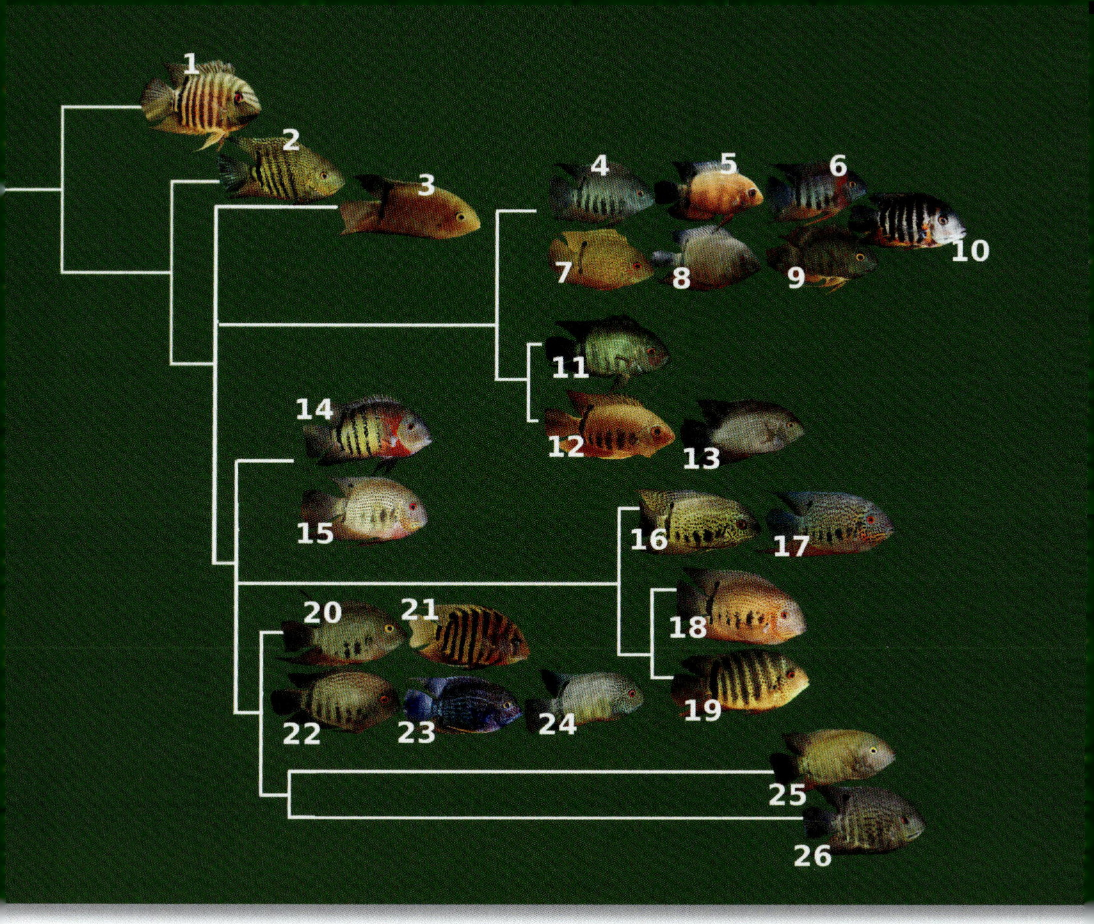

Schematische Darstellung der phylogenetischen Untersuchungsergebnisse, die von Zuzana Musilova (Basel) durchgeführt wurden. Diese Abbildung zeigt die phylogenetische Einordnung der verschiedenen Arten und Lokalformen der Gattung *Heros*.

1 *Heros liberifer*. **2** *Heros* sp. ‚Atababo'. **3** *Heros fasciatus* ‚Belém'. **4** *Heros appendiculatus*. **5** *Heros* sp. ‚Laguna Piranha I'. **6** *Heros* sp. ‚Rotkeil - Nanay'. **7** *Heros* cf. *perpunctatus*. **8** *Heros* sp. ‚Laguna Piranha II'. **9** *Heros appendiculatus* ‚Ecuador'. **10** *Heros* cf. *appendiculatus* ‚Rotkeil'. **11** *Heros severus* ‚Casiquiare'. **12** *Heros* cf. *appendiculatus* ‚Cano de Paca'. **13** *Heros efasciatus* ‚Manaus'. **14** *Heros* cf. *severus* ‚Casiquiare'. **15** *Heros* cf. *notatus* ‚Rio Negro Red spotted'. **16** *Heros* cf. *notatus* ‚Guyana'. **17** *Heros* cf. *notatus* ‚Essequibo'. **18** *Heros* cf. *notatus* ‚Manaus'. **19** *Heros* cf. *notatus* ‚Rio Branco'. **20** *Heros* cf. *appendiculatus* ‚Rio Paraconi'. **21** *Heros* sp. ‚Casiquiare' = sp. ‚Curare'. **22** *Heros* sp. ‚Tapajós I'. **23** *Heros* sp. ‚Französisch-Guyana - Crique Armontabo'. **24** *Heros* sp. ‚Tapajós'. **25** *Heros* sp. ‚Rio Xingú - Igarapé Tucurui'. **26** *Heros spurius* ‚Rio San Martin'.

Galerie der *Heros*-Arten

In diesem Teil des Buches werden noch einmal alle im Buch gezeigten Artengruppen und die in den Gruppen aufgelisteten Arten und Formen gezeigt. Dieses Kapitel dient als Nachschlagewerk und Bestimmungshilfe, um Ihnen die Identifizierung von Augenfleckbuntbarschen zu vereinfachen.

Natürlich ist diese Galerie nicht vollständig, denn immer wieder werden neue Arten oder Lokalvarianten entdeckt. Die hier in komprimierter Form gezeigten Tiere spiegeln aber weitgehend die Vielfalt der Arten und Formen der Gattung *Heros* wieder.

Viele davon lassen sich schon allein anhand äußerer Unterschiede gut auseinanderhalten.

Diese Galerie ist ein weiterer Beleg dafür, daß die Frage nach der Anzahl der tatsächlich existierenden Arten innerhalb der Gattung *Heros* durchaus berechtigt ist.

Heros severus ‚Casiquiare' , Männchen.
Herkunft: Rio Casiquiare, Venezuela. [PD]

Heros severus ‚Casiquiare', Weibchen.
Herkunft: Rio Casiquiare, Venezuela. [JA]

Heros cf. *severus* ‚Uaupés'.
Herkunft: Rio Uaupés, Venezuela. [PD]

Heros liberifer ‚Orinoko', Männchen.
Herkunft: Rio Orinoko, Venezuela. [JA]

Heros liberifer ‚Orinoko', Weibchen.
Herkunft: Rio Orinoko, Venezuela. [JA]

Heros liberifer ‚Casanarito'.
Herkunft: Rio Casanarito, Venezuela. [MB]

Heros liberifer ‚Rio Temi´.
Herkunft: Rio Temi, Venezuela. [MB]

Heros liberifer ‚Rio Negro', Männchen.
Herkunft: Rio Negro, Venezuela. [PD]

Heros liberifer ‚Capanapro', juvenil.
Herkunft: Rio Capanaparo, Venezuela. [PD]

Heros liberifer ‚Rio Cinaruco'.
Herkunft: Rio Cinaruco, Venezuela. [TG]

Heros cf. *liberifer* ‚Autana II'.
Herkunft: Rio Autana, Venezuela. [PD]

Heros liberifer ‚Inirída Rot', Männchen.
Herkunft: Rio Inirída, Kolumbien. [DB]

Heros liberifer ‚Inirída Rot', Weibchen.
Herkunft: Rio Inirída, Kolumbien. [DB]

Heros cf. *liberifer* ‚Autana II', erregter Zustand.
Herkunft: Rio Autana, Venezuela. [PD]

Heros cf. *liberifer* ‚Autana II', Neutralfärbung.
Herkunft: Rio Autana, Venezuela. [PD]

Heros efasciatus ‚Manaus', Männchen.
Herkunft: Hafen von Manaus, Brasilien. [PD]

Heros fasciatus ‚Belém', Männchen.
Herkunft: Lokalität unbekannt, Ost-Brasilien. [PD]

Heros fasciatus ‚Araguaia', Männchen.
Herkunft: Rio Araguaia, Brasilien. [JA]

Heros fasciatus ‚Araguaia', Weibchen.
Herkunft: Rio Araguaia, Brasilien. [JA]

Heros sp. ‚Trombetas', Männchen.
Herkunft: Rio Trombetas, Brasilien. [PD]

Heros sp. ‚Trombetas', Weibchen.
Herkunft: Rio Trombetas, Brasilien. [PD]

Heros appendiculatus, Peru', Männchen.
Herkunft: Peru. Genaue Lokaltität unbekannt. [JA]

Heros appendiculatus, Peru, Weibchen.
Herkunft: Peru. Genaue Lokalität unbekannt. [JA]

Heros cf. *appendiculatus* ‚Nanay', Männchen.
Herkunft: Rio Nanay, Peru. [NB]

Heros cf. *appendiculatus* ‚Nanay', Weibchen.
Herkunft: Rio Nanay, Peru. [PD]

Heros sp. ‚Cano de Paca', Männchen.
Herkunft: Cano de Paca, Peru. [PD]

Heros cf. *appendiculatus* ‚Yarina Cocha', Männchen.
Herkunft: Laguna Yarina Cocha, Peru. [DH]

Heros sp. ‚Rotkeil' Männchen.
Herkunft: Angeblich Rio Nanay, Peru. [JA]

Heros sp. ‚Rotkeil' Weibchen.
Herkunft: Angeblich Rio Nanay, Peru. [PD]

Heros sp. ‚Rotkeil', Männchen.
Herkunft: Angeblich Rio Nanay, Peru. [AJ]

Heros sp. ‚Rotkeil', Männchen.
Herkunft: Angeblich Rio Nanay, Peru. [PD]

Heros notatus ‚Guyana', Weibchen.
Herkunft: Guyana, Lokalität unbekannt. [PD]

Heros notatus ‚Rio Branco', Männchen.
Herkunft: Rio Branco, Brasilien. [PD]

Heros notatus ‚Rio Branco', Weibchen.
Herkunft: Rio Branco, Brasilien. [PD]

Heros notatus ‚Rio Negro', Männchen.
Herkunft: Rio Negro, Venezuela. [FF]

Heros cf. *notatus* ‚Manaus', Männchen.
Herkunft: Manaus, Brasilien. [UW]

Heros cf. *notatus* ‚Manaus' Weibchen.
Herkunft: Manaus, Brasilien. [UW]

Heros cf. *notatus* ‚Manaus' Männchen.
Herkunft: Manaus, Brasilien. [UW]

Heros cf. *notatus* ‚Manaus I', Männchen.
Herkunft: Manaus, Brasilien. [AJ]

Heros spurius, Männchen.
Herkunft: Rio San Martin, Bolivien. [JA]

Heros spurius, Weibchen.
Herkunft: Rio San Martin, Bolivien. [JA]

Heros cf. ‚Rotkeil', Weibchen.
Herkunft: Unbekannt. [PD]

Heros sp. ‚Atabapo', Männchen.
Herkunft: Rio Atabapo, Venezuela. [PD]

Heros sp. ‚Laguna Piranha I', Männchen.
Herkunft: Laguna Piranha, Venezuela. [PD]

Heros sp. ‚Laguna Piranha II', Männchen.
Herkunft: Laguna Piranha, Venezuela. [PD]

Heros sp. ‚Santarém', Männchen.
Herkunft: Rio Tapajós, Brasilien. [JA]

Heros sp. ‚Santarem', Weibchen.
Herkunft: Rio Tapajós, Brasilien. [UW]

Heros sp. ‚Französisch-Guyana', Männchen.
Herkunft: Genauer Fundort unbekannt, Französisch Guyana. [PD]

Heros sp. ‚Französisch-Guyana', Weibchen.
Herkunft: Genauer Fundort unbekannt, Französisch Guyana. [JA]

Heros sp. Französisch Guyana, Männchen.
Herkunft: Piripri de Yiyi, Französisch Guyana. [JA]

Heros sp. ‚Riviére Comté', Männchen.
Herkunft: Rivíeré Comté, Französisch Guyana. [AJ]

Heros sp. 'Jauaperi', Männchen.
Herkunft: Rio Jauaperi , Brasilien. [SK]

Heros sp. ‚Jauaperi', Weibchen.
Herkunft: Rio Jauaperi, Brasilien. [PD]

Heros sp. ‚Jauaperi', Männchen.
Herkunft: Rio Jauaperi, Brasilien. [PD]

Heros sp. ‚Tapajós', Männchen.
Herkunft: Rio Tapajós, Brasilien. [PD]

Heros sp. ‚Tapajós‘ , Männchen.
Herkunft: Rio Tapajós, Brasilien. [PD]

Heros sp. ‚Tapajós‘, Weibchen.
Herkunft: Rio Tapajós, Brasilien. [JA]

Heros sp. ,Tapajós I', Männchen.
Herkunft: Rio Tapajós, Brasilien. [PD]

Heros sp. ,Tapajós I', Männchen.
Herkunft: Rio Tapajós, Brasilien. [AJ]

Heros sp. ‚Turquise', Männchen.
Herkunft: Fundort unbekannt. [PD]

Heros sp. ‚Paraconi', Männchen.
Herkunft: Rio Paraconi, Brasilien. [PD]

Heros cf. *perpunctatus*, Männchen.
Herkunft: Rio Ucayali, Peru. [FW]

Heros cf. *perpunctatus*, Weibchen.
Herkunft: Rio Ucayali, Peru. [PD]

Heros sp. ‚Blau', Weibchen, Neutralfärbung.
Herkunft: Lokalität unbekannt. [PD]

Heros sp. ‚Blau', Aggressivfärbung.
Herkunft: Lokalität unbekannt. [PD]

Heros sp. ‚Blau-Madeira', Männchen.
Herkunft: Rio Madeira, Brasilien. [HS]

Heros sp. ‚Blau-Madeira', Weibchen.
Herkunft: Rio Madeira, Brasilien. [HS]

Heros sp. ‚Xingú', Männchen.
Herkunft: Rio Xingú, Brasilien. [PD]

Heros sp. ‚Xingú', Weibchen.
Herkunft: Rio Xingú, Brasilien. [PD]

Heros sp. ‚Inirída', Männchen.
Herkunft: Rio Inirída, Kolumbien.[UW]

Heros sp. ‚Gold', Männchen.
Zuchtform. [PD]

Heros sp. ‚Gold', Weibchen.
Zuchtform. [PD]

Heros sp. ‚Red Scribbled', Männchen.
Zuchtform. [PD]

Heros sp. ‚Red Scribbled', Weibchen.
Zuchtform. [PD]

Heros sp. ‚Berlin'.
Zuchtform. [PD]

Im Rio Capanaparo, einem typischen Klarwasserfluß, kommen *Heros liberifer* und eine weitere bisher nicht identifizierte *Heros*-Art vor. [TG]

Der Rio Capanaparo bei Niedrigwasser.
Der Wasserstand liegt etwa 5 m unter dem in der Regenzeit. [PD]

In der Trockenzeit sinkt der Wasserstand an vielen Flüssen dramatisch, hier am Rio La Pica betrug er an manchen Stellen nur etwa 30 cm. [PD]

Der Autor dieses Buches und Thomas GROSSE vom Zoo-Aquarium Berlin beim Fischfang. [HD]

Luftaufnahme eines Schwarzwasserbaches in Venezuela,
die Farbe des Wassers erinnert an Cola. [PD]

Viele Flüsse werden durch kleine Inseln unterbrochen. Hier muß der Bootsführer genau darauf achten wie das Wasser fließt, um sich nicht zu verirren. [PD]

Diese Luftaufnahme zeigt den Zusammenfluß vom Rio La Pica und dem Rio Capanaparo.
Mit Flugdrohnen konnte vor dem Befahren eine Fernaufklärung durchgeführt werden. [HD].

Der Rio Surapure entspringt auf dem Guyanaschild und mündet in den Rio Orinoko.
Im Mündungsbereich fangen Fischer große Raubwelse für die Fischmärkte. [PD]

Luftaufnahme des Rio Capanaparo in Venezuela. [HD]

Altarme bieten einen attraktiven Lebensraum für viele Fische.
Während der Trockenzeit fallen diese aber oftmals komplett trocken. [PD]

In solchen flachen Biotopen halten sich oft auch unerwartet große Fische auf, nicht nur Cichliden, sondern auch Raubsalmler wie *Hoplias*-Arten. [PD]

In Bereichen mit dichter Ufervegeatation suchen viele Fische vor Freßfeinden Schutz.[PD]

Am Rio Capanaparo fanden wir das Camp eines Aquarianers. In einer solchen Reuse bewahrte er seine gefangenen Fische auf. [PD]

Bestimmungsschlüssel für die Artengruppen, Arten und Formen der Gattung *Heros*

1. Bauchflossen sehr lang ausgezogen, reichen zurück geklappt mindestens bis zur dritten Binde. Deutlicher Geschlechtsdimorphismus. Den Weibchen fehlt die Maskenzeichnung im Kopfbereich. Körper gedrungen und relativ hochrückig. Maskenzeichnung feingliedrig, aus roten Strichlinien zusammengesetzt .... ***Heros appendiculatus*** **- Gruppe**

Heros appendiculatus

-- Bauchflossen kürzer, reichen höchstens bis fünften Binde 2

2. Maulbrüter; Kopf nach vorne spitz. Lippen sehr schmal. 9-10 Vertikalbinden. Keine äußerlich erkennbaren Geschlechtsunterschiede. Bauchflossen relativ kurz. Zwei deutliche Mascara-Flecken um die Augen. Caudalfleck meistens vorhanden .... **11 *Heros liberifer* - Gruppe**

-- Offenbrüter; Kopf bulliger, vorne stumpf. Lippen fleischig. Geschlechtsunterschiede immer deutlich. Bauchflossen oft länger ausgezogen 5

5. Iris der Augen weiß. Körper weitgehend blau .... *Heros* sp. ‚Blau'

-- Iris der Augen nicht weiß 6

6. Linienzeichnung am Kopf, bildet teilweise ein rotes Flächenmuster .... *Heros perpunctatus*

-- Linienzeichnung nicht flächig ausgeprägt, stets einzelne Linien oder Makeln 7

7. Kaum sichtbares Bindenmuster, selbst im Erregungszustand. Geschlechtsmerkmale nur schwach ausgeprägt .... ***Heros efasciatus*** **- Gruppe**

Heros efasciatus

-- Alle Binden vorhanden, aber oft mit Auflösungen 8

8. Alle 9 Binden in voller Länge vorhanden, oft mit leichten Auflösungen, nur die 3. ist verkürzt und erreicht kaum die Seitenlinie .... **15 *Heros severus* - Gruppe**

--- Höchstens 7 oder 8 Vertikalbinden 9

9. Stets 5-6 sichtbare ovale Flecken auf den unteren Flanken, Männchen tragen auf jeder Schuppe einen dunklen Fleck. Geschlechter deutlich unterschieden. Brustflossen verhältnismäßig lang ausgezogen, teilweise bis zur vierten Binde. Bindenzeichnung stets ausgeprägt. Zwischen der Bauchlinie und den oft stark verkürzten Binden befindet sich auch im Ruhezustand ein breiter Abstand. Weibchen stets ohne Punktreihen auf den Flanken .... **16 *Heros notatus* - Gruppe**

-- ohne 5-6 sichtbare ovale Flecken auf den unteren Flanken 10

10. Flossen hell. Langgestreckter Körper, weniger hochrückig, deutliche horizontal verlaufende Punktreihen auf den Flanken, Vertikalbinden in der Regel nicht verkürzt .. ***Heros fasciatus*** **- Gruppe**

Heros fasciatus; *Heros* sp. ‚Belém'; *Heros* sp. ‚Araguia'; *Heros* sp. ‚Rio Trombetas'

-- Flossen dunkel, Punktreihen recht gleichmäßig angeordnet .... **13** *Heros spurius* - **Gruppe**

11. Die gleichmäßig angeordneten roten Punktlinien reichen von unten kaum oder nicht über das Seitenlinienorgan hinaus, deutliche Mascara-Flecken vorhanden .... *Heros liberifer*

-- Anders 12

12. Körperform wie *H. liberifer*, keine Punktreihen, sondern kleine Strichelchen in horizontal verlaufenden Linien über den gesamten Körper verteilt. Rückenregion mit vielen Glanzschuppen, keine

oder nur schwach ausgeprägte Mascara-Flecken .... *Heros* sp. ‚Autana II'
-- Die roten Punktlinien reichen von unten gesehen weit über das Seitenlinienorgan hinaus, Mascara-Flecken vorhanden .... *Heros* sp. ‚Inirída Rot'

13. 9 Vertikalbinden, die 2. Binde nicht vollständig ausgebildet .... *Heros spurius*
-- Nur 8 Vertikalbinden 14

14. Punktreihen auf den Flanken teilweise unterbrochen, zwischen den 8 Vertikalbinden sind keine Punkte erkennbar. Die Binden 2-4 reichen bis in die Rückenflosse hinein .... *Heros modestus*
-- Binden 5-8 der 8 vorhandenen Vertikalbinden enden unterhalb des hartstrahligen Teils der Rückenflosse, die 2. und 3. Binde reicht bis in den weichstrahligen Teil der Rückenflosse hinein. Längsreihen aus schwarzen Punkten nur in der unteren Körperhälfte .... *Heros coryphaeus*

15. Dritte Binde verkürzt .... *Heros severus*; *Heros* sp. ‚Uaupés'
-- Zweite Binde nicht verkürzt, sonst wie *H. severus* .... *Heros* sp. ‚Curare'; *Heros* sp. ‚Casiquiare'

16. Viele dunkle Punkte auf den Körperflanken .... *Heros notatus*
-- Punkte heller gefärbt 17

17. Rote Punkte auf den Körperflanken, gelbliche Grundfärbung .... *Heros* sp. ‚Rio Negro'
-- Zweite Binde nicht komplett ausgebildet .... *Heros* sp. ‚Rio Branco'

Diagramm 1: Darstellung des Anstieges des Hinterhauptkammes in Bezug auf die Anzahl der Flossenstrahlen in der Dorsale

Die Anzahl der Hart- und Weichstrahlen in der Dorsale variiert innerhalb einer Artengruppen und ihren Arten. Für alle Formen ist diese Variation innerhalb des gleichen Bereiches feststellbar, sodaß die Anzahl der Flossenstrahlen als nicht geeignet für die Unterscheidung von *Heros*-Arten anzusehen ist. Der Anstieg des Hinterhauptkammes variiert ebenfalls, aber anhand der Meßdaten lassen sich zumindest Artengruppen voneinander abgrenzen. Demgegenüber ist eine deutliche Gruppierung der Anstiege des Hinterhauptkammes feststellbar. Zur Verdeutlichung ist in Diagramm 3 eine normierte Verteilung der Anstiege des Hinterhauptkammes dargestellt.

Das Diagramm wurde von Holger SEIFERT (Bernau bei Berlin) erstellt.

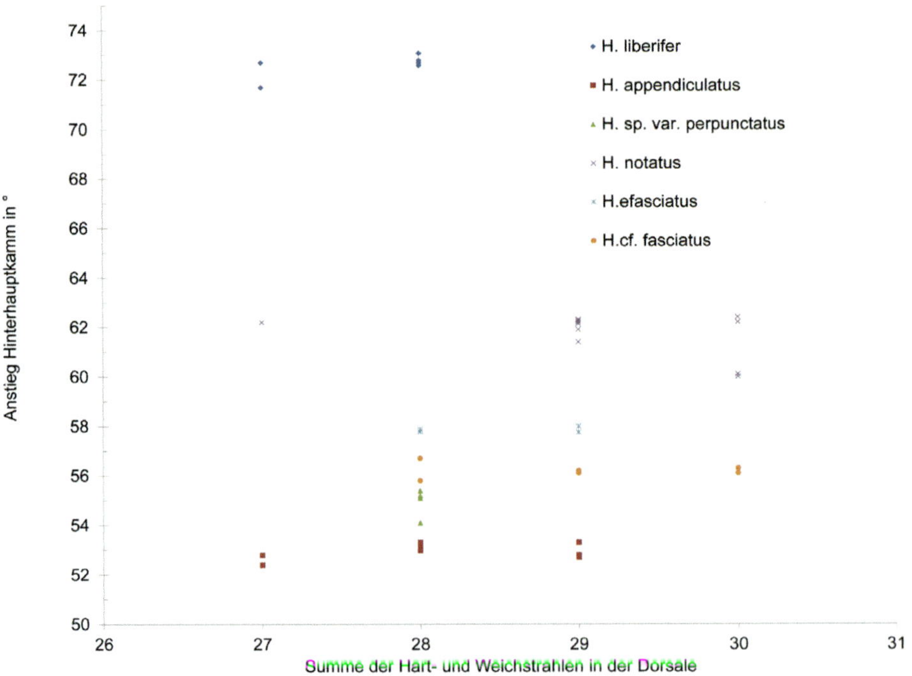

Diagramm 2: Darstellung des Anstiegs des Hinterhauptkammes in Bezug auf die Anzahl der Flossenstrahlen in der Anale

Die Anzahl der Hart- und Weichstrahlen in der Anale variiert innerhalb einer Artengruppen und ihren Arten. Für alle Formen ist diese Variation innerhalb des gleichen Bereiches feststellbar, sodaß die Anzahl der Flossenstrahlen als ungeeignet für die Unterscheidung von *Heros*-Arten anzusehen ist. Der Anstieg des Hinterhauptkammes variiert ebenfalls, aber anhand der Messdaten lassen sich zumindest Artengruppen voneinander abgrenzen. Demgegenüber ist eine deutliche Gruppierung der Anstiege des Hinterhauptkammes feststellbar. Zur Verdeutlichung ist in Diagramm 3 eine normierte Verteilung der Anstiege des Hinterhauptkammes gezeigt.

Der Anstieg des Hinterhauptkammes variiert ebenfalls, aber anhand der Meßdaten lassen sich zumindest Artengruppen voneinander abgrenzen. Das die Anzahl der Hart- und Weichstrahlen variieren ist bekannt, und mehrfach durch andere Autoren angegeben worden.

Das Diagramm wurde von Holger Seifert (Bernau bei Berlin) erstellt.

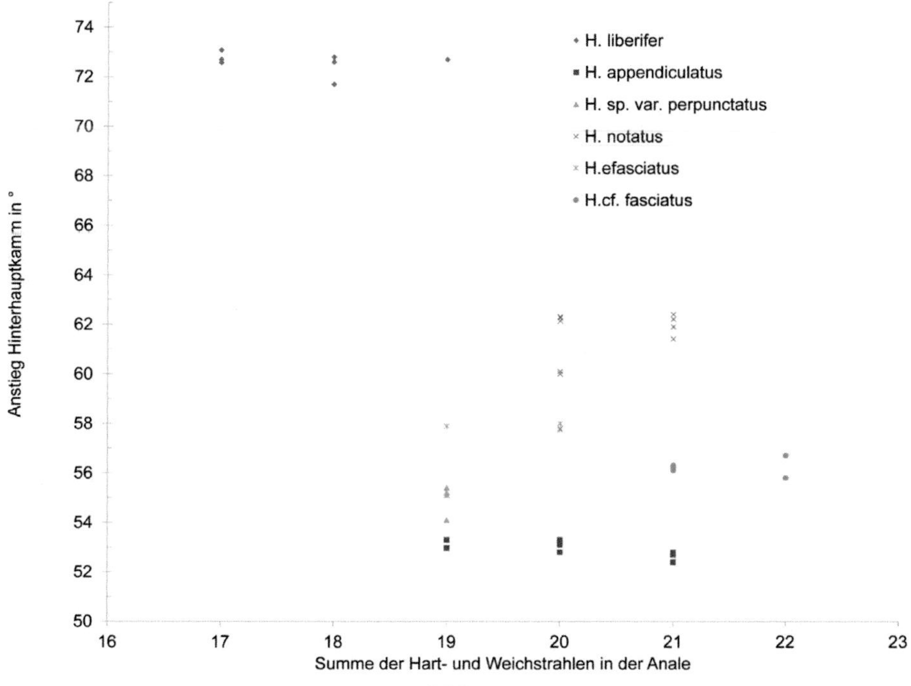

Diagramm 3: Normierte Verteilung der Anstiege des Hinterhauptkammes

Dieses Diagramm zeigt die Verteilung der Arten anhand des Anstieges des Hinterhauptkammes, gemessen in °, im Verhältnis zur Anzahl der Hart- und Weichstrahlen in der Anale.

Das Diagramm wurde von Holger Seifert (Bernau bei Berlin) erstellt.

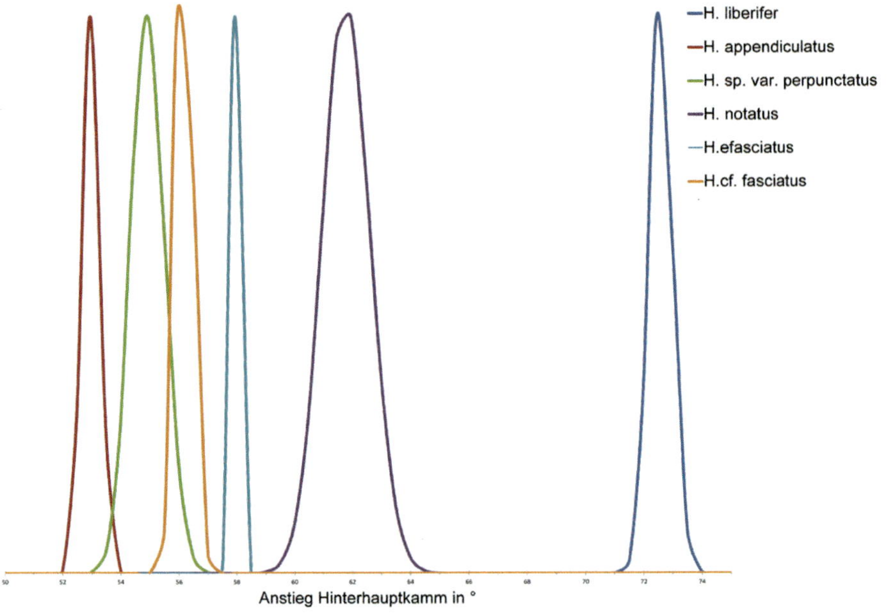

Tabelle 1: Ergebnisse der phylogenetischen Untersuchungen an *Heros*-Arten

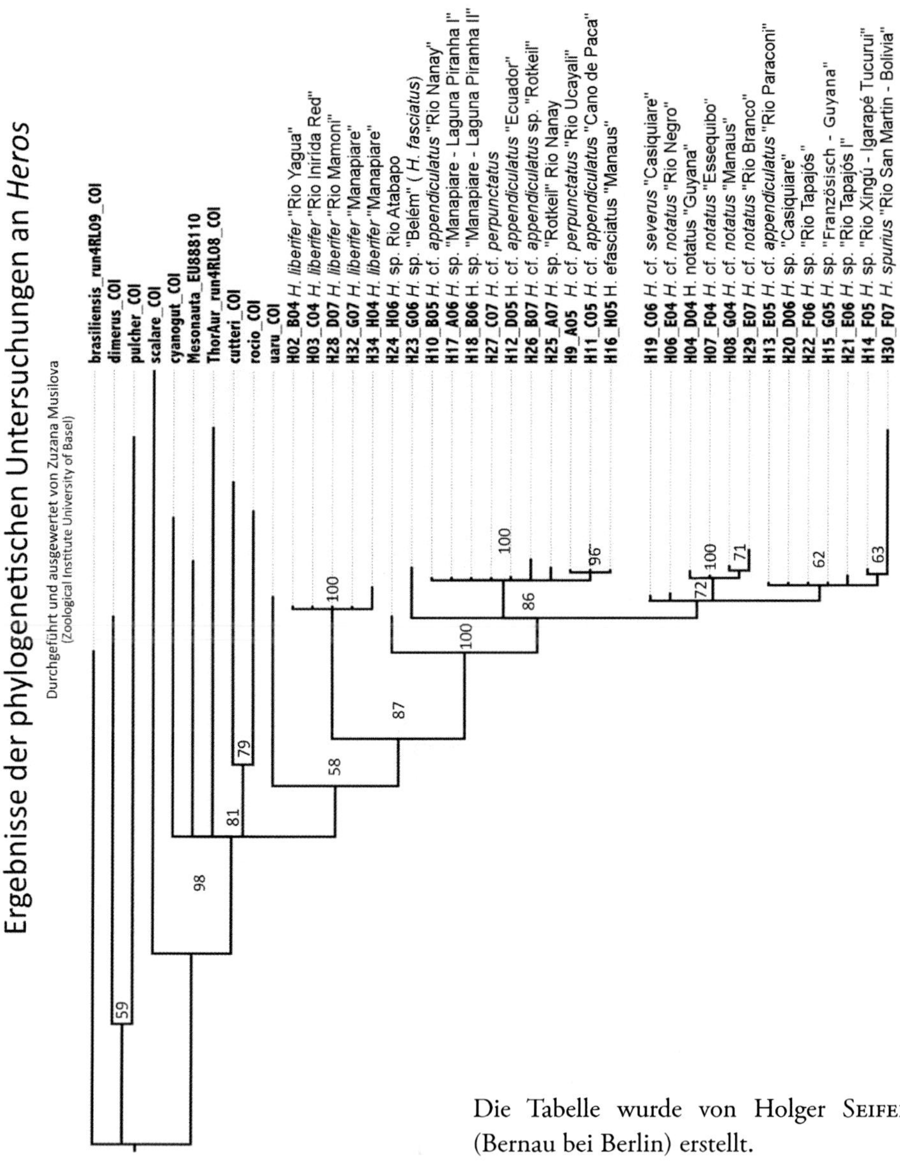

Die Tabelle wurde von Holger SEIFERT (Bernau bei Berlin) erstellt.

Tabelle 2: Meßdaten der untersuchten Exemplare

Art Fundort	TL	DORSALE Hartstrahlen	 Weichstrahlen	 Gesamt	ANALE Hartstrahlen	 Weichstrahlen	 Gesamt	Anstieg*) in Grad
H. severus Typus		XV	13	28	VII	12	19	
H. liberifer		XV	12	27	VII	12	19	
Rio Inirida	155	XV	13	28	VI	12	18	72,6
Rio Inirida	141	XV	13	28	VI	12	18	72,8
Rio Capanaparo	151	XVI	11	27	VII	12	19	72,7
Rio Negro	142	XV	13	28	VI	12	18	72,6
Rio Negro	140	XV	12	27	VI	12	18	71,7
Rio Atabapo	130	XV	13	28	VI	11	17	72,6
Rio Atabapo	161	XV	13	28	VI	11	17	73,1
Rio Mamoni	143	XV	13	28	VI	11	17	72,7
H. appendiculatus		XV	12	27	VIII	13	21	
Rotkeil Rio Nanay	135	XV	13	28	VII	13	20	53,1
Rotkeil Rio Nanay	145	XVI	13	29	VII	13	20	53,3
Rotkeil Rio Nanay	149	XVI	13	29	VII	13	20	52,8
Ecuador	131	XVI	13	29	VIII	13	21	52,7
Ucayali	157	XV	12	27	VII	14	21	52,8
Ucayali	132	XV	12	27	VIII	13	21	52,4
Cano de Paca	150	XVI	12	28	VIII	12	20	53,2
Cano de Paca	132	XVI	12	28	VII	12	19	53,3
Cano de Paca	142	XVI	12	28	VII	12	19	53,3
Rio Nanay	135	XVI	12	28	VII	12	19	53,0
H. sp. var. perpunctatus		XVI	12	28	VII	13	20	
"Rio Ucayali"	140	XVI	12	28	VII	12	19	54,1
"Rio Ucayali"	157	XVI	12	28	VII	12	19	55,1
"Rio Ucayali"	154	XVI	12	28	VII	12	19	55,2
"Rio Ucayali"	149	XVI	12	28	VII	12	19	55,4
H. notatus		XVI	12	28	VII	12	19	
Rio Branco	135	XVI	13	29	VII	13	20	62,3
Rio Branco	145	XVI	13	29	VII	13	20	62,1
Rio Branco	149	XVI	13	29	VII	13	20	62,3
Guyana	122	XVI	13	29	VII	14	21	62,2
Guyana	101	XVI	13	29	VII	14	21	61,4
Guyana	101	XVI	13	29	VII	14	21	61,9
Guyana	111	XVI	13	29	VII	14	21	62,2
Essequibo-River	153	XIV	13	27	VII	14	21	62,2
Essequibo-River	149	XIV	13	27	VII	14	21	62,2
Manaus	133	XVI	14	30	VII	13	20	60,1
Manaus	120	XVI	14	30	VII	13	20	60,0
Rio Negro	142	XVI	14	30	VIII	13	21	62,2
Rio Negro	150	XVI	14	30	VIII	13	21	62,4
H.spurius	127	XV	14	29	VII	14	21	
Rio San Martin	174	XV	15	30	VII	14	21	
Rio San Martin	170	XIV	16	30	VII	14	21	
H.efasciatus		XVI	13	29	VII	13	20	
Manaus	125	XV	13	28	VIII	12	20	57,8
Manaus	139	XV	13	28	VII	12	19	57,9
Manaus	125	XVI	13	29	VIII	12	20	58,0
Manaus	120	XVI	13	29	VIII	12	20	57,8
H.cf. fasciatus								
Franz.-Guyana	140	XVI	14	30	VIII	13	21	56,1
Franz.-Guyana	169	XVI	14	30	VIII	13	21	56,3
Franz.-Guyana	155	XV	14	29	VIII	13	21	56,2
Franz.-Guyana	140	XV	14	29	VIII	13	21	56,1
Riviére Comté	140	XV	13	28	VIII	14	22	55,8
Riviére Comté	157	XV	13	28	VIII	14	22	56,7
Verschiedene andere								
Tapajós I	175	XVI	13	29	VIII	12	20	57,7
Tapajós II	155	XVI	13	29	VIII	12	20	57,7
Rio Xingú	121	XVI	12	28	VII	13	20	57,8
Santarém	138	XVI	13	29	VIII	13	21	58,1
H. coryphaeus	165	XV	15	30	VII	14		
H. modestus (Typus)	165	XV	15	40	VII	14	21	

*) Anstieg Hinterhauptkamm

Meßdaten und einige abgeleitete Werte für die untersuchten *Heros*-Exemplare. Innerhalb der dargestellten morphologischen und osteologischen Werte scheint der Anstieg des Hinterhauptkammes am ehesten für eine Unterscheidung von Arten oder Artengruppen geeignet zu sein.

Die Tabelle wurde von Holger SEIFERT (Bernau bei Berlin) erstellt.

Art	Schädel		Augenhöhle	Verwachsung	Verdickung	Schädelhöhe	Schädellänge
Fundort	Höhe / mm	Länge / mm	Durchmesser / mm			rel. zu TL	rel. zu TL
H. severus Typus							
H. liberifer							
Rio Inirida	40,4	50,7	16,0	2	2	0,26	0,33
Rio Inirida	37,7	46,5	15,5	2	2	0,27	0,33
Rio Capanaparo	39,3	43,8	15,2	2	2	0,26	0,29
Rio Negro	39,2	45,1	15,0	2	2	0,28	0,32
Rio Negro	39,0	45,0	15,0	2	2	0,28	0,32
Rio Atabapo	35,5	44,7	14,9	2	2	0,27	0,34
Rio Atabapo	45,5	52,7	15,2	2	2	0,28	0,33
Rio Mamoni	38,5	45,1	15,1	2	2	0,27	0,32
H. appendiculatus							
Rotkeil Rio Nanay	35,4	39,7	15,0	3	3	0,26	0,29
Rotkeil Rio Nanay	35,3	41,2	15,2	3	2	0,24	0,28
Rotkeil Rio Nanay	34,2	38,3	15,4	3	2	0,23	0,26
Ecuador	32,2	37,7	15,1	3	2	0,25	0,29
Ucayali	34,3	38,5	15,1	3	2	0,22	0,25
Ucayali	32,4	37,5	14,8	3	2	0,25	0,28
Cano de Paca	34,5	38,9	15,0	3	2	0,23	0,26
Cano de Paca	34,4	38,0	14,9	3	2	0,26	0,29
Cano de Paca	34,4	38,0	14,9	3	2	0,24	0,27
Rio Nanay	35,1	39,6	15,1	3	3	0,26	0,29
H. sp. var. perpunctatus							
"Rio Ucayali"	35,0	39,5	15,0	3	3	0,25	0,28
"Rio Ucayali"	38,0	44,4	15,2	3	3	0,24	0,28
"Rio Ucayali"	38,0	44,3	15,1	3	3	0,25	0,29
"Rio Ucayali"	37,4	44,4	14,8	3	3	0,25	0,30
H. notatus							
Rio Branco	33,4	37,9	14,0	3	2	0,25	0,28
Rio Branco	33,0	38,2	13,7	3	2	0,23	0,26
Rio Branco	34,2	38,3	12,7	3	2	0,23	0,26
Guyana	30,4	34,6	12,7	2	2	0,25	0,28
Guyana	21,0	25,2	11,0	2	2	0,21	0,25
Guyana	23,0	27,5	11,0	2	2	0,23	0,27
Guyana	31,2	35,2	14,1	2	3	0,28	0,32
Essequibo-River	36,6	39,1	15,1	0	2	0,24	0,26
Essequibo-River	33,3	37,5	13,3	0	2	0,22	0,25
Manaus	30,3	35,0	13,3	0	2	0,23	0,26
Manaus	31,0	27,4	12,7	0	2	0,26	0,23
Rio Negro	33,4	38,0	13,7	3	2	0,24	0,27
Rio Negro	35,6	40,0	13,7	3	2	0,24	0,27
H.spurius							
Rio San Martin							
Rio San Martin							
H.efasciatus							
Manaus	30,0	40,1	16,0	2	2	0,24	0,32
Manaus	32,0	40,3	16,0	2	2	0,23	0,29
Manaus	29,0	38,1	16,1	2	2	0,23	0,30
Manaus	28,0	38,0	16,1	2	2	0,23	0,32
H.cf. fasciatus							
Franz.-Guyana	32,0	40,3	15,5	2	2	0,23	0,29
Franz.-Guyana	38,1	47,3	16,2	2	2	0,23	0,28
Franz.-Guyana	26,1	46,3	15,5	2	2	0,17	0,30
Franz.-Guyana	32,0	40,3	15,5	2	2	0,23	0,29
Riviére Comté	32,0	40,3	15,5	2	2	0,23	0,29
Riviére Comté	38,0	47,5	16,6	2	2	0,24	0,30
Verschiedene andere							
Tapajós I	44,3	55,0	17,6	2	2	0,25	0,31
Tapajós II	42,2	53,3	17,0	2	2	0,27	0,34
Rio Xingú	40,1	48,0	14,0	2	2	0,33	0,40
Santarém	40,3	48,1	15,5	2	2	0,29	0,35
H. coryphaeus							
H. modestus (Typus)							

Literatur

Artikel & Bücher

Agassiz, L. 1859 -- Reversed bivalve shells. -- Proceedings of the Boston Society of Natural History 6 (1856-1859): 407-408.

Allgayer, R. 2001 -- Description d'un genre nouveau, *Cryptoheros*, d'Amerique central et d'une espece nouvelle du Panama (Pisces: Cichlidae). -- L'an Cichlidé v. 1: 13-20.

Arnold, J. P. 1911 - *Heros spurius*. -- Blätter für Aquarien- und Terrarienkunde 22: 329-331, 368-369.

Baird, S. F. & Girard, C. F. 1854 – Descriptions of new species of fishes collected in Texas, New Mexico and Sonora, by Mr. John H. Clark, on the U. S. and Mexican Boundary Survey, and in Texas by Capt. Stewart Van Vliet, U. S. A. – Proceedings of the Academy of Natural Sciences of Philadelphia 7: 24-29.

Bardack, D. 1961 -- New Tertiary teleosts from Argentina. -- American Museum Novitates 2041: 1-27.

Boulenger, G. A. 1897 -- A collection of fishes from the island of Marajo, Brazil. -- Annals and Magazine of Natural History Seiries 6(20)117: 294-299.

Boulenger, G. A. 1899 -- Viaggio del Dr. Enrico Festa nell'Ecuador e regioni vicine. Poissons de l'Équateur. [Deuxième Partie] (1). -- Bollettino dei Musei di Zoologia ed Anatomia Comparata della R. Università di Torino 14(335): 1-8.

Castelnau, F. L. 1855 -- Poissons. -- xii + 112 S., 50 Tafeln. In: Castelnau, F. & Guichenot, A. (Hrsg.) 1855 -- Animaux nouveaux ou rares recueillis pendent l´expedition dans les parties centrales de l´Amerique du sud, de Rio Janeiro á Lima au Para; exécutée par ordre du gouvernement Français pendant les années 1843 à 1847. -- P. Bertrand, Paris.

Cockerell, T. D. A. 1924 -- A fossil cichlid fish from the Republic of Haiti. -- Proceedings of the United States National Museum 63: 1-2.

Cope, E. D. 1872 -- On the fishes of the Ambyiacu River. -- Proceedings of the Academy of Natural Sciences of Philadelphia 23: 250-294, Tafeln 3-16.

Dittrich, P. 2001 -- *Heros* sp. „Tapajós". -- DCG-Informationen 32(9): 209-213.

Dittrich, P. 2002 -- *Heros* sp. „Rotkeil". -- DCG-Informationen 33(2): 37-41.

Dittrich, P. 2002 -- *Heros* aus Französisch-Guyana. -- DATZ 2: 11-12.

Dittrich, P. 2003 -- *Heros severus* - Zur Gattentreue bei Cichliden. -- DCG-Informationen 34(4): 88-91.

Dittrich, P. 2013 -- *Heros notatus* (Jardine, 1843). -- DCG-Informationen 44(3): 54-60.

Dittrich, P. 2013 -- *Heros severus* „Inirida Rot" Eine schöne Farbvariante des maulbrütenden Augenfleckbuntbarsches. -- DCG-Informationen 44(9): 310-314.

Dittrich, P. 2014 a -- Eine Frage, Herr Heckel: Wer ist denn nun Ihr *Heros severus*? -- DCG-Informationen 45: (1): 21-24.

Dittrich, P. 2014 b – Unbestimmte Augenfleckbuntbarsche aus Venezuela und der echte *Heros severus* (Heckel, 1840). – VDA-aktuell 2: 22-25.

Dittrich, P. 2014 c – Augenfleckbuntbarsche im Aquarium. -- Amazonas 56: 50-55.

Dittrich, P. 2015 a – Super *Heros*. – Amazonas (englische Ausgabe) May / June: 42-51.

Dittrich, P. 2015 b – Neue *Heros* Art. – Amazonas 62: 6-7.

Dittrich, P. 2015 c – A question Mr. Heckel: Who is really your *Heros severus*? – Buntbarsche Bulletin 283: 26 – 31.

Dittrich, P. 2016 – Newly described *Heros* species – *Heros liberifer* (Staeck & Schindler, 2015). – Buntbarsche Bulletin 288: 26-35.

Dittrich, P. & Albering, J. 2015 – Kaum bekannte *Heros*-Formen aus dem oberen Rio-Negro-Gebiet. – DCG Informationen 46(10): 234-238.

Eigenmann, C. H. 1903 -- The fresh-water fishes of western Cuba. -- Bulletin of the U. S. Fish Commission 22: 211-236, Tafeln 19-21.

Eigenmann, C. H. & Bray, W. L. 1894 -- A revision of the American Cichlidae. -- Annals of the New York Academy of Sciences 7(4): 607-624.

Eigenmann, C. H. & Eigenmann, R. S. 1891 -- A catalogue of the freshwater fishes of South America. -- Proceedings of the United States National Museum 14: 1-81.

Farias, I. P., Schneider H. & Sampaio, I. 1998 -- Molecular phylogeny of neotropical cichlids: the relationships of Cichlasomines and Heroines. -- S. 499-508. In: Malabarba et al. 1998 -- Proceedings of the National Academy of Sciences 95(23): 13749-13754.

Fernández-Yépez, A. 1969 -- Contribución al conoci-

miento de los cichlidos. -- Evencias 22: 1-7, Tafeln 1-10.
Fittkau, E. J. 1964 -- Remarks on limnology of Central Amazon rainforest streams. -- Verhandlungen des Internationalen Vereins für Limnologie 15: 1092-1096.
Fowler, H. W. 1903 -- Life colors of *Poecilia limantouri*, and description of a new *Heros* from Mexico. -- Proceedings of the Academy of Natural Sciences of Philadelphia 55: 320-323.
Fowler, H. W. 1945 -- Colombian zoological survey. Pt. I.--The freshwater fishes obtained in 1945. -- Proceedings of the Academy of Natural Sciences of Philadelphia 97: 93-135.
Garman, S. 1881 -- New and little-known reptiles and fishes in the museum collections. -- Bulletin of the Museum of Comparative Zoology 8(3): 85-93.
Geisler, R. 1964 -- Wasserkunde für die aquaristische Praxis. -- 136 S. 3 Auflage. Kernen, Stuttgart.
Geisler, R. & Annibal, S. R. 1984 -- Ökologie des Cardinal-Tetra *Paracheirodon axelrodi* (Pisces, Characoidea) im Stromgebiet des Rio Negro / Brasilien sowie zuchtrelevanten Faktoren. -- Amazoniana 9: 53-86.
Gill, T. N. 1862 -- Remarks on the relations of the genera and other groups of Cuban fishes. -- Proceedings of the Academy of Natural Sciences of Philadelphia 14: 235-242.
Gill, T. N. & J. F. Bransford, 1877 -- Synopsis of the fishes of Lake Nicaragua. -- Proceedings of the Academy of Natural Sciences of Philadelphia 29: 175-191.
Graca, W. J. da 2008 -- Sistematica da tribo Heroini Kullander, 1998 (Perciformes, Cichlidae). -- Maringa 1-217.
Günther, A. 1862 -- Catalogue of the fishes in the British Museum. Catalogue of the Acanthopterygii, Pharyngognathi and Anacanthini in the collection of the British Museum. -- British Museum, London. 4: i-xxi + 1-534.
Günther, A. 1864 -- Report of a collection of fishes made by Messrs. Dow, Godman, and Salvin in Guatemala. Part first. -- Proceedings of the Zoological Society of London 1864: 144-154.
Günther, A. 1867 -- On the fishes of the states of Central America, founded upon specimens collected in fresh and marine waters of various parts of that country by Messrs. Salvin and Godman and Capt. J. M. Dow. -- Proceedings of the Zoological Society of London 3: 600-604.
Heckel, J. J. 1840 -- Johann Natterer's neue Flußfische Brasilien's nach den Beobachtungen und Mittheilungen des Entdeckers beschrieben. Erste Abtheilung. Die Labroiden. -- Annalen des Wiener Museums der Naturgeschichte 2: 325-470, Tafeln 29-30.
Hensel, R. 1870 -- Beiträge zur Kenntniss der Wirbelthiere Südbrasiliens. (Fortsetzung). -- Archiv für Naturgeschichte 36 (1): 50-91.
Hill, N. 2014 -- Super *Heros*. -- Practical Fishkeeping 12: 6-13.
Holmberg, E. L. 1891 -- Sobre algunos peces nuevos ó poco conocidos de la República Argentina. -- Revista Argentina de Historia Natural 1: 180-193.
Hubbs, C. & Deacon, J. E. 1964 -- Additional introduction of Tropical fishes of North America. -- Bulletin of the American Museum of Natural History(16): I-LV, 1-1018.
Internationale Kommission für Zoologische Nomenklatur 2000 -- Internationale Regeln für die Zoologische Nomenklatur. -- 232 pp. Goecke & Evers, Keltern-Weiler.
Jenyns, L. 1840-42 -- Fish. -- In: The zoology of the voyage of H. M. S. Beagle, under the command of Captain Fitzroy, R. N., during the years 1832 to 1836. London: Smith, Elder, and Co. 4 Teilbände. i-xvi + 1-172, Tafeln 1-29.
Jordan, D. S. 1889 -- List of fishes collected by Alphonse Forrer about Mazatlan, with descriptions of two new species - *Heros beani* and *Poecilia butleri*. -- Proceedings of the United States National Museum 11(719): 329-334.
Jordan, D. S. & Gilbert, C. H. 1883 -- Synopsis of the fishes of North America. -- Bulletin of the United States National Museum 16: i-liv + 1-1018.
Jordan, D. S. & J. O. Snyder 1899 -- Notes on a collection of fishes from the rivers of Mexico, with description of twenty new species. -- Bulletin of the U. S. Fish Commission 19: 115-147.
Kaup, J. J. 1860 -- *Hoplarchus*, neues Genus der Familie Labridae. -- Archiv für Naturgeschichte 26(1): 128-133, Tafel 6: 1.
Kner, R.1863 -- Eine Uebersicht der ichthyologischen Ausbeute des Herrn Professors Dr. Mor. Wagner in Central-Amerika. -- Sitzungsberichte der Königlich Bayerischen Akademie der Wissenschaften zu München 2: 220-230.
Krahnefeld, L., Junkel, R., Mücke, J., Nordhausen, H., Oehler, U., & Schmitt, H. 2001 -- Augenfleckbuntbarsche Teil 1. -- DCG-Informationen 32(5): 102-114.
Krahnefeld, L., Junkel, R., Mücke, J., Nordhausen, H., Oehler, U., & Schmitt, H. 2001 -- Augenfleckbuntbarsche Teil 2. -- DCG-Informationen 32(6): 121-126.

Kullander, S. O. 1983 -- A revision of the South American cichlid genus *Cichlasoma.* -- 296 S. Naturhistoriska Riksmuseet, Stockholm.
Kullander, S. O. 1986 -- Cichlid fishes of the Amazon River drainage of Peru. -- Swedish Museum of Natural History 1-431, Tafeln 1-38.
Kullander, S. O. 1994 -- Amazonische Cichliden - jenseits der Flussbiegung. -- DATZ-Sonderheft Amazonas 53-59.
Kullander, S. O. 1998 -- A phylogeny and classification of the South American Cichlidae (Teleostei: Perciformes). -- S. 461-498. In: Malabarba, L. R., Reis, R. E., Vari, R. P., Lucena, Z. M. & Lucena, C. A. S. (Hrsg.) 1998 -- Phylogeny and classification of Neotropical fishes. -- 603 S. Edipurcs, Porto Alegre.
Kullander, S. O. 2003 -- Family Cichlidae. -- S. 605-654. In: Reis, R. E., Kullander, S. O. & Ferraris, C. J. (Hrsg.) 2003 -- Check list of the freshwater fishes of South America and Central America. -- 733 S. Edipucrs, Porto Alegre.
Kullander, S.O. & Silvergrip, A.M.C. 1991 -- Review of the South American cichlid genus *Mesonauta* Günther (Teleostei, Cichlidae) with describtion of two new species. -- Revue suisse de Zoologie 98(2): 407-448.
Kullander, S. O. & Stawikowski, R. 1997 -- Jardines Cichliden (Schluß). -- DCG-Informationen 28: 121-137.
Lachner, E. A., Richard, R. C. & Courtenay, W. R. 1970 -- Exotics fishes and other aquatic organisms introduced into North America. -- Smithsonian Contributions to Zoology (59): 1-29.
Le Bail, P.-Y., Keith, P. & Planquette, P. 2000 -- Atlas des poissons d'eau douce de Guyane (tome 2, fascicule II). -- 307 S. Publications scientifiques du MNHN, Paris.
Ludwig, F.- T. 1997 -- *Heros appendiculatus* – ein traumhaft schöner Südamerikaner -- DCG-Informationen 28(1): 205-207.
Malabarba, M. C., Zuleta, O. & del Papa, C. 2006 -- *Proterocara argentina*, a new fossil cichlid from the Lumbrera Formation, Eocene of Argentina. -- Journal of Vertebrate Paleontology 26(2): 267-275.
Malabarba, M. C. & Malabarba, L. R. 2008 -- A new cichlid *Tremembichthys garciae* (Actinopterygii, Perciformes) from the Eocene-Oligocene of eastern Brazil. -- Revista Brasileira de Paleontologia 11(1): 59-68.
McMahan, C. D., Matamoros, W. A., Piller, K. R. & Chakrabarty, P. 2015 -- Taxonomy and systematics of the herichthyins (Cichlidae: Tribe Heroini), with the description of eight new Middle American genera. -- Zootaxa 3999(2): 211-234.
Meek, S. E. 1904 -- The fresh-water fishes of Mexico north of the isthmus of Tehuantepec. -- Field Columbian Museum, Zoological Series 5: i-lxiii + 1-252, Tafeln 1-17.
Miranda Ribeiro, A. de 1918 -- Fauna brasiliense. Peixes - Tomo V (Eleutherobranchios Aspirophoros) Physoclisti. -- Archivos do Museu Nacional do Rio de Janeiro 21: 1-227.
Miranda Ribeiro, A. de 1918 -- Lista dos peixes Brasileiros do Museu Paulista. Primeira parte and Terceira parte. -- Revista do Museu Paulista 10: 705-736.
Miranda Ribeiro, A. de 1918 -- Historia Natural. Zoologia. Cichlidae. -- In: Commissão de Linhas Telegraphicas Estrategicas de Matto-Grosso ao Amazonas". Cichlidae: 1-18, Tafel 1-16.
Murray, A. M. 2001 a -- The fossil record and biogeography of the Cichlidae (Actinopterygii: Labroidei). -- Biological Journal of the Linnean Society 74: 517-532.
Murray, A. M. 2001 b -- The oldest fossil cichlids (Teleostei: perciformes): indication of a 45 million-year-old- species flock. -- Proceedings of the Royal Society 268: 679-684.
Ottoni, F. P. 2012 -- Three new species of *Australoheros* from southeastern Brazil, with taxonomic notes on *Chromys oblonga*, *Heros autochton* and *H. jenynsii* (Teleostei: Labroidei: Cichlidae). -- Vertebrate Zoology 62(1): 83-96.
Pellegrin, J. 1903 -- Description de Cichlidés nouveax de la collection du Muséum. -- Bulletin du Muséum National d'Histoire Naturelle (Serie 1) 9(3): 120-125.
Perez, P. A., Malabarba, M. C. & del Papa, C. 2010 -- A new genus and species of Heroini (Perciformes: Cichlidae) from the early Eocene of southern South America. -- Neotropical Ichthyology 8(3): 631-642
Poey, F. 1858-61 -- Memorias sobra la historia natural de la Isla de Cuba, acompañadas de sumarios Latinos y extractos en Francés. Tomo 2. -- La Habana 2: 1-96 (1858), 97-336 (1860), 337-442, (1861), Tafeln 1-19.
Redaktion DATZ 2009 -- *Heros* cf. *notatus* Rätselhafter Augenfleckbuntbarsch aus Brasilien. -- DATZ 62(12): 36.
Regan, C. T. 1903 -- Descriptions de poissons nouveaux faisant partie de la collection du Musée d'Histoire Naturelle de Genève. -- Revue Suisse de Zoologie 11(2): 413-418, Tafeln 13-14.
Regan, C. T. 1904 -- Descriptions of new or little-known fishes from Mexico and British Honduras. -- Annals and Magazine of Natural History (Serie 7):

13(76)30: 255-259.

Regan, C. T. 1905 -- A revision of the fishes of the American cichlid genus *Cichlasoma* [sic] and of the allied genera. -- Annals and Magazine of Natural History (Serie 7): 16 (91-94): 60-77, 225-243, 316-340, 433-445.

Regan, C. T. 1908 -- A collection of freshwater fishes made by Mr. C. F. Underwood in Costa Rica. -- Annals and Magazine of Natural History (Serie 8): 2(11): 455-464.

Regan, C. T. 1913 -- Fishes from the River Ucayali, Peru, collected by W. Mounsey. -- Annals and Magazine of Natural History (8)12(69): 281-283.

Říčan, O & Kullander, S. O. 2006 -- Character- and tree-based delimitation of species in the '*Cichlasoma*' *facetum* group (Teleostei, Cichlidae) with the description of a new genus. -- Journal of Zoological Systematics and Evolutionary Research 44: 136-152.

Říčan, O., L. Piálek, L., Dragová, K. & Novák, J. 2016 -- Diversity and evolution of the Middle American cichlid fishes (Teleostei: Cichlidae) with revised classification. -- Vertebrate Zoology 66(1): 1-102.

Römer, U. 1998 -- Cichlid Atlas, Bd. I. 1311 S. Mergus Verlag, Melle.

Römer, U. 2006 -- Cichlid Atlas, Bd. 2. 1319 S. Mergus Verlag, Melle.

Sabo, P. 2014 -- *Heros* sp. 'Paraconi'. -- DCG Informationen 45(3): 50-54.

Schaeffer, B. 1947 -- Cretaceous and Tertiary actinopterygian fishes from Brazil. -- Bulletin of the American Museum of Natural History 89(1): 1-38.

Schindler, I. 2010 -- Wie viele Cichlidenarten gibt es? How many Cichlid species are there? -- DCG-Informationen 41(7): 163-165.

Schindler, I. 2015 -- Zum Problem der Identität von *Heros severus* HECKEL, 1840. -- DCG Informationen 56 (5): 116-120.

Schindler, I. & Krahnefeld, L. 2007 -- Neues zur Phylogenie der Buntbarsche der Gattungsgruppe Heroini. -- DCG-Informationen 38(8): 185-192.

Schindler, I. & Staeck, W. 1997 -- Taxonomie und Wiederbeschreibung von *Heros notatus* (Jardin, 1843). -- DCG-Informationen 28: 72-80.

Schmitter-Soto, J. J. 2007 -- A systematic revision of the genus *Archocentrus* (Perciformes: Cichlidae), with the description of two new genera and six new species. -- Zootaxa 1603: 1-76.

Schomburgk, R. H. 1843 -- Ichthyology. Fishes of British Guiana. -- S. 129-214. In: Jardine, W. (Hrsg.) 1843 -- The Naturalist´s Library Vol. 40. 214 S. Edinburgh, London.

Smith, W. L., Chakrabarty, P. & Sparks, J. S. 2008 -- Phylogeny, taxonomy, and evolution of Neotropical cichlids (Teleostei: Cichlidae: Cichlinae). -- Cladistics 24: 625-641.

Staeck, W. 2008 -- Ein wenig bekannter Buntbarsch aus dem oberen Madeira-Einzug. -- DATZ (3): 30-31.

Staeck, W. 2009 -- Die Buntbarsche der Gattung *Heros* Teil 1. -- Aquaristik Fachmagazin 40(4)207: 32-38.

Staeck, W. 2009 -- Die Buntbarsche der Gattung *Heros* Teil 2. -- Aquaristik Fachmagazin 41(4)208: 40-45.

Staeck, W. 2015 -- Färbung und Zeichnungsmuster als Mittel zur Bestimmung und Unterscheidung von Buntbarscharten: Möglichkeiten und Grenzen. – DCG-Informationen 46 (10): 250-255.

Staeck, W. 2017 -- *Astronotus rubroocellatus* (Jardine, 1843). -- DCG Informationen 48(3): 56-59.

Staeck, W. & Schindler, I. 2003 -- Lectotype and type locality of *Heros notatus* (Jardine, 1843) (Teleostei: Cichlidae).- Zeitschrift für Fischkunde 6 1-2): 112-113.

Stawikowski, R. & Werner, U. 1995 -- *Heros*. 2. Die Typusart ist Maulbrüter. -- DATZ 48(7): 422-427.

Stawikowski, R. & Werner, U. 1998 -- Die Buntbarsche Amerikas 1. -- 540 S. Ulmer, Stuttgart.

Stawikowski, R.& Werner, U. 2001 a -- Augenfleckbuntbarsche Teil 1. -- DCG-Informationen 32(5) 102-114.

Stawikowski, R.& Werner, U. 2001 b -- Augenfleckbuntbarsche Teil 2. -- DCG-Informationen 32(6): 121-126.

Stawikowski, R. & Werner, U. 2004 -- Die Buntbarsche Amerikas Band 3. -- 478 S. Ulmer, Stuttgart.

Steindachner, F. 1864 -- Beiträge zur Kenntniss der Chromiden Mejico's und Central-Amerika's. -- Denkschriften der Kaiserlichen Akademie der Wissenschaften in Wien, Mathematisch-Naturwissenschaftliche Classe. 23: 57-74, Tafeln 1-5.

Steindachner, F. 1869 -- Eine Abhandlung über einige neue Fischarten aus den Sammlungen des Wiener Museums. -- Anzeiger der Akademie der Wissenschaften in Wien 6(19): 149-150.

Steindachner, F. 1874 -- Die Süßwasserfische des südöstlichen Brasilien. -- Sitzungsberichte der Kaiserlichen Akademie der Wissenschaften. Mathematisch-Naturwissenschaftliche Classe 70: 499-538, Tafeln 1-6.

Steindachner, F. 1875 -- Beiträge zur Kentniss der Chromiden des Amazonenstromes. -- Sitzungsberichte der Kaiserlichen Akademie der Wissenschaften. Mathematisch-Naturwissenschaftliche Classe 71: 61-137, Tafeln 1-8.

Swainson, W. 1839 -- On the natural history and

classification of fishes, amphibians, & reptiles, or monocardian animals. -- Spottiswoode & Co., London 2: i-vi + 1-448.

Vaillant, L. L. & J. Pellegrin 1902 -- Cichlidés nouveaux de l'Amérique Centrale. -- Bulletin du Muséum National d'Histoire Naturelle (Série 1) 8 (2): 84-88.

Vogt, D. 1962 -- Buntbarsche. -- 48 S. Alfred Kernen-Verlag, Stuttgart.

Warzel, F. 2000 -- Bunter *Heros* aus Peru. -- DATZ 53(7): 52.

Warzel, F. 2003 -- Neuer *Heros* aus dem oberen Rio Negro. -- DATZ 56(9): 41.

Weidner, T. 1996 -- *Heros severus*. -- S. 144. In: Glaser, U., Schäfer, F. & Glaser, W. 1996 -- Aqualog – South American Cichlids III. 144 S. Verlag ACS, Mörfelden-Walldorf.

Werner, U. 2006 a -- *Heros efasciatus*: Formen aus Ecuador, Franz.-Guyana, Brasilien und Peru. Teil 1. -- DCG-Informationen 37(8): 169 -176.

Werner, U. 2006 b -- *Heros efasciatus*: Formen aus Ecuador, Franz.-Guyana, Brasilien und Peru. Teil 2. -- DCG-Informationen 37(9) 203-208.

Werner, U. 2006 c -- *Heros efasciatus*: Formen aus Ecuador, Franz.-Guyana, Brasilien und Peru. Teil 3. -- DCG-Informationen 37(10): 217-220.

Winter, P. 1925 -- Zucht und Pflege von *Cichlasoma severum* Heckel (*Heros spurius*). -- Wochenschrift für Aquarien- und Terrarienkunde 8: 129-130.

Woodward, A. S. 1939 -- Tertiary fossil fishes from Maranhão, Brasil. -- Annuals and Magazine of Natural History 3(7): 450-453.

Internet

Dittrich, P. -- Wissenswertes über die Gattung *Heros*. -- http://www.augenfleckbuntbarsche.de/

Froese, R. & Pauly., D. (Hrsg.) 2012 -- FishBase. -- http://fishbase.org

Eschmeyer Catalog of fishes -- http://researcharchive.calacademy.org/research/ichthyology/catalog/fishcatmain.asp

Photographenkürzel

AJ: Andreas JEKEL, Mainz, Deutschland.
AK: Alexey KONYASHKIN, Jelez, Russland.
AD: Angelique DELLA-VOLPE, Berlin, Deutschland.
BMNH: British Museum, Natural History, London, Großbritannien.
DB: Dennis BALGÜL, Holzminden, Deutschland.
DH: Dieter HOHL, Halle (Saale), Deutschland.
DU: Dieter UNTERGASSER, Michelstadt, Deutschland.
FF: Felix FRANKE, Gifhorn, Deutschland.
FW: Fred WOLF, Rödental, Deutschland.
HD: Hannes DOPPERMANN, Schardenberg, Österreich.
HS: Horst SCHWEINOCH, Rheine, Deutschland.
JA: Prof. Jörg ALBERING, Graz, Österreich.
JG: Jens GOTTWALD, Garbsen, Deutschland.
JN: Jörg NAGLER, Bad Dürrenberg, Deutschland.
KR: Dr. Kai S. RÖDIGER, Berlin, Deutschland.
MB: Matthias BÖHM, Wandlitz, Deutschland.
MCZ Harvard: The Archives of the Museum of Comparative Zoology, Ernst Mayr Library, Havard University, USA.
MK: Maria KOVALENKO, Jelez, Russland.
MM: Matthias MELCHIEN, Oderwitz, Deutschland.
MS: Michael SCHULTE, Herford, Deutschland.
NB: Norman BEHR, Braunschweig, Deutschland.
NHMW: Naturhistorisches Museum Wien, Österreich.
NM: Dr. Norbert MENAUER, Soest, Deutschland.
OZ: Dr. Oliver ZOMPRO, Berlin, Deutschland.
PD: Peter DITTRICH, Berlin, Deutschland.
RR: Roland RIETSCH, Berlin, Deutschland.
SH: Sven HOFFMANN, Kloster Lehnin, Deutschland.
SK: Stephan KALKS, Harsum GT Asel
TG: Thomas GROSSE, Berlin, Deutschland.
WF: Wolfgang FOCKE, Niedersachswerfen, Deutschland.
UW: Uwe WERNER, Bremen (Ense), Deutschland.
Nicht gekennzeichnete Bilder: Peter DITTRICH, Berlin, Deutschland.

Glossar

Abdomem → Hinterleib.

adult → erwachsen, geschlechtsreif.

Albinismus → Störungen in der Synthese von Melaninen mit resultierender heller Farbgebung der betroffenen Tiere.

Anale → Afterflosse.

Anatomie → Lehre vom Aufbau der Organismen.

biparental → beide Elterntiere beteiligen sich an der Brutpflege.

bilateral → beidseitig.

Caudale → Schwanzflosse.

Detritus → Schweb- und Sinkstoffe in Gewässern, die beim Abbau organischen Materials entstehen.

disjunkt → Getrennt, unverbunden, hier auf das Gebiet der Verbreitung einer Art bezogen.

Dorsale → Rückenflosse.

endemisch → Nur in einem natürlich begrenzten Areal vorkommend.

Epidermis → Oberste Schicht der Haut bei Wirbeltieren.

Evolution → beständige Fortentwicklung von Lebewesen einer Art hin zu neuen Arten.

Generation → Abfolge der Alterstufen in einer Verwandschaftsgruppe.

Geschlechtspapille → vor der Afterflosse befindliche Geschlechtsöffnung bei Fischen.

Genitalpapille → vor der Afterflosse befindliche Geschlechtsöffnung bei Fischen.

Genotyp → Gesamtheit der Erbinformationen eines Organismus.

Genetik → Vererbungslehre.

Geschlechtsdichromatismus → unterschiedliche Färbung bei Männchen und Weibchen der selben Art.

interspezifisch → zwischenartlich.

intraspezifisch → innerartlich.

Hämalbogen → bauchwärts orientierte Rippen der Schwanzwirbelsäule.

Holotypus → Exemplar, welches einem namengebenden Autor bei der Beschreibung einer Art vorgelegen hat und eine Art definiert. Siehe Paratypus.

Individuum → Einzelnes Lebewesen.

Iris → Regenbogenhaut.

juvenil → jugendlich, nicht geschlechtsreif.

Laichzeit → Zeit der Eiablage (Laichablage) bei Fischen und Amphibien.

lateral → seitlich am Körper gelegen.

larvophil → larvenliebend, bezogen auf maulbrütende oder maulbrutpflegende Fische.

Melanine → Rötliche, braune oder schwarze Pigmente, farbgebend für die Färbung der Haut, der Haare, der Federn und der Augen sind.

Morphologie → Äußere Gestalt und Struktur der Organismen.

monophyletische Gruppe → Gruppe von Organismen, die von einer einzigen Stammform abzuleiten sind.

Neurocranium → Hirnschädel.

Nomenklatur → Tätigkeit der wissenschaftlichen Benennung von Lebewesen.

Organismus → Einzelnes Lebewesen oder Gesamtsystem der Organe eines Lebewesens.

Paratypus → Exemplare einer Art, die einem namensgebenden Autor bei der Beschreibung einer Art vorgelegen haben. Die Definition der Art finde über den aus dieser Reihe ausgewählten oder als einzigen Individuum vorhandenem Holotypus statt.

Pectorale → Brustflosse.

Phänotyp → Äußeres Erscheinungsbild eines Organismus.

Pigment → Farbgebende Substanz.

polychromatisch → vielfarbig.

Phylogenese → stammesgeschichtliche Entwicklung verwandter Populationen einer Art.

Population → Gruppe von Individuen der gleichen Art, die zur gleichen Zeit in einem einheitlichen Areal zu finden sind.

Sexualdimorphismus → Unterschiede zwischen männlichen und weiblichen Individuen einer Art.

SL → Standardlänge.

subadult → halbwüchsig.

submers → unter Wasser lebend.

sympatrisch → im gleichen geograpischen Raum oder in sich überlappenden Arealen lebend.

syntop → Im gleichen Biotop vorkommend.

Taxon, pl. Taxa → Einheit in der biologischen Systematik.

Taxonomie → System zur Einteilung und Bennung von Lebewesen in der Biologie.

TL → Totallänge.

Teilxanthorismus → teilweise Gelbfärbung.

Totallänge → Länge eines Fisches vom vordersten Ende des Tiers bis zum Ende der Schwanzflosse.

Typus → Individuum oder Taxon, welches zur Definition und Benneung eines höheren Taxons verwendet wird.

Typusart → Art, die eine Gattung definiert, das heißt, nur mit dieser Art näher verwandte Arten gehören zu einer Gattung.

Ventrale: → Bauchflosse.

xanthoristisch → durch Mangel an Melanin bedingte gelbliche oder rötliche Färbung von Fische, Amphibien, Reptilien und Vögeln.

Über den Autor

Geboren wurde Peter Dittrich am 09. Januar 1973, als fünftes von sechs Kindern, auf der Insel Rügen. Aufgewachsen ist er in einem, zumindest bis Anfang der 1980er Jahre, kleinen Dorf.

Auf dem Hof seiner Familie lebten allerlei Tiere, vom Schwein bis zur Gans war so ziemlich alles vertreten. Seine Mutter, der dieses Buch übrigens auch gewidmet ist, hatte es nicht immer leicht mit ihm. Schon als Kind hat er mit seinen Freunden in einem nahe gelegenen Bach Stichlinge gefangen und sie dann tagelang irgendwo im Stall in Einweckgläsern ‚gehalten'. Natürlich ging dabei auch das eine oder andere Glas kaputt. Was man sich heute kaum noch vorstellen kann, diese Gläser waren damals ‚Goldstaub' und wurden daher eigentlich besonders behutsam behandelt. Aber was kümmert das schon einen Bengel von sechs Jahren?

Fische spielten in seinem Leben schon immer eine wichtige Rolle. Zugegeben, in den ersten 22 Jahren waren es eher Fische, die geangelt wurden.

Wie fast jeder anständige DDR-Bürger ist er 10 Jahre zur Schule gegangen und hat diese auch mehr oder weniger erfolgreich absolviert. Aus heutiger Sicht weiß er, daß seine Zeugnisse hätten besser ausfallen können, wenn er doch nur nicht so faul gewesen wäre.

Eigentlich wollte er eine Lehre als Kindergärtner anfangen, aber daß Männer Kindergärtner werden, war in der DDR nicht üblich.

So ist er aus dem Traditionsbewußtsein seiner Familie gegenüber Landmaschinen- und Traktorenschlosser geworden. Schließlich waren das alle Männer in der Familie.

Nach erfolgreich abgeschlossener Berufsausbildung hat er 1993 die Insel verlassen und ist nach Berlin gezogen. Ein Jahr später rief das Vaterland ihn zur Wehrpflicht. Wirklich Lust dazu hatte er nicht, zumal er einen tollen und gut bezahlten Job als Dachbegrüner (Garten-Landschaftsbau) hatte. Nach etwa der Hälfte seines Grundwehrdienstes hat er sich entgegen allen Vorausahnungen dazu entschlossen, der Bundeswehr etwas länger erhalten zu bleiben, und wurde Unteroffizier.

Nach der Bundeswehr hat er sich mit einer ganzen Reihe (teilweise sehr fragwürdigen Jobs) über Wasser gehalten. Vom Barkeeper bis hin zum Angel-Guide war fast alles da-

bei. Er hat auch viele Jahre in Aquaristikfachgeschäften wie Aquarien Meyer (Berlin) oder Marine Aquarium Senior (Berlin) gearbeitet, und konnte und mußte dabei viel über Fische und die Aquaristik im Allgemeinen lernen.
Heute ist er noch immer Aquarianer, und das ist und bleibt neben dem Angeln sein liebstes Hobby. Er ist derzeit stellvertretender Leiter des Arbeitskreises Großcichliden in der DCG (Deutsche Cichliden-Gesellschaft), von 2011 bis 2016 war er Co-Redakteur der DCG-Informationen.
Seit 2016 ist er Sachkundeprüfer im VDA.

Register